物理学基礎シリーズ

電磁気学演習

工藤　博著

理工図書

まえがき

本書は古典電磁気学の演習書であり，理工図書 “物理学基礎シリーズ”中の「電磁気学」の姉妹本である．演習問題と解答の組み合わせにより，電磁気学を一問一答形式で著すことで,「百聞は一 “問”にしかず」という効果を期待している．実際，電磁気学の諸法則の応用例を通じてそれらの法則の意味をより深く知ることができるであろう．これは原理と応用の相補的な関係そのものである．

こういうわけで，本演習書では問題と解答の対を一体として読み取り，電磁気学の理解を深めることを念頭にまとめている．腕試しとして独力で問題を解くことは必ずしも想定していないので，数学的に高度な問題も含めてある．特に,「電磁気学」でとりあげた重要な例題や演習問題の一部は本書でも重複して掲載した．本書における数学の表式・表記等について不明な点があれば巻末の付録によりご確認いただきたい．

本書の各章の始めには基礎事項を概説したが，その詳細，数式の導出，関連する物理量の定義・単位については,「電磁気学」を参照していただきたい.[1] ただし，本書には「電磁気学」では触れなかった事項がいくつか含まれている．これらについては新たに説明をつけた．交流回路の章はその一例である．なお，国際単位系 (SI) での数値の計算は自動的に SI で得られるというメリットの確認を兼ねた演習問題を各章に適宜配してある．

2014 年 11 月　　　　著者

[1]正誤表のサイトは，http://www.rikohtosho.co.jp/
または http://www.tulips.tsukuba.ac.jp/w5lib/?p=3782

目 次

第1章　静電場

1.1　基礎事項

1.1.1　クーロン力と電場

クーロンの法則によれば，真空中で距離 r だけ離れた点電荷 q_0, q_1 の間に働く力の大きさ f は k を正の定数として

$$f = k\,\frac{q_0\,q_1}{r^2} \tag{1.1}$$

で与えられる．q_0, q_1 は正あるいは負の値をとり，$f > 0$ のときは反発力, $f < 0$ のときは引力を意味する．k は**真空の誘電率**

$$\varepsilon_0 = 8.854 \times 10^{-12}\,[\mathrm{C}^2 \cdot \mathrm{N}^{-1} \cdot \mathrm{m}^{-2}] \tag{1.2}$$

を用いて

$$k = \frac{1}{4\pi\varepsilon_0} \tag{1.3}$$

と表される．なお，(1.2) で $[\mathrm{C}^2 \cdot \mathrm{N}^{-1} \cdot \mathrm{m}^{-2}]$ は $[\mathrm{m}^{-3} \cdot \mathrm{kg}^{-1} \cdot \mathrm{s}^4 \cdot \mathrm{A}^2]$ とも表される．

q_0 に働くクーロン力 $\boldsymbol{f}$ は q_0, q_1 の位置を $\boldsymbol{r}_0, \boldsymbol{r}_1$ として

$$\boldsymbol{f} = \frac{q_0\,q_1}{4\pi\varepsilon_0}\,\frac{\boldsymbol{r}_0 - \boldsymbol{r}_1}{|\boldsymbol{r}_0 - \boldsymbol{r}_1|^3} = q_0 \times \boldsymbol{E}(\boldsymbol{r}_0) \tag{1.4}$$

と表される．ここで，位置 $\boldsymbol{r}$ の関数としてのベクトル場である**電場** $\boldsymbol{E}(\boldsymbol{r})$ を

$$\boldsymbol{E}(\boldsymbol{r}) = \frac{q_1}{4\pi\varepsilon_0}\,\frac{\boldsymbol{r} - \boldsymbol{r}_1}{|\boldsymbol{r} - \boldsymbol{r}_1|^3} \tag{1.5}$$

により導入する．このような表記により，q_0 の相互作用の相手を，離れた位置にある q_1 と見るかわりに，$\boldsymbol{E}(\boldsymbol{r})$ という場とみなすことができる．$\boldsymbol{E}(\boldsymbol{r})$ の方向をたどる曲線を**電気力線**という．$\boldsymbol{E}(\boldsymbol{r})$ に関連して，真空中の**電束密度**を

$$\boldsymbol{D}(\boldsymbol{r}) = \varepsilon_0 \boldsymbol{E}(\boldsymbol{r}) \tag{1.6}$$

により導入する．電束密度は物質中の電場を扱う際に $\boldsymbol{E}(\boldsymbol{r})$ とともに必要な物理量である．

1.1.2　クーロン力の重ね合わせ

真空中に複数の点電荷 $q_i\ (i = 1, \cdots, n)$ が位置 $\boldsymbol{r}_i$ にある場合の電場は，重ね合わせの性質により，個々の点電荷による電場のベクトル和として

$$\boldsymbol{E}(\boldsymbol{r}) = \sum_{i=1}^{n} \frac{q_i}{4\pi\varepsilon_0} \frac{\boldsymbol{r} - \boldsymbol{r}_i}{|\boldsymbol{r} - \boldsymbol{r}_i|^3} \tag{1.7}$$

と書ける．電荷の分布が連続とみなせる場合には，電荷密度 ρ を用いて (1.7) は

$$\boldsymbol{E}(\boldsymbol{r}) = \frac{1}{4\pi\varepsilon_0} \int \rho(\boldsymbol{r}') \frac{\boldsymbol{r} - \boldsymbol{r}'}{|\boldsymbol{r} - \boldsymbol{r}'|^3} \mathrm{d}V' \tag{1.8}$$

と表される．積分の体積素片は, デカルト座標では $\mathrm{d}V' = \mathrm{d}x'\mathrm{d}y'\mathrm{d}z'$ である．

1.1.3　ガウスの法則

空間内に任意の形の閉空間 V をとり，その表面 S の法線方向の単位ベクトルを $\boldsymbol{n}$ とするとき，S に関する面積分で表される関係

$$\int_{\mathrm{S}} \boldsymbol{E} \cdot \boldsymbol{n}\, \mathrm{d}S = \frac{1}{\varepsilon_0} \sum_i Q_i \tag{1.9}$$

が成り立つ．ただし右辺の和は V の内部にある点電荷に関して正負の符号まで含めた電荷の総和を意味する．(1.9) はクーロンの法則の別表現であり，これを**ガウスの法則**という．

電荷の分布が連続とみなせる場合には，(1.9) は電荷密度 ρ を用いて

$$\int_{\mathrm{S}} \boldsymbol{E} \cdot \boldsymbol{n}\, \mathrm{d}S = \frac{1}{\varepsilon_0} \int_{\mathrm{V}} \rho(\boldsymbol{r})\, \mathrm{d}V \tag{1.10}$$

と表される．(1.10) の右辺の積分は V の内部の全電荷を表すが，電荷が面上あるいは線上に分布していれば，体積分は V の内部における面積分あるいは線積分にそれぞれ置き換わる．

1.1.4 静電ポテンシャル

点電荷を静電場中で位置 A から B まで移動させるときに要する仕事は移動経路に依存しない．点電荷として正の単位電気量をとり，A の位置を固定したときの仕事 ϕ を，A に対する B の**静電ポテンシャル**あるいは単にポテンシャル，または**電位**という．

静電ポテンシャルにより，電場は

$$\boldsymbol{E}(\boldsymbol{r}) = -\nabla\phi(\boldsymbol{r}) \tag{1.11}$$

と表される．単一の点電荷 q からの距離が $r = R$ の位置での静電ポテンシャルは

$$\phi(R) = -\int_{\infty}^{R} \frac{q}{4\pi\varepsilon_0 r^2}\, \mathrm{d}r = \frac{q}{4\pi\varepsilon_0 R} \tag{1.12}$$

である．複数の点電荷 $q_i, (i = 1, \cdots, n)$ が位置 $\boldsymbol{r}_i$ にある場合, 位置 $\boldsymbol{r}$ における静電ポテンシャル $\phi(\boldsymbol{r})$ は (1.12) を重ね合わせて

$$\phi(\boldsymbol{r}) = \frac{1}{4\pi\varepsilon_0} \sum_{i=1}^{n} \frac{q_i}{|\boldsymbol{r} - \boldsymbol{r}_i|} \tag{1.13}$$

で与えられる．電荷の分布が連続とみなせる場合には，(1.13) は (1.8) と同じように

$$\phi(\boldsymbol{r}) = \frac{1}{4\pi\varepsilon_0} \int \frac{\rho(\boldsymbol{r}')\, \mathrm{d}V'}{|\boldsymbol{r} - \boldsymbol{r}'|} \tag{1.14}$$

と表される．

1.1.5　電気双極子の静電ポテンシャル

図 1.1 のような，距離 d だけ離れた正負の電荷 $+q, -q$ からなる電気双極子の静電ポテンシャルは，$r = \sqrt{x^2 + y^2 + z^2} \gg d$ を満たすような遠方での振る舞いが重要である．このとき，電気双極子の中心からの位置 $\boldsymbol{r}$ における静電ポテンシャル (電気双極子ポテンシャル) は

$$\phi(\boldsymbol{r}) = \frac{1}{4\pi\varepsilon_0}\frac{\boldsymbol{p}_\mathrm{e}\cdot\boldsymbol{r}}{r^3} \tag{1.15}$$

と表される (**問 1-10**)．ここで，$\boldsymbol{p}_\mathrm{e}$ は $-q$ から $+q$ の方向を向き，大きさが $p_\mathrm{e} = qd$ のベクトルであり，これを**電気双極子モーメント**という．図 1.1 のデカルト座標では $\boldsymbol{p}_\mathrm{e} = (0, 0, p_\mathrm{e})$ である．

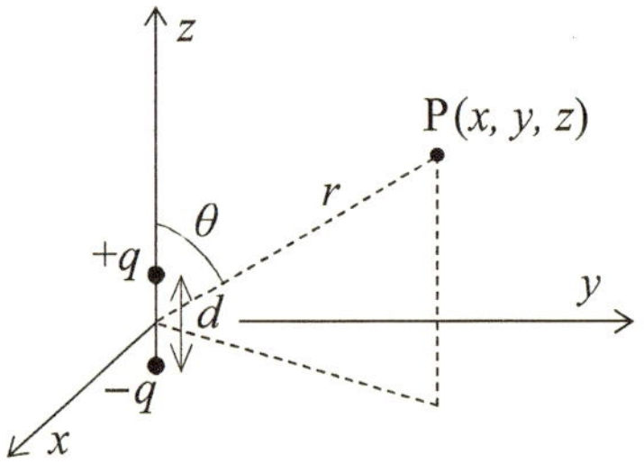

図 1.1: 電気双極子

電気双極子による電場は，(1.15) により

$$\boldsymbol{E} = -\nabla\phi(\boldsymbol{r}) = \frac{1}{4\pi\varepsilon_0 r^3}\left[\frac{3(\boldsymbol{p}_\mathrm{e}\cdot\boldsymbol{r})\,\boldsymbol{r}}{r^2} - \boldsymbol{p}_\mathrm{e}\right] \tag{1.16}$$

で与えられる．

1.1.6　点電荷群と双極子場

図 1.2 に示すように，空間の局在領域 V の内部の位置 $\boldsymbol{d}_i (i = 1, 2, \cdots)$ に正負の点電荷群 q_i があり，電荷の総和が 0，すなわち V 内は電気的に中性である

とき，V から十分遠い場所 $\boldsymbol{r}$ におけるポテンシャルは

$$\phi = \frac{1}{4\pi\varepsilon_0}\frac{\boldsymbol{p}\cdot\boldsymbol{r}}{r^3} \tag{1.17}$$

で与えられる．ここで，$\boldsymbol{p}$ は点電荷群の双極子モーメント

$$\boldsymbol{p} = \sum_i q_i \boldsymbol{d}_i \tag{1.18}$$

である．(1.18) で $\boldsymbol{d}_i$ に定数ベクトルを加えても電荷の総和が 0 であれば $\boldsymbol{p}$ は不変であるから，$\boldsymbol{p}$ は座標原点のとり方に依存しない．

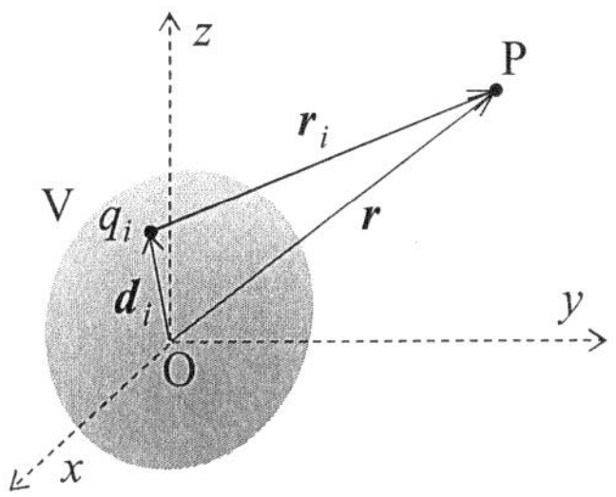

図 1.2: 正負電荷の集合から遠い位置 P のポテンシャル

(1.18) の項を正電荷と負電荷について別々にまとめ，それぞれの和を $Q', -Q'$ と書けば

$$\boldsymbol{p} = \sum_{q_i>0} q_i\boldsymbol{d}_i + \sum_{q_i<0} q_i\boldsymbol{d}_i = Q'(\boldsymbol{d}_+ - \boldsymbol{d}_-) \tag{1.19}$$

$$\boldsymbol{d}_+ = \frac{1}{Q'}\sum_{q_i>0} q_i\boldsymbol{d}_i, \quad \boldsymbol{d}_- = \frac{1}{-Q'}\sum_{q_i<0} q_i\boldsymbol{d}_i$$

のように表すことができる．すなわち，点電荷群が全体として中性のとき，遠方における電場は一対の双極子 (1.19) による電場 (双極子場) に置き換えられる．

点電荷群に関する以上の議論は，空間内に連続分布する電荷に対してもあてはまる．その場合には，(1.18), (1.19) の $\sum$ は積分で表される．

1.1.7 静電エネルギー

2 個の点電荷 q_1, q_2 を距離 $r = \infty$ から $r = r_{12}$ まで近づけるのに要する仕事は

$$\mathcal{E} = -\int_{\infty}^{r_{12}} \frac{q_1 q_2}{4\pi\varepsilon_0 r^2}\,\mathrm{d}r = \frac{q_1 q_2}{4\pi\varepsilon_0 r_{12}} \tag{1.20}$$

である．複数の電荷に対しては

$$\mathcal{E} = \frac{1}{2}\sum_{i\neq j} \frac{q_i q_j}{4\pi\varepsilon_0 r_{ij}} \tag{1.21}$$

と表される．係数 1/2 は i, j の組が 2 重に数えられることを修正するためである．電荷が分布関数 $\rho(\boldsymbol{r})$ で記述される場合には，(1.21) は

$$\mathcal{E} = \frac{1}{2}\int\int \frac{\rho(\boldsymbol{r})\rho(\boldsymbol{r}')}{4\pi\varepsilon_0|\boldsymbol{r}-\boldsymbol{r}'|}\,\mathrm{d}V\mathrm{d}V' \tag{1.22}$$

と表される．(1.14) のポテンシャルを用いれば

$$\mathcal{E} = \frac{1}{2}\int \rho(\boldsymbol{r})\phi(\boldsymbol{r})\,\mathrm{d}V \tag{1.23}$$

と表すこともできる．$\mathcal{E}$ は電荷の集合体，あるいは電荷分布に蓄えられている**静電エネルギー**を表す．

1.1.8 微分形による静電場の法則

空間の電荷密度が与えられたとき, 静電場の満たす法則の微分形表現は

$$\nabla\cdot\boldsymbol{E} = \frac{\rho(\boldsymbol{r})}{\varepsilon_0} \quad \text{(ガウスの法則)} \tag{1.24}$$

$$\nabla\times\boldsymbol{E} = 0 \quad \text{(力学的エネルギーの保存則)} \tag{1.25}$$

である．これらをまとめてポテンシャルで表せば次の**ポアソン方程式**になる．

$$\nabla^2\phi = -\frac{\rho(\boldsymbol{r})}{\varepsilon_0} \tag{1.26}$$

特に，$\nabla^2\phi = 0$ を**ラプラス方程式**という．

1.1.9 静電場のかたち

ポアソン方程式の一般解は (1.14) で与えられるが，方程式自身から「電荷を含まない空間領域の静電場では，その内部のポテンシャルは極大値も極小値もとることはない」という性質，すなわちアーンショウ (Earnshaw) の定理が導かれる．

この定理によれば，電荷を含まない空間内に点 P をとり，P を中心とする微小半径の球上の任意の点を Q とするとき，ポテンシャルに関して

$$\phi(\mathrm{Q})\text{ の最小値 } \leq \phi(\mathrm{P}) \leq \phi(\mathrm{Q})\text{ の最大値}$$

が成り立つ．この関係は，P を内部に含む (電荷のない) 閉空間の表面上の点 Q に拡張することができる．

1.1.10 静電場のエネルギー密度

電荷の分布する空間の静電エネルギー (1.23) を，ガウスの法則 $\rho = \varepsilon_0 \nabla \cdot \boldsymbol{E}$ を用いて書き直し，変形すると

$$\mathcal{E} = \frac{\varepsilon_0}{2} \int \boldsymbol{E}^2 \, \mathrm{d}V \tag{1.27}$$

が導かれる．これより，静電場のエネルギー密度が次のように表される．

$$u_{\mathrm{e}} = \frac{\varepsilon_0 E(\boldsymbol{r})^2}{2} = \frac{E(\boldsymbol{r}) D(\boldsymbol{r})}{2} \tag{1.28}$$

1.2 問題と解答

問 1-1 クーロン力と万有引力のつりあい

等しい質量 M の 2 質点が共に e に帯電したとき，質点間に働く万有引力がクーロン反発力を超えるような M の条件を求めよ．ただし，万有引力定数は $G = 6.67 \times 10^{-11} \mathrm{N{\cdot}m^2{\cdot}kg^{-2}}$ である．

[解] 2質点の間隔を r とすれば万有引力 $f_{\rm g}$ とクーロン反発力 $f_{\rm c}$ はそれぞれ

$$f_{\rm g} = G\frac{M^2}{r^2}, \qquad f_{\rm c} = \frac{e^2}{4\pi\varepsilon_0 r^2}$$

と表される．したがって

$$\frac{f_{\rm g}}{f_{\rm c}} = \frac{4\pi\varepsilon_0 G M^2}{e^2} > 1 \tag{1.29}$$

より，以下の値を得る．

$$M > \frac{e}{2\sqrt{\pi\varepsilon_0 G}} = \frac{1.60\times10^{-19}}{2\sqrt{\pi(8.85\times10^{-12})(6.67\times10^{-11})}} = 1.86\times10^{-9}\,[\mathrm{kg}]$$

なお，10^{-9} kg= 1 μg は 1 m^3 のきれいな大気中を浮遊するチリのおおよその重量である．

問 1-2 原子・分子に働くクーロン力と万有引力

食塩は原子間距離 $r_0 = 0.251$ nm の NaCl 分子の集合体である．NaCl 分子は Na^+ と Cl^- の間に働くクーロン力で結合している．これらのイオンを $e, -e$ の点電荷としてクーロン引力を見積もることにより，原子間に働く万有引力に対する比を求めよ．ただし，Na と Cl の質量 m, m' をそれぞれ $23\times1.67\times10^{-27}$ kg, $35.5\times1.67\times10^{-27}$ kg とし，**問 1-1** の計算を参考にせよ．

[解] (1.29) で $M^2 \to mm'$ と置き換えて

$$\begin{aligned}\frac{f_{\rm c}}{f_{\rm g}} &= \frac{e^2}{4\pi\varepsilon_0 G m m'}\\ &= \frac{(1.60\times10^{-19})^2}{4\pi(8.85\times10^{-12})(6.67\times10^{-11})(23\times35.5)(1.67\times10^{-27})^2}\\ &= 1.52\times10^{33}\end{aligned}$$

を得る．原子や分子では万有引力に比べてクーロン力が圧倒的に強いことがわかる．

問 1-3 直線上の一様電荷による電場

図 1.3 のように z 軸に沿って電荷が線密度 λ で一様に分布するとき，z 軸から r の距離の点 P における電場 $\boldsymbol{E}(r)$ を求めよ．

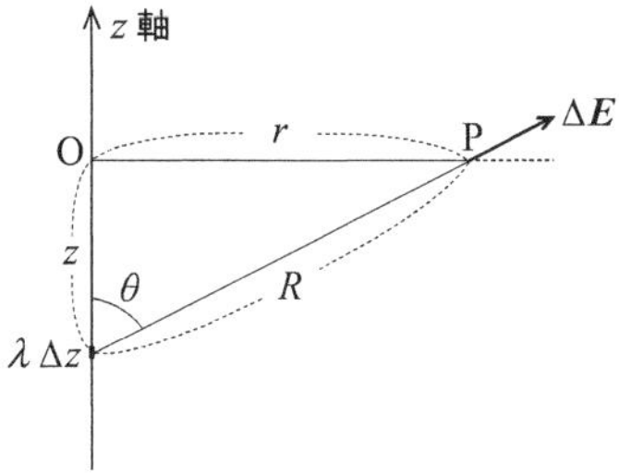

図 1.3: 電荷素片 $\lambda\Delta z$ による電場 $\Delta\boldsymbol{E}$

[解] クーロン力の重ね合わせ (1.8) を用いる．z 軸の原点を O とし，まず有限な範囲 $-L \leq z \leq L$ を考える．対称性によって，$\pm z$ における電荷による電場の z 方向成分は打ち消しあうので，$\boldsymbol{E}(r)$ は図 1.3 の P 点で $\overrightarrow{\mathrm{OP}}$ の方向 (横方向) になることは明らかである．電場の大きさは，電荷素片 $\lambda\Delta z$ による電場 $\Delta\boldsymbol{E}$ の横方向成分

$$\Delta E\,\sin\theta = \frac{1}{4\pi\varepsilon_0}\frac{\lambda\,\Delta z}{R^2}\frac{r}{R} \tag{1.30}$$

の重ね合わせにより

$$E(r) = \frac{1}{4\pi\varepsilon_0}\int_{-L}^{L}\frac{r\,\lambda\,\mathrm{d}z}{(z^2+r^2)^{3/2}} = \frac{\lambda}{2\pi\varepsilon_0 r}\frac{L}{\sqrt{r^2+L^2}} \tag{1.31}$$

と表される．(1.31) より，無限に長い電荷分布すなわち $L \to \infty$ の場合，あるいは $r \ll L$ の場合は次のように求められる．

$$E(r) = \frac{\lambda}{2\pi\varepsilon_0 r} \tag{1.32}$$

問 1-4 円板上の一様電荷による電場

図1.4のように，半径 R の円板上に面密度 σ の電荷が一様に分布しているとき，円板の中心線上で円板の中心から z の位置Pにおける電場を求めよ．次に，$z \ll R$ の場合に電場はどう表されるか．

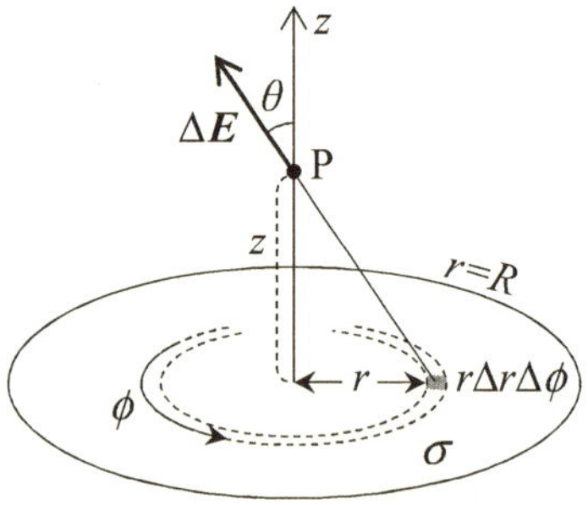

図 1.4: 半径 R の円板上の一様電荷分布

[解]　対称性を考えると，円板の中心線上の電場は図1.4の z 方向を向く．したがって，面素片 $r\Delta r\Delta\phi$ 上の電荷がP点につくる電場 $\Delta \boldsymbol{E}$ の z 成分を円板面に関して積分すれば電場が求まる．実際，以下の結果を得る．

$$
\begin{aligned}
E(z) = \int |\Delta \boldsymbol{E}| \cos\theta &= \frac{1}{4\pi\varepsilon_0} \int\!\!\int \frac{\sigma\, r\, \mathrm{d}r\, \mathrm{d}\phi}{r^2+z^2} \times \frac{z}{\sqrt{r^2+z^2}} \\
&= \frac{\sigma z}{4\pi\varepsilon_0} \int_0^{2\pi} \mathrm{d}\phi \int_0^R \frac{r}{(r^2+z^2)^{3/2}} \mathrm{d}r \\
&= \frac{\sigma z}{4\pi\varepsilon_0} \times 2\pi \times \left[-(r^2+z^2)^{-1/2}\right]_0^R \\
&= \frac{\sigma}{2\varepsilon_0}\left(1 - \frac{z}{\sqrt{R^2+z^2}}\right) \qquad (1.33)
\end{aligned}
$$

次に，$z \ll R$ であれば，(1.33) の ( ) 内第2項は無視出来るから

$$
E = \frac{\sigma}{2\varepsilon_0}
$$

となって，電場は z に依存しない．これは，無限に広い面上の電荷分布の場合 $(R \to \infty)$ と等価である．

問 1-5 ガウスの法則の応用例

積分形のガウスの法則により，図 1.5 の 4 種類の電荷分布による電場を求めよ．(1) では電荷の線密度を λ, (2) では電荷の面密度を σ, (3), (4) では全電荷を Q とする．

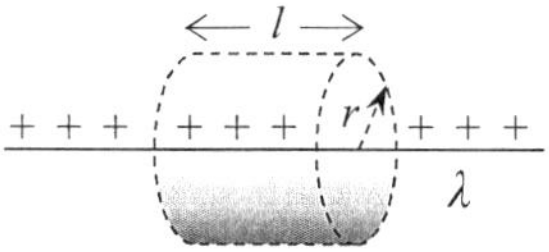

(1) 直線上の一様な電荷分布

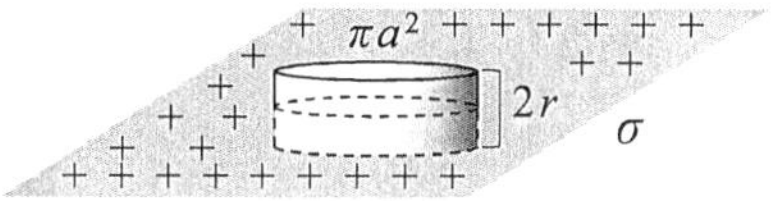

(2) 平面上の一様な電荷分布

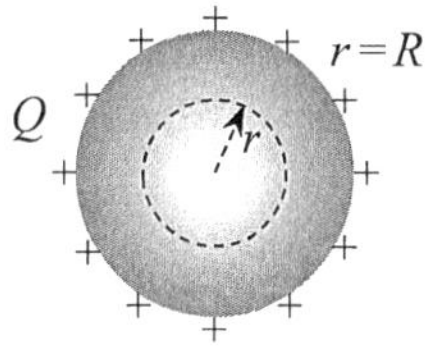

(3) 球面上の一様な電荷分布

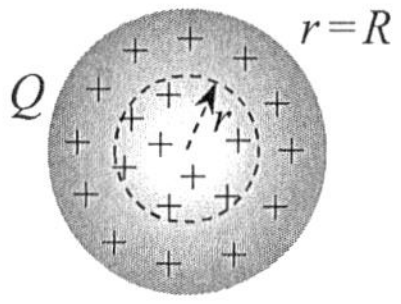

(4) 球内の一様な電荷分布

図 1.5: 電荷分布とガウスの法則

[解]

(1) ガウスの法則を適用する領域 V として図 1.5 (1) のような半径 r，長さ l の円柱を考える．電荷分布の対称性により，$\boldsymbol{E}$ は円柱の側面に対して垂直かつ外向きで r のみの関数であり，円柱の底面に垂直な電場は存在し

ない．したがって

$$2\pi r\,l\,E(r) = \frac{l\lambda}{\varepsilon_0} \tag{1.34}$$

と書ける．これより

$$E(r) = \frac{\lambda}{2\pi\varepsilon_0 r} \tag{1.35}$$

を得る．(1.35) はクーロン力の重ね合わせから求めた結果 (1.32) と一致している．

(2) 図 1.5 (2) のように，領域 V として半径 a，高さ $2r$ の円柱を考え，平面が円柱を上下に 2 等分する配置とする．$\boldsymbol{E}$ は円柱の 2 つの底面で大きさは等しく外向きであり，円柱の側面に垂直な電場は存在しない．したがって

$$2 \times \pi a^2 E(r) = \frac{\pi a^2 \sigma}{\varepsilon_0} \tag{1.36}$$

と書ける．これより，電場は次のように表され, r に依存しない．

$$E = \frac{\sigma}{2\,\varepsilon_0} \tag{1.37}$$

(3) 図 1.5 (3) のように, 領域 V として半径 r の同心球をとる．電荷分布が球対称であることから，$\boldsymbol{E}$ も球対称で，向きは V の表面法線の方向である．ガウスの法則 (1.10) の左辺は $4\pi r^2 E(r)$, 右辺は

$$\frac{Q}{\varepsilon_0}\ \ (r > R\text{ のとき})\,, \qquad 0\ \ (r < R\text{ のとき})$$

になる．したがって，電場は以下のように求まる．

$$E(r) = \begin{cases} \dfrac{Q}{4\pi\varepsilon_0 r^2} & (r > R) \\ 0 & (r < R) \end{cases} \tag{1.38}$$

(4) 図 1.5 (4) のように，領域 V として半径 r の同心球をとる．電荷分布が球対称であることから，電場 $\boldsymbol{E}$ も球対称で，向きは V の表面法線の方向で

ある．電荷密度 $\rho = Q/(4\pi R^3/3)$ を用いれば，ガウスの法則 (1.10) の左辺は $4\pi r^2 E(r)$ であり，右辺は

$$\frac{4\pi r^3 \rho}{3\,\varepsilon_0}\ (r \le R \text{ のとき}), \qquad \frac{4\pi R^3 \rho}{3\,\varepsilon_0}\ (r > R \text{ のとき})$$

になる．したがって，電場は以下のように求まる．

$$\boldsymbol{E}(r) = \begin{cases} \dfrac{\rho}{3\,\varepsilon_0}\boldsymbol{r} & (|\boldsymbol{r}| \le R) \\ \dfrac{\rho R^3}{3\,\varepsilon_0}\dfrac{\boldsymbol{r}}{|\boldsymbol{r}|^3} & (|\boldsymbol{r}| > R) \end{cases} \tag{1.39}$$

問 1-6 一様な電荷密度の球内の球形空洞と電場

図 1.6 のように，半径が R で一様な電荷密度 ρ の球内に半径 r の球形空洞があり，2 球の中心間の距離を a とする．さらに，2 球の中心を結ぶ線上で ρ の球の中心 O から距離 L の位置を P とする．

(1) 球形空洞の中心における電場を求めよ．

(2) P における電場を求めよ．

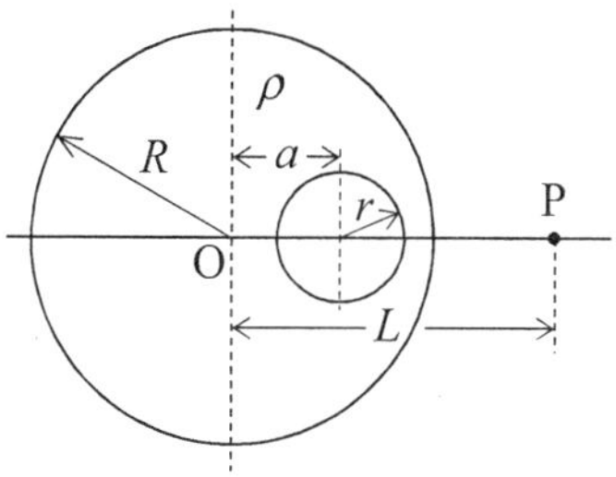

図 1.6: 球形空洞のある一様な電荷密度の球

[解] この場合の電場は，空洞のない場合の電場と，空洞を電荷密度 $-\rho$ で満たしたときの電場との重ね合わせであることを利用する．

(1) $-\rho$ で満たした空洞による電場は空洞の中心では0であるから，求める電場は，空洞のない球の中心から a の距離における電場であり，これはガウスの法則より

$$4\pi a^2 E = \frac{4\pi a^3 \rho}{3\varepsilon_0}, \quad \text{すなわち} \quad E = \frac{\rho a}{3\varepsilon_0}$$

で与えられる．空洞の中心の電場は空洞の半径に依らないことがわかる．

(2) 空洞のない場合の電場 (1.39) に $-\rho$ の空洞の電場を重ね合わせることにより，P における電場の大きさが

$$E = \frac{\rho R^3}{3\varepsilon_0 L^2} + \frac{-\rho r^3}{3\varepsilon_0 (L-a)^2} = \frac{\rho}{3\varepsilon_0}\left[\frac{R^3}{L^2} - \frac{r^3}{(L-a)^2}\right]$$

と求まる．電場の向きは $\overrightarrow{\mathrm{OP}}$ 方向である．

問 1-7 一様な電荷密度の円板の中心軸上のポテンシャル

半径 R の円板上に面密度 σ の電荷が一様に分布しているとき，円板の中心線上で円板の中心から z の位置 P におけるポテンシャル $\phi(z)$ を (1.33) から求めよ．さらに，$z \ll R$ における $\phi(z)$ の近似形を導け．

[解] ポテンシャルは $z = \infty$ を基準として

$$\phi(z) = -\int_{\infty}^{z} \frac{\sigma}{2\varepsilon_0}\left(1 - \frac{z}{R^2 + z^2}\right) \mathrm{d}z = \frac{\sigma}{2\varepsilon_0}(\sqrt{R^2 + z^2} - z) \tag{1.40}$$

と求まる．$z \ll R$ の場合には

$$\begin{aligned}\phi(z) = \frac{\sigma}{2\varepsilon_0}[z(1 + R^2/z^2)^{1/2} - z] \quad &\simeq \quad \frac{\sigma}{2\varepsilon_0}[z(1 + R^2/2z^2) - z] \\ &= \quad \frac{\sigma R^2}{4\varepsilon_0 z}\end{aligned}$$

と表される．これは円板上の電荷 $Q = \sigma\pi R^2$ を点電荷とみなしたときのポテンシャル $Q/4\pi\varepsilon_0 z$ に一致している．

問 1-8 一様な電荷密度の球の内外のポテンシャル

半径 R の球の内部が一様な電荷密度 ρ のとき，球の内外のポテンシャルを求めよ．

[解] **問 1-5 (4)** で求めた電場により，まず $r > R$ では

$$\phi(r) = -\int_{-\infty}^{r} \frac{\rho R^3}{3\,\varepsilon_0 r^2}\,\mathrm{d}r = \frac{\rho R^3}{3\varepsilon_0 r}$$

を得る．ただし，$r \to \infty$ で $\phi = 0$ になるように積分定数を 0 とおいた．次に，$r \leq R$ では

$$\phi(r) = -\left(\int_{-\infty}^{R} \frac{\rho R^3}{3\,\varepsilon_0 r^2}\,\mathrm{d}r + \int_{R}^{r} \frac{\rho r}{3\,\varepsilon_0}\,\mathrm{d}r\right) = \frac{\rho R^2}{3\,\varepsilon_0} - \frac{\rho(r^2 - R^2)}{6\,\varepsilon_0}$$

になる．まとめれば，ポテンシャルは以下のようになる．

$$\phi(r) = \begin{cases} -\dfrac{\rho r^2}{6\varepsilon_0} + \dfrac{\rho R^2}{2\varepsilon_0} & (r \leq R) \\ \dfrac{\rho R^3}{3\varepsilon_0 r} & (r > R) \end{cases} \tag{1.41}$$

問 1-9 一様な電荷密度の円柱の内外のポテンシャル

一様な電荷密度 ρ の無限に長い円柱の半径を b とするとき，

(1) 円柱の内外の電場をガウスの法則の積分形から求めよ．

(2) 円柱の内外の電場をガウスの法則の微分形から求めよ．

(3) 円柱の内外のポテンシャルを求めよ．

[解] 電場およびポテンシャルは，円柱の対称性を反映して円筒対称になる．そこで，図 1.7 のように，円柱の中心軸が z 方向，中心軸からの距離が s の円筒座標を用いる．

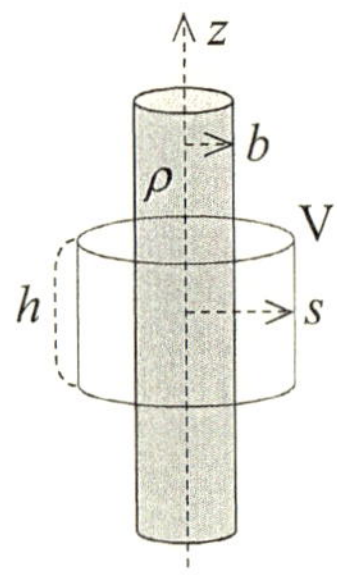

図 1.7: 一様な電荷密度の円柱. V はガウスの法則を適用する領域

(1) ガウスの法則の積分形を適用する閉領域 V として，図 1.7 中の半径 s，高さ h の同心円柱をとる．電場は z 軸から外向きで, 大きさはガウスの法則より

$$2\pi s h E = \begin{cases} \dfrac{\rho\pi s^2 h}{\varepsilon_0} & (s \le b) \\ \dfrac{\rho\pi b^2 h}{\varepsilon_0} & (s > b) \end{cases}$$

で与えられる．これより，以下のように E が求まる．

$$E = \begin{cases} \dfrac{\rho s}{2\varepsilon_0} & (s \le b) \\ \dfrac{\rho b^2}{2\varepsilon_0 s} & (s > b) \end{cases}$$

(2) E は s のみに依存するから，ガウスの法則の微分形は

$$\frac{1}{s}\frac{\partial(sE)}{\partial s} = \begin{cases} \dfrac{\rho}{\varepsilon_0} & (s \le b) \\ 0 & (s > b) \end{cases}$$

と表される．これを解けば，積分定数 C_1, C_2 を含めて

$$E = \begin{cases} \dfrac{\rho s}{2\varepsilon_0} + \dfrac{C_1}{s} & (s \le b) \\ \dfrac{C_2}{s} & (s > b) \end{cases}$$

を得る．$s=0$ では電荷分布の対称性により $E=0$ であることから $C_1=0$, さらに $s=b$ で E が連続であるべきことから $C_2=\rho b^2/2\varepsilon_0$ が導かれる．まとめれば以下のようになって，(1) の結果と一致する．

$$E=\begin{cases}\dfrac{\rho s}{2\varepsilon_0} & (s\le b)\\[2mm] \dfrac{\rho b^2}{2\varepsilon_0 s} & (s>b)\end{cases}$$

(3) ポテンシャルを $s=b$ で 0 にとることにより，以下の結果が得られる．

$$\phi(s)=\begin{cases}-\displaystyle\int_b^s \frac{\rho s}{2\varepsilon_0}\,\mathrm{d}s=\frac{\rho(b^2-s^2)}{4\varepsilon_0} & (s\le b)\\[2mm] -\displaystyle\int_b^s \frac{\rho b^2}{2\varepsilon_0 s}\,\mathrm{d}s=\frac{\rho b^2}{2\varepsilon_0}\ln\frac{b}{s} & (s>b)\end{cases} \tag{1.42}$$

明らかに，このポテンシャルの基準 $\phi=0$ を無限遠 $(s=\infty)$ にとることはできない．

問 1-10 電気双極子ポテンシャル

電気双極子ポテンシャル (1.15) を導け．

[解] 図 1.1 の P 点における静電ポテンシャルは

$$\phi(x,y,z)=\frac{1}{4\pi\varepsilon_0}\left(\frac{q}{\sqrt{x^2+y^2+\left(z-\dfrac{d}{2}\right)^2}}+\frac{-q}{\sqrt{x^2+y^2+\left(z+\dfrac{d}{2}\right)^2}}\right) \tag{1.43}$$

と書ける．$d\ll r=\sqrt{x^2+y^2+z^2}$ であるから

$$\left[x^2+y^2+\left(z\mp\frac{d}{2}\right)^2\right]^{-1/2}=\left(r^2\mp zd+\frac{d^2}{4}\right)^{-1/2}\simeq\frac{1}{r}\left(1\pm\frac{zd}{2r^2}\right)$$

と近似して (1.43) に代入すると

$$\phi = \frac{1}{4\pi\varepsilon_0}\frac{z}{r^3}qd \tag{1.44}$$

を得る．電気双極子モーメント $\boldsymbol{p}_\mathrm{e}$ を用いると $\boldsymbol{p}_\mathrm{e}\cdot\boldsymbol{r} = qd\,r\cos\theta = pdz$ と表されるから，(1.44) より下記の電気双極子ポテンシャルが導かれる．

$$\phi(\boldsymbol{r}) = \frac{1}{4\pi\varepsilon_0}\frac{\boldsymbol{p}_\mathrm{e}\cdot\boldsymbol{r}}{r^3}$$

問 1-11 電気双極子による静電場

電気双極子による静電場をデカルト座標と極座標で表し，(1.16) を導け．

[解] $\boldsymbol{E} = -\nabla\phi$ と (1.44) より，電気双極子による電場はデカルト座標で

$$\begin{cases} E_x = -\dfrac{\partial\phi}{\partial x} = \dfrac{p_\mathrm{e}}{4\pi\varepsilon_0}\dfrac{3zx}{r^5} \\ E_y = -\dfrac{\partial\phi}{\partial y} = \dfrac{p_\mathrm{e}}{4\pi\varepsilon_0}\dfrac{3zy}{r^5} \\ E_z = -\dfrac{\partial\phi}{\partial z} = \dfrac{p_\mathrm{e}}{4\pi\varepsilon_0}\left(\dfrac{3z^2}{r^5} - \dfrac{1}{r^3}\right) \end{cases} \tag{1.45}$$

と求まる．ここで，偏微分の関係 $\partial r^n/\partial x = nr^{n-1}(\partial r/\partial x) = nxr^{n-2}$ 等を用いた．一方，極座標では

$$\begin{cases} E_r = -\dfrac{\partial\phi}{\partial r} = \dfrac{p_\mathrm{e}}{4\pi\varepsilon_0}\dfrac{2\cos\theta}{r^3} \\ E_\theta = -\dfrac{1}{r}\dfrac{\partial\phi}{\partial\theta} = \dfrac{p_\mathrm{e}}{4\pi\varepsilon_0}\dfrac{\sin\theta}{r^3} \\ E_\varphi = -\dfrac{1}{r\sin\theta}\dfrac{\partial\phi}{\partial\varphi} = 0 \end{cases} \tag{1.46}$$

と求まる．(1.45) あるいは (1.46) が

$$\boldsymbol{E} = \frac{1}{4\pi\varepsilon_0 r^3}\left[\frac{3(\boldsymbol{p}_\mathrm{e}\cdot\boldsymbol{r})\,\boldsymbol{r}}{r^2} - \boldsymbol{p}_\mathrm{e}\right] \tag{1.47}$$

と表されることは，(1.47) のベクトル成分を書きだしてみれば明らかである．

問 1-12 半球対をなす正負電荷の電気双極子

半径 R の球の上下半分がそれぞれ一定密度 $+\rho, -\rho$ の正負電荷で満たされているとき,

(1) 電気双極子モーメント p を求めよ.

(2) この球から十分遠い場所における静電ポテンシャルが,球のかわりに単一の電気双極子で生じたとする.この電気双極子を,球の上半球および下半球の電荷でつくるとき,電荷対の間隔はいくらか.

[解]

(1) 上下方向を z 方向にとる.図 1.8(a) において,電荷分布が z 軸に関して回転対称であることから,電気双極子モーメントの x, y 成分は打ち消しあって 0 になる.したがって,z 成分のみを計算すればよい.体積素片 $\Delta V = \pi s^2 \Delta z$ 内の電荷に関する積分により,電気双極子モーメントを求めれば以下のようになる.

$$
\begin{aligned}
p = \int_{z\geq 0} \rho z \, \mathrm{d}V + \int_{z<0} (-\rho) z \, \mathrm{d}V &= 2 \times \int_{z\geq 0} \rho z \, \mathrm{d}V \\
&= 2\pi\rho \int_0^R z(R^2 - z^2) \, \mathrm{d}z \\
&= \frac{\pi\rho R^4}{2} \qquad (1.48)
\end{aligned}
$$

(2) (1.48) は

$$
p = Q \cdot \frac{3R}{4}, \quad \text{ただし} Q = \frac{2\pi R^3 \rho}{3}
$$

と書ける.$\pm Q$ は上下の半球内の電荷であるから,電荷対の間隔は $3R/4$ である.図 1.8(b) のように,z 軸上で $z = \pm 3R/8$ の位置にそれぞれ $\pm Q$ の電荷を置けば,この電気双極子は遠方で (a) の球と同じ静電ポテンシャルを与える (§1.1.6).

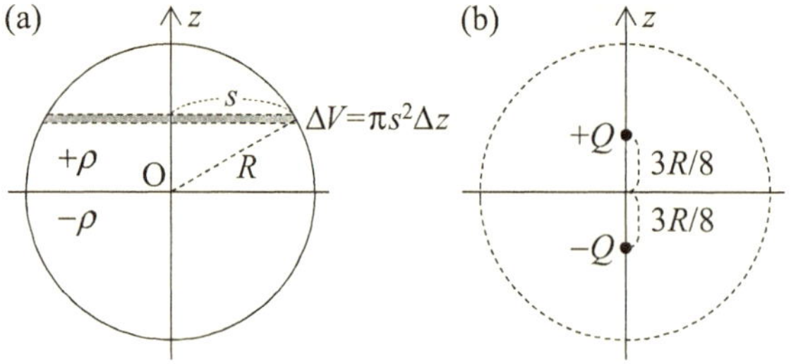

図 1.8: (a) 上下半球内の一様な正負電荷, および (b) 遠方で等価な双極子場を与える電気双極子

問 1-13 平行な円板対の双極子

半径 R の薄い円板 2 枚の中心軸を z 軸に一致させて間隔 w だけ離し，電荷面密度 $\sigma, -\sigma$ をそれぞれに与えた．中心軸上で $z \gg w$ かつ $z \gg R$ におけるポテンシャルを (1.40) を利用して求め，それが電気双極子ポテンシャルになることを示せ．

[解] 求めるポテンシャルは，(1.40) のポテンシャルに $\sigma \to -\sigma, z \to z + w$ と置き換えたものを重ね合わせて

$$\phi_1(z) = \phi(z) - \phi(z+w) \simeq -\frac{\mathrm{d}\phi}{\mathrm{d}z} \times w = \frac{\sigma w}{2\varepsilon_0}\left(1 - \frac{z}{\sqrt{R^2 + z^2}}\right)$$

と求まる．$z \gg R$ であれば，(1.17) のかたちの電気双極子ポテンシャルが

$$\phi_1(z) = \frac{\sigma w}{2\varepsilon_0}[1 - (1 + R^2/z^2)^{-1/2}] \simeq \frac{\sigma R^2 w}{4\varepsilon_0 z^2} = \frac{p}{4\pi\varepsilon_0 z^2}$$

のように導かれる．ここで，$p = \sigma\pi R^2 \times w$ は円板対の双極子モーメントであり，(1.18) により導かれる．

問 1-14 電気力線のかたち

平面内の電場 $\boldsymbol{E}(x,y)$ の電気力線の接線方向は電場方向に一致するから，電気力線上の点 (x,y) は

$$\frac{\mathrm{d}y}{\mathrm{d}x}=\frac{E_y(x,y)}{E_x(x,y)}$$

という微分方程式を満たす．この式は平面極座標 (r,θ) ではどう表されるか．

[解] 図 1.9 のように，電気力線に沿った微小変位ベクトル $\Delta\boldsymbol{d}=(\Delta r, r\Delta\theta)$ を考える．$\Delta\boldsymbol{d}$ は $\boldsymbol{E}=(E_r,E_\theta)$ に平行であるから $\Delta r/r\Delta\theta=E_r/E_\theta$, したがって電気力線上の点 (r,θ) は微分方程式

$$\frac{1}{r}\frac{\mathrm{d}r}{\mathrm{d}\theta}=\frac{E_r(r,\theta)}{E_\theta(r,\theta)} \tag{1.49}$$

を満たす．

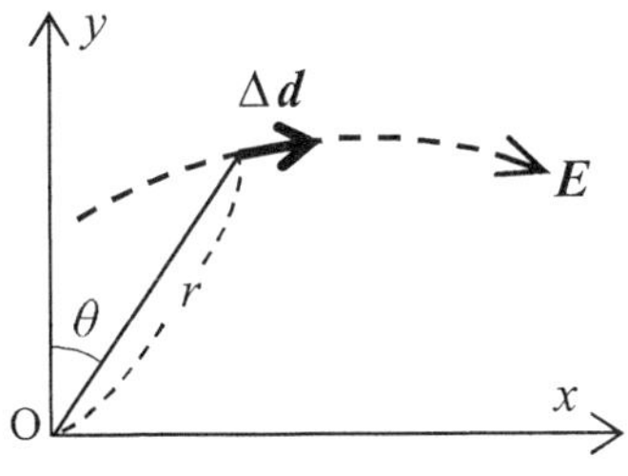

図 1.9: 平面上の電気力線に沿った微小変位ベクトル $\Delta\boldsymbol{d}$

問 1-15 電気双極子場の電気力線

電気双極子による電場の電気力線は双極子の軸 (z 軸) に関して回転対称であるから，極座標で表した電気力線は方位角 ϕ が一定の面上の $r(\theta)$ 曲線になる．電気双極子場の電気力線を (1.49) を解いて求め，(r,θ) 座標上に概略を図示せよ．

[解]　電気双極子場の E_r, E_θ は (1.46) で与えられるから，(1.49) に代入すると

$$\frac{1}{r}\frac{\mathrm{d}r}{\mathrm{d}\theta} = \frac{2\cos\theta}{\sin\theta} \tag{1.50}$$

を得る．この微分方程式の解は変数分離法で求められ，電気力線は任意の定数 $k\,(>0)$ を用いて次のように表される．

$$r = k\sin^2\theta$$

これは，曲線 $r = \sin^2\theta\,(-\pi \le \theta \le \pi)$ を原点に関して k 倍に拡大あるいは縮小した曲線群であり，図 1.10 のようになる．

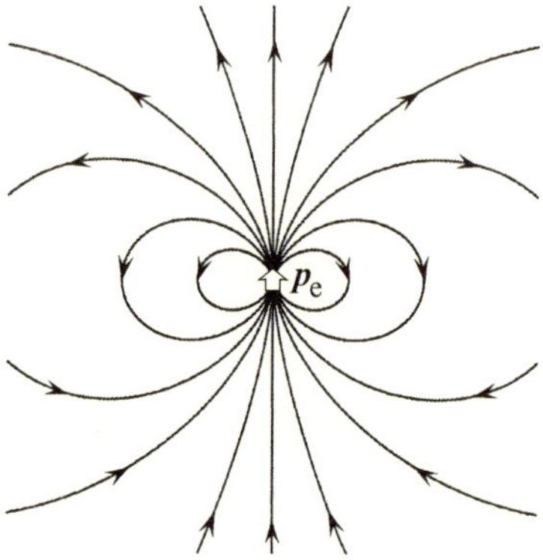

図 1.10: 電気双極子場の電気力線

問 1-16 積分計算へのポテンシャルの応用

電荷密度が一様な球のポテンシャルはガウスの法則によって得られるが，同じポテンシャルをクーロン電場の重ね合わせで表すことで，次の積分を求めよ．

$$f(\boldsymbol{r}) = \int_{|\boldsymbol{r}'| \le R} \frac{1}{|\boldsymbol{r} - \boldsymbol{r}'|}\,\mathrm{d}V'$$

$f(\boldsymbol{r})$ は半径 R の球内の位置 $\boldsymbol{r}'$ に関する体積分 ($\boldsymbol{r}$ は空間の任意の位置) である．

[解] 球内の電荷密度を ρ とすれば，クーロン電場の重ね合わせ (1.14) により

$$\phi(\boldsymbol{r}) = \frac{\rho}{4\pi\varepsilon_0}\int_{|\boldsymbol{r}'|\le R}\frac{1}{|\boldsymbol{r}-\boldsymbol{r}'|}\,\mathrm{d}V'$$

と表される．一方で，$\phi(\boldsymbol{r})$ は (1.41) で与えられるから，両者を比較することにより積分が求められる．球の中心からの距離 r を用いて，結果は以下のように得られる．

$$\int_{|\boldsymbol{r}'|\le R}\frac{1}{|\boldsymbol{r}-\boldsymbol{r}'|}\,\mathrm{d}V' = \begin{cases} -\dfrac{2\pi r^2}{3} + 2\pi R^2 & (r \le R) \\ \dfrac{4\pi R^3}{3r} & (r > R) \end{cases} \tag{1.51}$$

問 1-17 電場中の電気双極子の静電エネルギー

図 1.11 のように，電気双極子モーメント $\boldsymbol{p}_\mathrm{e} = q\boldsymbol{L}$ の双極子が一様な電場 $\boldsymbol{E}$ の中で自由に回転できるとする．$\boldsymbol{p}_\mathrm{e}$ と $\boldsymbol{E}$ のなす角度を θ とするとき，

(1) この双極子に働く力のモーメントを求めよ．

(2) この双極子の静電エネルギー $\mathcal{E}(\theta)$ を $\theta = \pi/2$ を基準として求めよ．

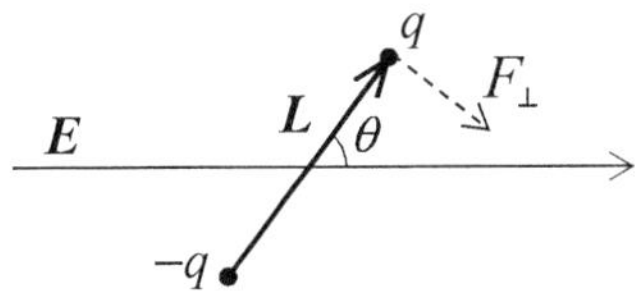

図 1.11: 電気双極子の回転による静電エネルギー

[解] 電荷 q を回転させる力は

$$F_\perp = qE\sin\theta \tag{1.52}$$

と表されることを用いる．

(1) 力のモーメントの大きさは

$$N = LF_{\perp} = qLE\sin\theta = p_{\mathrm{e}}E\sin\theta$$

であり，右ネジ対応により，以下のように表される．

$$\boldsymbol{N} = \boldsymbol{p}_{\mathrm{e}} \times \boldsymbol{E}$$

(2) 静電エネルギーは双極子を回転させるのに要する仕事であるから，$\theta = \pi/2$ を基準として，以下のように求まる．

$$\mathcal{E}(\theta) = \int_{\pi/2}^{\theta} F_{\perp}L\,\mathrm{d}\theta = -qLE\cos\theta = -\boldsymbol{p}_{\mathrm{e}}\cdot\boldsymbol{E} \tag{1.53}$$

問 1-18 一様な電荷密度の球の静電エネルギー

半径 R の球内に電荷が密度 ρ で一様に分布しているとき，この球の静電エネルギーを求めよ．

[解] (1.22) より

$$\mathcal{E} = \frac{1}{2}\int\int\frac{\rho(\boldsymbol{r})\rho(\boldsymbol{r}')}{4\pi\varepsilon_0|\boldsymbol{r}-\boldsymbol{r}'|}\,\mathrm{d}V\mathrm{d}V' = \frac{\rho^2}{8\pi\varepsilon_0}\int\mathrm{d}V\int_{|\boldsymbol{r}'|\leq R}\frac{1}{|\boldsymbol{r}-\boldsymbol{r}'|}\mathrm{d}V'$$

と書ける．ここで，(1.51) を用いると

$$\mathcal{E} = \frac{\rho^2}{8\pi\varepsilon_0}\int_0^R\left(-\frac{2\pi r^2}{3} + 2\pi R^2\right)4\pi r^2\,\mathrm{d}r = \frac{4\pi\rho^2R^5}{15\varepsilon_0} \tag{1.54}$$

と求まる．あるいは，全電荷 $Q = 4\pi R^3\rho/3$ で表せば

$$\mathcal{E} = \frac{3\,Q^2}{20\pi\varepsilon_0 R} \tag{1.55}$$

になる．

[別解] 球の半径を順次増加させる過程を考える．まず，半径 r の球に厚さ Δr の球殻を加えるときに必要な静電エネルギー $\Delta\mathcal{E}$ を求める．**問 1-5**(4) によれば，球の外における電場は，球内の全電荷 $q(r) = 4\pi r^3\rho/3$ に等しい点電荷が，球の中心にある場合と同じになる．(1.20) の右辺で，変数 q_1, q_2, r_{12} をそれぞれ $q(r), 4\pi r^2\rho\Delta r, r$ に対応させれば

$$\Delta\mathcal{E} = \frac{q(r)}{4\pi\varepsilon_0 r}\cdot 4\pi r^2\rho\,\Delta r = \frac{4\pi\rho^2 r^4}{3\varepsilon_0}\,\Delta r$$

と表される．これより，静電エネルギーは以下のように求まる．

$$\mathcal{E} = \int_0^R \frac{4\pi\rho^2 r^4}{3\varepsilon_0}\,\mathrm{d}r = \frac{4\pi\rho^2 R^5}{15\varepsilon_0}$$

問 1-19 点電荷によるポテンシャルとラプラス方程式

点電荷が周囲につくるポテンシャルは，点電荷以外の位置でラプラス方程式を満たすことを示せ．

[解] $\boldsymbol{r} = \boldsymbol{r}_0$ の位置に点電荷があるときのポテンシャルは $\phi(\boldsymbol{r}) \propto |\boldsymbol{r}-\boldsymbol{r}_0|^{-1}$ であるから，$\nabla^2|\boldsymbol{r}-\boldsymbol{r}_0|^{-1} = 0$ を示せばよい．デカルト座標により，$\boldsymbol{r} = (x, y, z), \boldsymbol{r}_0 = (x_0, y_0, z_0)$ と表して

$$\xi = |\boldsymbol{r} - \boldsymbol{r}_0| = \sqrt{(x-x_0)^2 + (y-y_0)^2 + (z-z_0)^2}$$

を用いれば

$$\frac{\partial\xi^{-1}}{\partial x} = -\xi^{-2}\frac{\partial\xi}{\partial x} = -\xi^{-2}\cdot\frac{(x-x_0)}{\xi} = -\xi^{-3}(x-x_0)\,,$$

$$\frac{\partial^2\xi^{-1}}{\partial x^2} = -\xi^{-3} + (x-x_0)\cdot 3\xi^{-4}\frac{\partial\xi}{\partial x} = \frac{-\xi^2 + 3(x-x_0)^2}{\xi^5}$$

を得る．y, z に関する微分も同様であることから

$$\nabla^2\xi^{-1} = \frac{-3\xi^2 + 3[(x-x_0)^2 + (y-y_0)^2 + (z-z_0)^2]}{\xi^5} = 0$$

になる．なお，微分が不可能な位置 $\boldsymbol{r} = \boldsymbol{r}_0$ に対しては，本証明は適用できない．

問 1-20 アーンショウの定理

電荷のない空間領域の静電ポテンシャルは，極大値も極小値もとらない (アーンショウの定理) ことを，ラプラス方程式から導け．

[解]　空間内で $\phi(x, y, z)$ が極小値を持つための条件は

$$\frac{\partial \phi}{\partial x} = \frac{\partial \phi}{\partial y} = \frac{\partial \phi}{\partial z} = 0, \quad \frac{\partial^2 \phi}{\partial x^2} > 0, \quad \frac{\partial^2 \phi}{\partial y^2} > 0, \quad \frac{\partial^2 \phi}{\partial z^2} > 0$$

を満たす点が存在することであり，極大値の場合には上記の不等号がすべて逆になる．したがって

$$\nabla^2 \phi > 0 \text{ (極小値のとき)}, \quad \nabla^2 \phi < 0 \text{ (極大値のとき)}$$

を満たす点が領域内に存在することになる．これは電荷が存在しないとき ($\rho = 0$) に成立すべきラプラス方程式と矛盾する．したがって，電荷を含まない空間領域では静電場のポテンシャルは極大値も極小値もとらない．

問 1-21 一様な電荷密度の球のポアソン方程式

半径が R で一様な電荷密度 ρ の球について，ポアソン方程式を解いて球内外のポテンシャルを求めよ．

[解]　ポテンシャルは球の中心からの距離 r の関数になるから，極座標のラプラシャン (B.21) によりポアソン方程式は

$$\nabla^2 \phi(r) = \frac{1}{r^2} \frac{\partial}{\partial r} (r^2 \frac{\partial \phi}{\partial r}) = \begin{cases} -\dfrac{\rho}{\varepsilon_0} & (r \leq R) \\ 0 & (r > R) \end{cases} \tag{1.56}$$

と書ける．(1.56) を積分することにより，ϕ は定数 $A_1 \sim A_4$ を用いて

$$\phi(r) = \begin{cases} -\dfrac{\rho r^2}{6\varepsilon_0} + \dfrac{A_1}{r} + A_2 & (r \leq R) \\ -\dfrac{A_3}{r} + A_4 & (r > R) \end{cases} \tag{1.57}$$

と表される．ϕ が原点で連続であるために $A_1 = 0$, さらに $r \to \infty$ で $\phi = 0$ にとると $A_4 = 0$ を得る．次に，ϕ および $\mathrm{d}\phi/\mathrm{d}r$ が $r = R$ においてそれぞれ連続であることから

$$A_2 = \frac{\rho R^2}{2\varepsilon_0}\,, \quad A_3 = -\frac{\rho R^3}{3\varepsilon_0}$$

になる．以上から

$$\phi(r) = \begin{cases} -\dfrac{\rho r^2}{6\varepsilon_0} + \dfrac{\rho R^2}{2\varepsilon_0} & (r \leq R) \\ \dfrac{\rho R^3}{3\varepsilon_0 r} & (r > R) \end{cases}$$

を得る．これは，ガウスの法則から求めた結果 (1.41) に一致している．

問 1-22 一様な電荷密度の円柱のポアソン方程式

半径が b で一様な電荷密度 ρ の無限に長い円柱について，ポアソン方程式を解いて円柱の内外のポテンシャルを求めよ．

[解] 円柱の中心軸を z 軸にとり，円筒座標のラプラシャン (B.20) を用いる．対称性により，ポテンシャルは z 軸からの距離 s のみの関数になるから，ポアソン方程式は

$$\nabla^2\phi = \frac{1}{s}\frac{\partial}{\partial s}\left(s\frac{\partial\phi}{\partial s}\right) = \begin{cases} -\dfrac{\rho}{\varepsilon_0} & (s \leq b) \\ 0 & (s > b) \end{cases} \tag{1.58}$$

と書ける．積分を行うと定数 $B_1 \sim B_4$ を含む一般解として

$$\phi = \begin{cases} -\dfrac{\rho s^2}{4\varepsilon_0} + B_1 \ln s + B_2 & (s \leq b) \\ B_3 \ln s + B_4 & (s > b) \end{cases} \tag{1.59}$$

を得る．$s = 0$ における ϕ の連続条件から $B_1 = 0$ であり，$s = b$ で $\mathrm{d}\phi/\mathrm{d}s$ が連続になる条件から

$$B_3 = -\frac{\rho b^2}{2\varepsilon_0} \tag{1.60}$$

を得る．$s=b$ で ϕ が連続になる条件に加えて，$s=b$ で $\phi=0$ にとれば

$$B_2 = \frac{\rho b^2}{4\varepsilon_0}, \quad B_4 = \frac{\rho b^2}{2\varepsilon_0}\ln b \tag{1.61}$$

になる．こうして得られた ϕ は，電場の積分から求めた (1.42) に一致する．

円柱を遠方から見る場合，すなわち $s \gg b$ あるいは単に $b \to 0$ のとき，電荷の線密度 λ を導入する意味が生じる．このとき，単位長さ当たりの電荷が等しいことから $\pi b^2 \rho = \lambda$ の関係が成り立つ．$s>0$ における電場の大きさは円筒座標での勾配から

$$E = -\frac{\mathrm{d}\phi}{\mathrm{d}s} = -\frac{B_3}{s} = \frac{\lambda}{2\pi\varepsilon_0 s} \tag{1.62}$$

となって (1.35) の表式に一致する．

問 1-23 水素原子のポテンシャル

水素原子の基底状態 (最低エネルギー状態) における電子密度は水素原子核からの距離を r として

$$\rho(r) = \frac{1}{\pi a_0^3}\exp\left(-\frac{2r}{a_0}\right) \tag{1.63}$$

と表される．ただし，$a_0 = 0.529\,\text{Å}$ はボーア半径である．

(1) $\rho(r)$ を全空間で積分すると 1 になることを示せ．

(2) 水素原子の静電ポテンシャル $\phi(r)$ を求めよ．

[解]

(1) 全空間での積分は

$$I = \int_0^\infty \rho(r)\,4\pi r^2\,\mathrm{d}r = \frac{4}{a_0^3}\int_0^\infty r^2 \exp\left(-\frac{2r}{a_0}\right)\mathrm{d}r$$

と表される．この積分を行うために，定数 b を含む積分

$$\int_0^\infty \mathrm{e}^{-br}\,\mathrm{d}r = \frac{1}{b}$$

の両辺を b で 2 回微分すると，積分公式

$$\int_0^\infty r^2 \mathrm{e}^{-br}\,\mathrm{d}r = \frac{2}{b^3}$$

が導かれる．この公式により，以下の値を得る．

$$I = \frac{4}{a_0^3} \times 2\left(\frac{a_0}{2}\right)^3 = 1$$

(2) $\phi(r)$ と $\rho(r)$ はポアソン方程式

$$\nabla^2\phi(r) = -\frac{-e\rho(r)}{\varepsilon_0} = \frac{e\rho(r)}{\varepsilon_0} \tag{1.64}$$

を満たす．(1.63)，(1.64) より $\phi(r)$ は

$$\frac{1}{r}\frac{\mathrm{d}^2\left[r\phi(r)\right]}{\mathrm{d}r^2} = \frac{e}{\pi a_0^3 \varepsilon_0}\exp\left(-\frac{2r}{a_0}\right) \tag{1.65}$$

を解けば求まる．(1.65) の一般解は，2 個の積分定数 C_1，C_2 を用いて

$$\phi(r) = \frac{e}{4\pi\varepsilon_0 a_0}\left(1+\frac{a_0}{r}\right)\exp\left(-\frac{2r}{a_0}\right) + \frac{C_1}{r} + C_2 \tag{1.66}$$

と表される．まず，$r=\infty$ で $\phi=0$ にとれば $C_2=0$ である．次に $r\to 0$ のとき，(1.66) は水素原子核の電荷 $+e$ によるクーロン場 $\phi(r)=e/(4\pi\varepsilon_0 r)$ に一致しなければならない．実際，このクーロン場は (1.66) の右辺第 1 項の $r\to 0$ における漸近形に他ならない．したがって，$C_1=0$ であることがわかる．以上から，求めるポテンシャルは次式で与えられる．

$$\phi(r) = \frac{e}{4\pi\varepsilon_0 a_0}\left(1+\frac{a_0}{r}\right)\exp\left(-\frac{2r}{a_0}\right)$$

なお，電子分布のみから導かれたポテンシャルに核電荷の効果が取り込まれたが，これはポテンシャルの特異点 $r=0$ が点電荷を意味するためである．

問 1-24 電荷に囲まれた真空球内のポテンシャル

球形の真空領域 V があり，その外側の空間の電荷分布が同心の球対称であるとき，V の内部には電場が存在しないことを，

(1) ポアソン方程式の解から導け．

(2) アーンショウの定理を用いて説明せよ．

[解]

(1) 電荷分布が球対称であれば，ポテンシャルも球対称になる．この場合の領域Vにおけるポアソン方程式は (1.56) の $r > R$ の場合と同じ形になる．解は，定数 B_1, B_2 を用いて

$$\phi(r) = \frac{B_1}{r} + B_2 \tag{1.67}$$

と表される．ここで，$r = 0$ で ϕ が連続になる条件から $B_1 = 0$ になる．したがって，$\phi(r)$ はVの内部で一定になるので，Vの内部には電場は存在しない．

(2) アーンショウの定理によれば，Vの内部ではポテンシャル $\phi(r)$ は極大値も極小値もとらないから，その値はVの表面におけるポテンシャルの最小値以上かつ最大値以下である．一方，Vの内外のポテンシャルは電荷分布の対称性を反映して球対称になるので，Vの表面のポテンシャルは一定値 ϕ_0 である．したがって，Vの内部では $\phi_0 \leq \phi(r) \leq \phi_0$，すなわちポテンシャルは一定値 $\phi(r) = \phi_0$ であるから内部には電場は存在しない．

問 1-25 静電エネルギーの密度

空間の静電エネルギー (1.23) が (1.27) のように表されることを示せ．その際，関数の積の微分の関係式

$$\nabla \cdot (\phi \boldsymbol{E}) = \phi \nabla \cdot \boldsymbol{E} + \boldsymbol{E} \cdot \nabla \phi$$

を利用せよ．

[解] 空間に電荷が $\rho(\boldsymbol{r})$ で分布しているときの静電エネルギー (1.23) にガウスの法則 $\rho = \varepsilon_0 \nabla \cdot \boldsymbol{E}$ を用い，与えられた関係式を利用すると

$$\mathcal{E} = \frac{\varepsilon_0}{2} \int \phi(\boldsymbol{r}) \nabla \cdot \boldsymbol{E}(\boldsymbol{r}) \, \mathrm{d}V = \frac{\varepsilon_0}{2} \int \left[\nabla \cdot (\phi \boldsymbol{E}) - \boldsymbol{E} \cdot \nabla \phi \right] \mathrm{d}V \tag{1.68}$$

が導かれる．被積分関数の第 1 項にガウスの定理を使い，さらに $\nabla \phi = -\boldsymbol{E}$ を用いると

$$\mathcal{E} = \frac{\varepsilon_0}{2} \int_{\mathrm{S}} \phi \boldsymbol{E} \cdot \boldsymbol{n} \, \mathrm{d}S + \frac{\varepsilon_0}{2} \int \boldsymbol{E}^2 \, \mathrm{d}V \tag{1.69}$$

を得る．ここで，右辺第 1 項の面積分を行う面 S を電荷の分布する空間から十分遠くにとり，その距離を r とすれば $\phi \propto r^{-1}, \boldsymbol{E} \cdot \boldsymbol{n} \propto r^{-2}$, (S の面積) $\propto r^2$ のように振る舞う．したがって，この面積分の値は $1/r$ に比例するから $r \to \infty$ で 0 に収束する．これより下記の関係が得られる．

$$\mathcal{E} = \frac{\varepsilon_0}{2} \int \boldsymbol{E}^2 \, \mathrm{d}V$$

問 1-26 電荷密度が一様な球の電場エネルギー

半径が R で内部が一様な電荷密度 ρ の球がある．電場のエネルギー密度が (1.28) のように与えられることから，この球の内外の電場が蓄えるエネルギーを求め，それが球の静電エネルギー (1.54) に一致することを示せ．

[解] 球の内外の電場の大きさは, (1.39) より

$$E(r) = \frac{\rho r}{3\varepsilon_0} \ \ (r \leq R) \, , \qquad E(r) = \frac{\rho R^3}{3\varepsilon_0 r^2} \ \ (r > R)$$

である．これより，電場の蓄えるエネルギーは

$$
\begin{aligned}
\mathcal{E} &= \frac{\varepsilon_0}{2}\int_0^\infty E(r)^2\,4\pi r^2\,\mathrm{d}r \\
&= \frac{\varepsilon_0}{2}\int_0^R \left(\frac{\rho}{3\varepsilon_0}\right)^2 4\pi r^4\,\mathrm{d}r + \frac{\varepsilon_0}{2}\int_R^\infty \left(\frac{\rho R^3}{3\varepsilon_0}\right)^2 \frac{4\pi}{r^2}\,\mathrm{d}r \\
&= \frac{2\pi\rho^2 R^5}{45\varepsilon_0} + \frac{2\pi\rho^2 R^5}{9\varepsilon_0} \\
&= \frac{4\pi\rho^2 R^5}{15\varepsilon_0}
\end{aligned}
$$

となって，この球を形成するのに要するエネルギー (静電エネルギー) に一致する．

第2章　導体と静電場

2.1　基礎事項

2.1.1　導体の電気的性質

導体中の伝導電子の存在とクーロン力による静電場の性質に起因する導体の電気的な性質は以下のようにまとめられる．

(a) 静電場内の導体のポテンシャルは一定である．

(b) 導体に付加された電荷，あるいは静電場内に置くことによって導体に誘起された電荷は，導体の表面のみに分布する．

(c) 電荷のない空間を導体で囲むと，導体の外に静電場があっても，囲まれた空間内に電場は存在しない．

2.1.2　帯電した導体

任意の形の帯電した導体表面を考える．静電場中の導体の電位は一定であることから，表面付近の電場 $\boldsymbol{E}$ の向きは表面に垂直である．図 2.1 のような，帯電した導体表面を挟んで垂直に立てた微小円柱にガウスの法則を適用すると次の関係を得る．

$$E\Delta S = \frac{\sigma\Delta S}{\varepsilon_0}, \quad \text{すなわち} \quad E = \frac{\sigma}{\varepsilon_0} \tag{2.1}$$

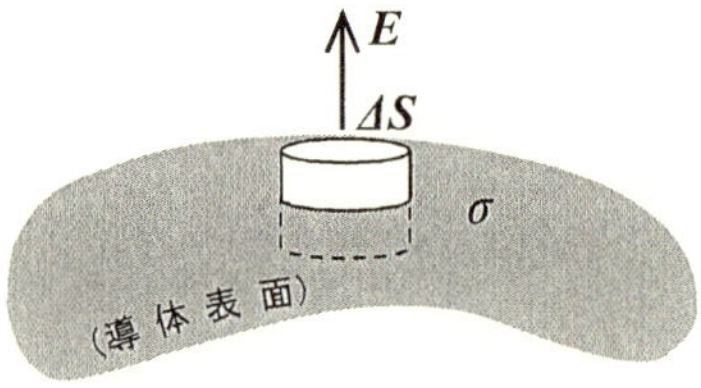

図 2.1: 導体表面付近の電場

導体表面の単位表面積内の電荷に働く力は

$$f = \sigma E_1 = \frac{\sigma^2}{2\varepsilon_0} \tag{2.2}$$

で与えられる．ここで，$E_1 = \sigma/2\varepsilon_0$ はすでに (1.37) で求めたものである．実際，E_1 は σ の生じた表面直下の導体内の電場を 0 にするために，導体の他の表面部分に誘起された電荷がつくる電場である．例えば，平行板コンデンサーでは対向する極板のつくる電場である．

2.1.3　境界値問題

導体を含む空間の電場を求めるには，ポアソンあるいはラプラス方程式を導体表面でポテンシャルが一定になるような条件で解かねばならない．このような境界値問題を解く方法とは別に，導体の形の特徴に注目して導体を含む空間のポテンシャルや電場を直観的あるいは技巧的に求める方法がある．

鏡像法はその一例であり，導体の形状と電荷の配置の対称性に注目して，導体部分を例えば点電荷に置き換える．点電荷のポテンシャルがラプラスの方程式を満たすことから (**問 1-19**), 導体外のポテンシャルを容易に求めることができる．2 次元の境界値問題には，複素関数による 2 次元図形の写像を応用することができる．これは微分可能な複素関数がラプラスの方程式を自動的に満たすことによる．

2.1.4 導体の静電エネルギー

電荷 q を与えた 1 個の導体を表面電荷の集合体とみなせば，導体外に電荷はないので (1.23) の積分範囲は導体そのものである．導体上でポテンシャル $\phi(\boldsymbol{r})$ は一定であることから, 静電エネルギーは

$$\mathcal{E} = \frac{1}{2}\phi\int\rho(\boldsymbol{r})\,\mathrm{d}V = \frac{1}{2}q\,\phi \tag{2.3}$$

と表される.

導体が N 個あって，それぞれに電荷 $q_i\,(i=1,2,\cdots,N)$ を与えたときには, (1.23) の積分は全導体の表面電荷に対して行うことになる．その際，積分を導体 V_i ごとに分けてそれぞれのポテンシャル $\phi_i(q_i)$ が各導体で一定であることを考慮すれば，(2.3) に代わる式として

$$\mathcal{E} = \frac{1}{2}\sum_{i=1}^{N}\phi_i(q_i)\int_{\mathrm{V}_i}\rho(\boldsymbol{r})\,\mathrm{d}V = \frac{1}{2}\sum_{i=1}^{N}q_i\,\phi_i(q_i) \tag{2.4}$$

を用いればよい.

コンデンサーでは一対の向き合った導体極板を正および負に帯電させることによって電荷を蓄積している．正負極板の電荷をそれぞれ $Q, -Q$, ポテンシャルをそれぞれ ϕ_+, ϕ_- とすれば，コンデンサーの静電エネルギーは (2.4) より

$$\mathcal{E} = \frac{1}{2}(Q\phi_+ - Q\phi_-) = \frac{QV}{2} \tag{2.5}$$

である．ここで，$V = \phi_+ - \phi_-$ は電位差である．(2.5) は任意の形のコンデンサーに蓄積されるエネルギーの一般表現である.

2.1.5 電気容量

孤立した導体では, 導体に与えた電荷 q とポテンシャル ϕ の比例関係が成り立つ．この比例関係を

$$q = C_0\,\phi \tag{2.6}$$

と書いたとき，C_0 を**導体の電気容量**という．導体 A を電気容量が ∞ とみなせる導体 B につなぐと，A は $\phi = q/\infty = 0$ に固定される．これを**接地**といい，通常 B には地面 (地球) を利用する．

導体が n 個あり，それぞれを電荷 $q_1, q_2, \cdots, q_n$ に帯電させた場合のポテンシャルを $\phi_1, \phi_2, \cdots, \phi_n$ とする．このとき，(2.6) に対応する関係は

$$
\begin{aligned}
q_1 &= C_{11}\phi_1 + C_{12}\phi_2 + \cdots + C_{1n}\phi_n \\
q_2 &= C_{21}\phi_1 + C_{22}\phi_2 + \cdots + C_{2n}\phi_n \\
&\vdots \\
q_n &= C_{n1}\phi_1 + C_{n2}\phi_2 + \cdots + C_{nn}\phi_n
\end{aligned}
$$

と表され，$C_{ij}\,(1 \leq i, j \leq n)$ を導体系の**電気容量係数**という．電気容量係数に関して，**相反定理** $C_{ij} = C_{ji}$ が成り立つ．

2 つの導体 “1, 2”にそれぞれ $Q, -Q$ の電荷を与えたとき，2 導体間の電位差を V とすれば

$$
Q = CV \tag{2.7}
$$

のように表すことができる．ここで，定数 C を**コンデンサーの電気容量**という．コンデンサーの蓄積エネルギー (2.5) を C を使って表せば

$$
\mathcal{E} = \frac{Q^2}{2C} = \frac{CV^2}{2} \tag{2.8}
$$

になる．$\mathcal{E}$ はコンデンサー内の電場が持つエネルギー密度 (1.28) をコンデンサー内で積分した値に一致する．

2.2 問題と解答

問 2-1 内部に空洞のある導体

図 2.2 のように，導体の内部に空洞があるとき，帯電によって導体に付加された電荷，あるいは外部電場によって誘起された正負の電荷は導体の外表面のみに分布することを示せ．

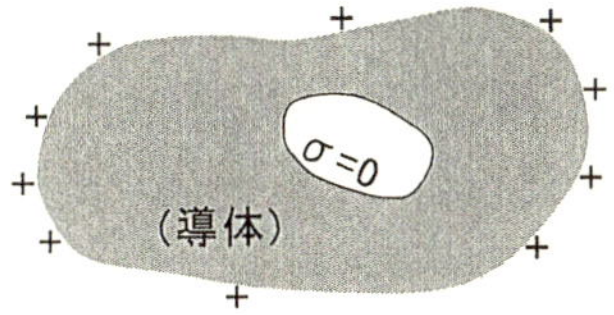

図 2.2: 内部に空洞のある導体.

[解] 空洞は導体に囲まれているから，空洞内あるいは空洞内面には電場は存在しない．したがって，空洞内面の電荷面密度は $\sigma = \varepsilon_0 E = 0$ である．すなわち電荷は空洞の内面には現れず，導体の外表面に分布する．

問 2-2 導体平面の前面に置いた点電荷と鏡像電荷

広い導体平面 $z = 0$ の真空側で $z = a\,(> 0)$ の位置に点電荷 q を置いたとき，

(1) $z \geq 0$ におけるポテンシャルを鏡像法で求めよ．

(2) 導体表面に誘起された電荷の面密度 σ を求め, σ を導体表面にわたって積分した値が $-q$ になることを示せ．

(3) q に働く力を導き, q を $z = \infty$ に運ぶのに要する仕事を求めよ．

[解] q のクーロン力によって表面には伝導電子が集まるが，導体のポテンシャルは常に一定に保たれることに注目する．

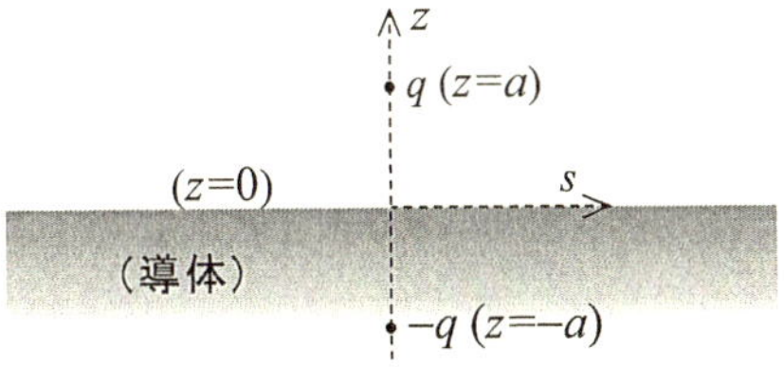

図 2.3: 導体平面の外側にある点電荷 q の鏡像電荷 $-q$

(1) 図2.3のように，導体のかわりに点電荷 $-q$ を $z=-a$ の位置に置いたとする．$\pm q$ の電荷を通るように z 軸をとり，円筒座標 $(s=\sqrt{x^2+y^2}, z)$ を用いる．$z \geq 0$ の空間におけるポテンシャルは $q, -q$ それぞれの場合を重ね合わせて

$$\phi(s,z) = \frac{q}{4\pi\varepsilon_0}\left(\frac{1}{\sqrt{s^2+(z-a)^2}} - \frac{1}{\sqrt{s^2+(z+a)^2}}\right) \tag{2.9}$$

と表される．(2.9) は $z>0$ でポアソン方程式を満たし (**問 1-19**)，かつ表面 $z \to 0$ で一定値 $\phi = 0$ となって境界条件を満たしている．これより，(2.9) が求める解であることがわかる．なお，この場合の導体は $\phi = 0$ 以外の一定値をとらない．なぜなら，q によるポテンシャルは無限遠で0にとられ，同じく無限遠における導体表面のポテンシャルに一致するからである．これは導体を接地したことに等しい．

(2) 導体表面における電場は表面に垂直で，大きさは

$$E(s) = -\left(\frac{\partial\phi}{\partial z}\right)_{z\to 0} = -\frac{q}{2\pi\varepsilon_0}\frac{a}{(s^2+a^2)^{3/2}}$$

になる．導体表面の電荷密度は (2.1) により

$$\sigma(s) = \varepsilon_0 E(s) = -\frac{q}{2\pi}\frac{a}{(s^2+a^2)^{3/2}} \tag{2.10}$$

と求められる．(2.10) を全表面で積分すると

$$\int_0^\infty \sigma(s)\, 2\pi s\, \mathrm{d}s = -qa\left[-(s^2+a^2)^{-1/2}\right]_0^\infty = -q \tag{2.11}$$

になる．

(3) 表面の負電荷によって点電荷 q は表面に引き付けられる．その引力 $f(a)$ は q と鏡像電荷との間に働く力に等しいので

$$f(a) = \frac{-q^2}{4\pi\varepsilon_0(2a)^2} = \frac{-q^2}{16\pi\varepsilon_0 a^2} \tag{2.12}$$

になる．なお，$f(a)$ は q と表面の電荷素片 $\sigma(s)\,2\pi s\Delta s$ の間に働く力の z 方向成分の積分から

$$f(a) = \int_0^\infty \frac{q}{4\pi\varepsilon_0} \cdot \frac{\sigma(s)\,2\pi s\,\mathrm{d}s}{s^2+a^2} \cdot \frac{a}{\sqrt{s^2+a^2}} = \frac{-q^2}{16\pi\varepsilon_0 a^2}$$

と求めてもよい．次に，q を $z=\infty$ に運ぶのに要する仕事 W は (2.12) で a を z に置き換え，さらに z 方向の力は $-f(z)$ であることから

$$W = \int_a^\infty -f(z)\,\mathrm{d}z = \frac{q^2}{16\pi\varepsilon_0}\int_a^\infty \frac{1}{z^2}\,\mathrm{d}z = \frac{q^2}{16\pi\varepsilon_0 a}$$

で与えられる．

問 2-3 点電荷のポテンシャルを与える平面電荷分布

問 2-2 によれば，導体を鏡像電荷 $-q$ に置き換えても，$z>0$ におけるポテンシャルは変わらない．したがって，導体表面の電荷分布 (2.10) が $z>0$ の空間につくるポテンシャルは $z=-a$ に置いた点電荷 $-q$ のつくるポテンシャルに一致するはずである．このことを，簡単のため z 軸上で示せ．

[解]　図 2.3 と同じ円筒座標を用いれば，z 軸上で $z>0$ におけるポテンシャルは，(2.10) の $\sigma(s)$ を用いて

$$\begin{aligned}\phi(z) &= \frac{1}{4\pi\varepsilon_0}\int_0^\infty \frac{\sigma(s)\,2\pi s\,\mathrm{d}s}{\sqrt{s^2+z^2}} \\ &= \frac{-qa}{4\pi\varepsilon_0}\int_0^\infty \frac{s\,\mathrm{d}s}{(s^2+a^2)^{3/2}\sqrt{s^2+z^2}}\end{aligned}$$

と書ける．$s^2+z^2=t^2$ により $s\to t$ へ変数変換すると

$$\begin{aligned}\phi(z) &= \frac{-qa}{4\pi\varepsilon_0}\int_z^\infty \frac{\mathrm{d}t}{(t^2+a^2-z^2)^{3/2}} \\ &= \frac{-qa}{4\pi\varepsilon_0}\cdot\frac{1}{a^2-z^2}\left[\frac{t}{\sqrt{t^2+a^2-z^2}}\right]_z^\infty \\ &= \frac{-q}{4\pi\varepsilon_0(a+z)}\end{aligned}$$

を得る．これは $z=-a$ に置いた電荷 $-q$ による z 軸上 $z>0$ のポテンシャルに一致している．

問 2-4 導体の表面電荷と一定電位の形成

広い導体平面の前に点電荷 q を置いたとき，導体表面に誘起された電荷分布のつくるポテンシャルと, q によるポテンシャルとの和は導体内で 0 になることを，**問 2-3** を参考にして示せ.

[解]　表面電荷によるポテンシャルは表面に関して鏡面対象であるから，**問 2-3** を利用すると，$\sigma(s)$ が $z<0$ の位置 $\boldsymbol{r}$ につくるポテンシャル $\phi_\sigma(\boldsymbol{r})$ は，$z=a$ に点電荷 $-q$ を置いたときのポテンシャルに等しいことがわかる．$\phi_\sigma(\boldsymbol{r})$ に q のポテンシャルを加えると

$$\phi_\sigma(\boldsymbol{r})+\frac{q}{4\pi\varepsilon_0|\boldsymbol{r}-\boldsymbol{a}|}=\frac{-q}{4\pi\varepsilon_0|\boldsymbol{r}-\boldsymbol{a}|}+\frac{q}{4\pi\varepsilon_0|\boldsymbol{r}-\boldsymbol{a}|}=0$$

となって導体の一定ポテンシャルになる．ここで，$\boldsymbol{a}=(0,0,a)$ は電荷 q の位置ベクトルを表す.

問 2-5 直角に折れ曲がった導体面と鏡像電荷

図 2.4 のように，$x>0$ かつ $y>0$ の部分が真空，それ以外は導体の空間がある．点電荷 q を $x=a, y=b, z=0$ に置いたとき，真空内の位置 (x,y,z) におけるポテンシャルを求めよ.

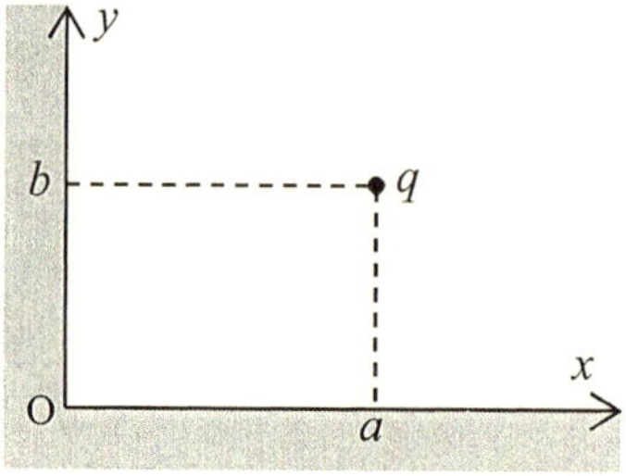

図 2.4: 直角に折れ曲がった導体面と点電荷 q

[解] 鏡像電荷として $(-a,b,0),(a,-b,0)$ に $-q$, $(-a,-b,0)$ に q を置けば, 配置の対称性から導体面上で電位が 0 という境界条件を満たす (この導体は, **問 2-2(1)** の解答にあるように, 実質的に接地されている). ポテンシャルは 3 個の鏡像電荷を含む合計 4 個の点電荷によるポテンシャルの重ねあわせとして

$$\phi = \frac{q}{4\pi\varepsilon_0}\left(\frac{1}{\sqrt{(x-a)^2+(y-b)^2+z^2}} - \frac{1}{\sqrt{(x+a)^2+(y-b)^2+z^2}} + \frac{1}{\sqrt{(x+a)^2+(y+b)^2+z^2}} - \frac{1}{\sqrt{(x-a)^2+(y+b)^2+z^2}}\right)$$

と求まる.

問 2-6 導体球と点電荷：鏡像電荷

平面上で, 2 定点からの距離の比が一定の点の軌跡は "アポロニウスの円" として知られる円である. このことを利用して, 接地した半径 R の導体球の中心から $R+a\,(a>0)$ の距離に電荷 q を置いたとき,

(1) 導体球に置き換わる鏡像電荷を求めよ.

(2) $a\to\infty$ におけるポテンシャルを考察することにより, 球面上に誘起された電荷の総和は鏡像電荷に等しいことを示せ.

(3) 導体球を接地しない場合の鏡像電荷はどうなるか. ただし, 導体球は最初は帯電していないとする.

[解]

(1) 導体平面の鏡像電荷を**問 2-2** で扱ったが, 導体の半平面は半径が無限大の導体球であるから, 鏡像電荷も導体球内部の類似の位置にあると予想される. そこで, 図 2.5 のように, 球の中心 O と q を結ぶ線上で球面から x の深さに鏡像電荷 $-q'$ を仮定し, 球を等電位にするような $x, -q'$ の値をまず求めることにする. 球上の任意の点 P の電位は, P から $q, -q'$

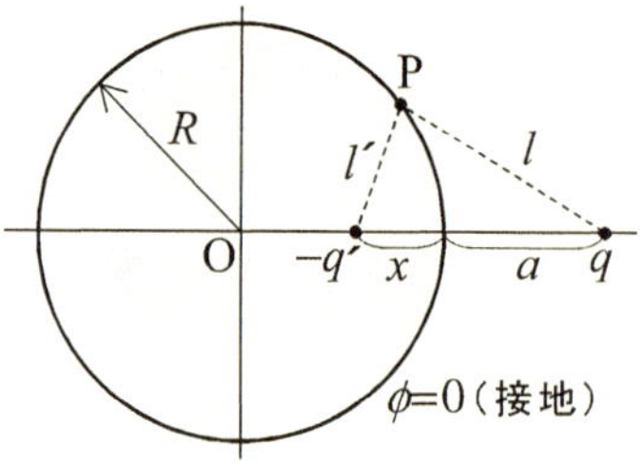

図 2.5: 導体球の鏡像電荷 $-q'$

への距離 l, l' を用いて

$$\phi = \frac{1}{4\pi\varepsilon_0}\left(\frac{q}{l} - \frac{q'}{l'}\right) \tag{2.13}$$

で与えられる．球の表面で $\phi = 0$ (接地) になる条件は (2.13) の右辺の ( ) 内＝ 0 である．さらに，アポロニウスの円の性質が球でも成り立つことから ($l' : l$ での内分点および外分点は球上にあるので)

$$\frac{q'}{q} = \frac{l'}{l} = \frac{x}{a} = \frac{2R - x}{2R + a}$$

を得る．これより，導体球に置き換わる鏡像電荷とその位置が

$$-q' = -\frac{Rq}{a + R}, \qquad x = \frac{aR}{a + R} \tag{2.14}$$

と求まる．

(2) 球面上の電荷の総和を Q とするとき，導体球を点とみなせるような遠方の位置を考え，球の中心からの距離を ℓ とすれば，ポテンシャルは $Q/4\pi\varepsilon_0\ell$ になる．ここで，導体球を鏡像点電荷 $-q'$ に置き換えても，球外のポテンシャルは変わらないから，$Q/4\pi\varepsilon_0\ell = -q'/4\pi\varepsilon_0\ell$, したがって $Q = -q' = -Rq/(a + R)$ を得る．

(3) 接地しない導体球では，電荷の総和は常に 0 である．この条件を満たし，かつ球面上でポテンシャルを一定値に保つには，電荷 $-Q = Rq/(a + R)$

を球面上に一様分布させ，接地した場合の球面上の電荷分布に重ね合わせればよい．一様分布を与える鏡像電荷は，球の中心に $-Q$ を置くことで得られる．つまり，今の場合の鏡像電荷は $q', -Q$ の 2 個であり，導体球のポテンシャルは以下のようになる．

$$\phi_0 = \frac{-Q}{4\pi\varepsilon_0 R} = \frac{q}{4\pi\varepsilon_0(a+R)}$$

問 2-7 導体球と点電荷：力とポテンシャル

接地した導体球の鏡像電荷 (**問 2-6**) を利用して，

(1) 接地した半径 R の導体球の中心から $R+a\,(a>0)$ の距離に置いた電荷 q に働く力 f を求めよ．

(2) q を無限遠まで運ぶのに要する仕事を求めよ．

[解]

(1) q に働く力は $q, -q'$ 間に働くクーロン力，すなわち

$$f = \frac{1}{4\pi\varepsilon_0}\frac{-qq'}{(x+a)^2} = \frac{-q^2}{4\pi\varepsilon_0}\frac{(a+R)R}{(a+2R)^2a^2}$$

である．なお，$R \gg a$ のときの x, q', f は，**問 2-2** で扱った導体平面の場合の値に一致することが容易に確かめられる．

(2) f の変数 a を r と書き直し，積分変数を $r \to t = r + R$ に変換することにより，求める仕事は以下のようになる．

$$\begin{aligned} W = -\int_a^\infty f(r)\,\mathrm{d}r &= \frac{q^2R}{4\pi\varepsilon_0}\int_{a+R}^\infty \frac{t\,\mathrm{d}t}{(t^2-R^2)^2} \\ &= \frac{q^2R}{4\pi\varepsilon_0}\left[\frac{-1}{2(t^2-R^2)}\right]_{a+R}^\infty \\ &= \frac{q^2R}{8\pi\varepsilon_0 a(a+2R)} \end{aligned}$$

問 2-8 導体球と点電荷：電気双極子場

図2.5において，導体球の外側かつ q から十分遠い位置 $L \gg a$ におけるポテンシャル $\phi(L)$ は，q を $q-q', q'$ に分割して考えることができる．実際，$\phi(L)$ は $q-q'$ の点電荷ポテンシャルと，q' と鏡像電荷 $-q'$ との対による電気双極子ポテンシャル (§1.1.6) の重ね合わせになる．後者に注目して

(1) $\pm q'$ による電気双極子モーメント $\boldsymbol{p}$ を求めよ．

(2) 導体平面に対して $\boldsymbol{p}$ はどのように振る舞うか．

[解]

(1) 図2.5において $\boldsymbol{p}$ は $-q' \to q$ の向きであり，大きさは，(2.14) を用いて以下のように求まる．

$$p = (x+a)q' = \frac{aR(a+2R)\,q}{(a+R)^2} \tag{2.15}$$

(2) $R \to \infty$ として導体平面に漸近させると，(2.15) は $p = 2aq$ を与える．これは，導体平面の外側 (真空側) に置いた電荷 q と鏡像電荷 $-q$ との電荷対による電気双極子モーメントに一致し，真空側で電荷対の遠方における電気双極子ポテンシャルを与える ($R \to \infty$ では $q - q' \to 0$ になるから，点電荷ポテンシャルは消滅する)．

付け加えると，電気双極子ポテンシャルは電荷の分布する空間領域から十分離れた場所における近似表現であり，導体球の内側は適用外である．実際，$R \to \infty$ の際の導体側は "導体球の内側" であるから，$p = 2aq$ の電気双極子ポテンシャルが適用できるのは真空側の半空間のみである．**問 2-4** で明らかなように，導体側は $p = 0$ (電荷 $\pm q$ が重なる) の場合に対応している．

問 2-9 導体球と点電荷：球面に生じる電荷密度

接地された導体球の外側に点電荷 q を置いたとき，**問 2-6** を参考に，

(1) 球面上に現れる電荷の面密度 σ を求めよ.

(2) この場合に生じる電気双極子モーメント (2.15) を σ を用いて導け.

[解]

(1) 図 2.6 のように，球外に任意の点 P′ をとり，球の中心 O からの距離を r, OP′ が OS となす角を θ とする．P′ におけるポテンシャルから電場を求め，$r \to R$ に漸近させて球面上の点 P における電場を導き，これより表面電荷を計算する.

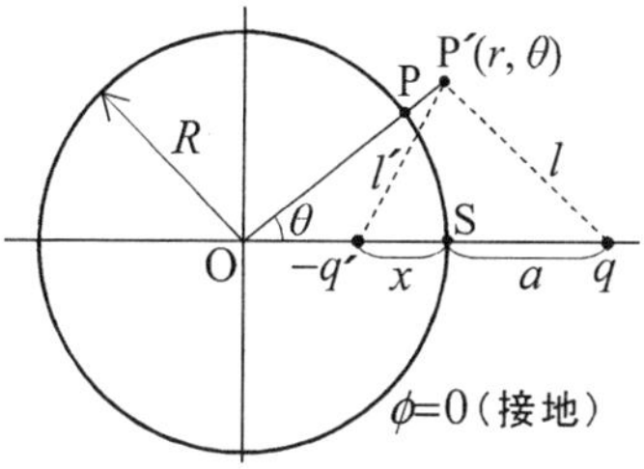

図 2.6: 導体球の表面電荷の計算のための座標系

まず，P′ におけるポテンシャルは

$$\begin{aligned}\phi(r,\theta) &= \frac{1}{4\pi\varepsilon_0}\left(\frac{q}{l}-\frac{q'}{l'}\right)\\ l &= \sqrt{r^2+(R+a)^2-2r(R+a)\cos\theta}\\ l' &= \sqrt{r^2+(R-x)^2-2r(R-x)\cos\theta}\end{aligned}$$

で与えられる．これより

$$\begin{aligned}\frac{\partial\phi}{\partial r} &= \frac{-1}{4\pi\varepsilon_0}\left(\frac{q}{l^2}\frac{\partial l}{\partial r}-\frac{q'}{l'^2}\frac{\partial l'}{\partial r}\right)\\ &= \frac{-1}{4\pi\varepsilon_0}\left(\frac{q[r-(R+a)\cos\theta]}{l^3}-\frac{q'[r-(R-x)\cos\theta]}{l'^3}\right)\end{aligned}$$

を得る．ここで，$r \to R$ に漸近させて $l' = (q'/q)l$ および (2.14) の関係を用いると，P における $\partial\phi/\partial r$ は

$$\left(\frac{\partial\phi}{\partial r}\right)_{\mathrm{P}} = \frac{q}{4\pi\varepsilon_0}\cdot\frac{a(2R+a)}{R\,[R^2+(R+a)^2-2R(R+a)\cos\theta]^{3/2}}$$

になる．したがって，導体球の表面の電荷密度は以下のように求まる．

$$\sigma(\theta) = -\varepsilon_0\left(\frac{\partial\phi}{\partial r}\right)_{\mathrm{P}} = -\frac{a(2R+a)\,q}{4\pi R\,[R^2+(R+a)^2-2R(R+a)\cos\theta]^{3/2}}$$

なお，$\sigma(\theta)$ を球面上で積分すれば $-q'$ になるが，これは自由演習としておく．

(2) 電気双極子モーメントは座標原点のとり方に依存しないから，例えば球の中心 O を座標原点とし，図 2.6 の OS 方向に関して

$$p = (R+a)q' + \int_0^{\pi} R\cos\theta\cdot\sigma(\theta)\,2\pi R^2\sin\theta\,\mathrm{d}\theta$$

と表される．右辺第 2 項の積分は $\cos\theta = t$ により変数変換し，積分公式

$$\int\frac{t}{(\alpha t+\beta)^{3/2}}\,\mathrm{d}t = \frac{2}{\alpha^2}(\alpha t+2\beta)(\alpha t+\beta)^{-1/2}$$

を用いればよい (α, β は定数, $\alpha \neq 0$)．こうして

$$p = Rq - \frac{R^3 q}{(a+R)^2} = \frac{aR(a+2R)\,q}{(a+R)^2}$$

が導かれる．

問 2-10 導体平面に平行な線電荷

細い導線が単位長さ当たり電荷密度 λ で帯電している．この導線を広い導体平面から a の距離に張ったとき，

(1) 導体平面に置き換わる鏡像電荷を示し，それが境界条件を満たすことを導け．

(2) 導体平面に現れる電荷密度を求めよ.

(3) 導体平面上で導線に平行な方向の単位長さ当たりの電荷は $-\lambda$ であることを示せ.

(4) 導線の単位長さが導体平面から受ける力を求めよ.

[解] 図 2.7 のように，導体平面に関して導線と鏡面対称に置かれた電荷分布 $-\lambda$ を考え，導体表面上に座標原点を持つデカルト座標の x 軸を導線に平行にとる.

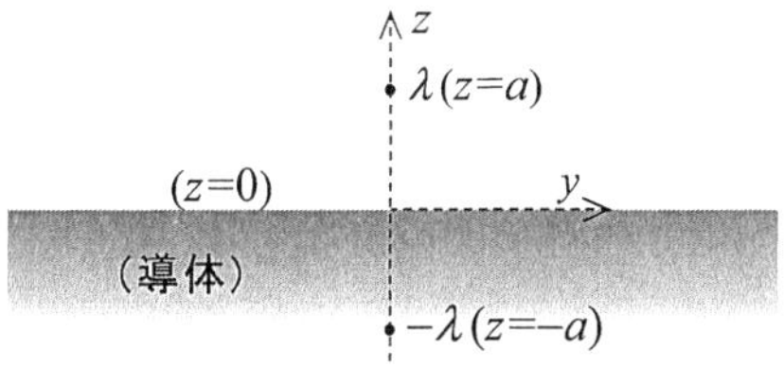

図 2.7: 導体平面に平行な線電荷の鏡像電荷

(1) 直線上の電荷分布による電場 (1.35) を導くポテンシャルは $-(\lambda/2\pi\varepsilon_0)\ln r$ であるから，$\pm\lambda$ が導体外の位置 (y, z) につくるポテンシャルは

$$
\begin{aligned}
\phi(y,z) &= -\frac{\lambda}{2\pi\varepsilon_0}\ln\left[\frac{\sqrt{y^2+(z-a)^2}}{\sqrt{y^2+(z+a)^2}}\right] \\
&= -\frac{\lambda}{4\pi\varepsilon_0}\ln\left[\frac{y^2+(z-a)^2}{y^2+(z+a)^2}\right] \qquad (2.16)
\end{aligned}
$$

になる．このポテンシャルはポアソン方程式を満たし，かつ $\phi(y, 0) = 0$ となって境界条件を満たす．したがって，$z = -a$ における線電荷 $-\lambda$ は鏡像電荷になっている.

(2) 導体面における電場の向きは z 方向であり

$$
E_z(y,0) = \lim_{z\to+0}\left(-\frac{\partial\phi}{\partial z}\right) = \frac{-a\lambda}{\pi\varepsilon_0(y^2+a^2)}
$$

と求まる．これより, 導体面の電荷密度は

$$\sigma(y,0)=\varepsilon_0 E_z(y,0)=\frac{-a\lambda}{\pi(y^2+a^2)}$$

で与えられる．

(3) 電荷密度を導線に垂直な方向に積分することで，以下のように求まる．

$$2\int_0^{\infty}\sigma(y,0)\,\mathrm{d}y=\frac{-2a\lambda}{\pi}\int_0^{\infty}\frac{\mathrm{d}y}{y^2+a^2}=\frac{-2a\lambda}{\pi}\cdot\frac{\pi}{2a}=-\lambda$$

(4) 単位長さ当たりの電荷 λ が鏡像による電場から受ける力を求めればよいから，(1.35) を用いて

$$f=\lambda E_z(0,a)=\lambda\cdot\frac{-\lambda}{2\pi\varepsilon_0(2a)}=\frac{-\lambda^2}{4\pi\varepsilon_0 a}$$

のように求まる．$f<0$ より，当然ながら引力である．

(4) の別解法として，単位長さ当たりの電荷 λ と導体面上の面素片 $\Delta x\Delta y$ との間に働くクーロン力の重ね合わせとして, 以下のように求めてもよい．

$$\begin{aligned}
f &= \frac{1}{4\pi\varepsilon_0}\int_{-\infty}^{\infty}\int_{-\infty}^{\infty}\frac{\lambda\sigma(y,0)}{x^2+y^2+a^2}\cdot\frac{a}{\sqrt{x^2+y^2+a^2}}\,\mathrm{d}x\,\mathrm{d}y\\
&= \frac{-\lambda^2a^2}{4\pi^2\varepsilon_0}\times 4\int_0^{\infty}\mathrm{d}y\,\frac{1}{y^2+a^2}\int_0^{\infty}\frac{\mathrm{d}x}{(x^2+y^2+a^2)^{3/2}}\\
&= \frac{-\lambda^2a^2}{\pi^2\varepsilon_0}\int_0^{\infty}\frac{\mathrm{d}y}{(y^2+a^2)^2}\\
&= \frac{-\lambda^2}{4\pi\varepsilon_0 a}
\end{aligned}$$

問 2-11 2 次元ポテンシャル

2 次元空間において，境界条件を満たす静電ポテンシャル $V(x,y)$ が複素関数の写像から得られる場合がある．こうして求められたポテンシャルがラプラス方程式および境界条件を満たすことを，下記の 2 つの例について実際に示せ．

(1) 図 2.8(a) のように，$y > 0, x = \pm\pi/2$ の 2 枚の電位 0 の薄板，および $-\pi/2 < x < \pi/2, y = 0$ の電位 V_0 の薄板に囲まれた空間において

$$V(x,y) = \frac{2V_0}{\pi}\arctan\left(\frac{\cos x}{\sinh y}\right) \qquad (-\pi/2 \le x \le \pi/2, y \ge 0) \quad (2.17)$$

(2) 図 2.8(b) のように，半径 1 の長い円筒の $x > 0, x < 0$ の部分の電位がそれぞれ $V = 0, V_0$ に保たれた円筒内部において

$$V(x,y) = \frac{V_0}{\pi}\arctan\left(\frac{1-x^2-y^2}{2y}\right) \qquad (x^2+y^2 \le 1) \qquad (2.18)$$

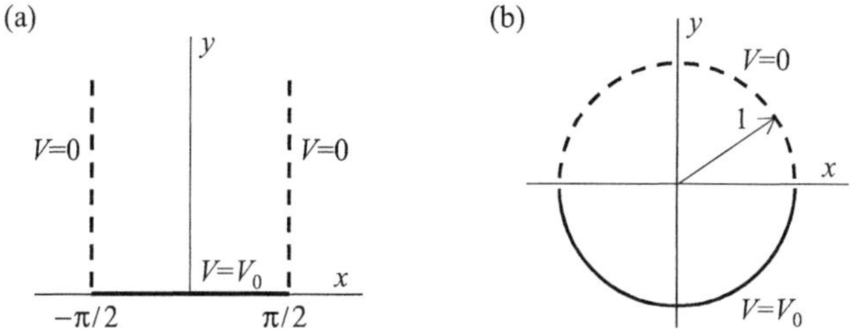

図 2.8: (a)3 枚の板で分割された 2 次元空間，(b) 半分が異なる電位の円筒

[解] (2.17), (2.18) がラプラス方程式を満たすことは実際に試みよ．境界条件に関しては，

(1) $x = \pm\pi/2$ では $\arctan 0 = 0$ であるから $V = 0$ を満たす．さらに，$y \to 0$ のとき $\arctan\infty = \pi/2$ より $V = V_0$ を満たす．

(2) 逆正接関数は変数 ξ に対して $0 \le \arctan\xi \le \pi$ であり

$$\lim_{\xi\to+0}\arctan\xi = 0, \qquad \lim_{\xi\to-0}\arctan\xi = \pi$$

になる．これより，円筒のポテンシャルは $y > 0, y < 0$ でそれぞれ $0, V_0$ になって境界条件を満たしている．

問 2-12 帯電した導体球の静電エネルギー

半径 a の導体球が電荷 q に帯電しているとき，この球の静電エネルギー $\mathcal{E}$ を求めよ．

[解] 球外の電場は球の中心に点電荷 q を置いた場合に等しいから [(1.38) 参照]，導体球の表面におけるポテンシャルは

$$\phi(q) = \frac{q}{4\pi\varepsilon_0 a}$$

で与えられる．導体球が最初 $q = 0$ であって，無限遠から少しずつ電荷を運んで q に帯電させるとする．このときに要する仕事が静電エネルギーに等しいから

$$\mathcal{E} = \int_0^q \phi(q)\,\mathrm{d}q = \frac{q^2}{8\pi\varepsilon_0 a}$$

を得る．$\mathcal{E} = q\phi(q)/2$ と表せば，(2.3) に一致することがわかる．

問 2-13 地球の電気容量

孤立した半径 R の導体球の電気容量を求めよ．さらに，地球を導体球とみなすと電気容量はいくらになるか．地球の半径は 6400 km とする．

[解] 導体球に電荷 q を与えたときのポテンシャルは

$$\phi = \frac{q}{4\pi\varepsilon_0 R} \tag{2.19}$$

であるから，電気容量は

$$C_0 = \frac{q}{\phi} = 4\pi\varepsilon_0 R \tag{2.20}$$

と表される．これより，地球の電気容量は以下のように求まる．

$$C_0 = 4\pi \times (8.85 \times 10^{-12}) \times (6.4 \times 10^6) = 7.1 \times 10^{-4}\ [\mathrm{F}] \tag{2.21}$$

問 2-14 導体球対と相反定理

図 2.9 のように, 距離 R だけ離した 2 個の導体球の電気容量係数を求め, 相反定理が成り立つことを確かめよ. ただし, 2 個の導体球の半径 r_1, r_2 は R に比べて十分小さいとする.

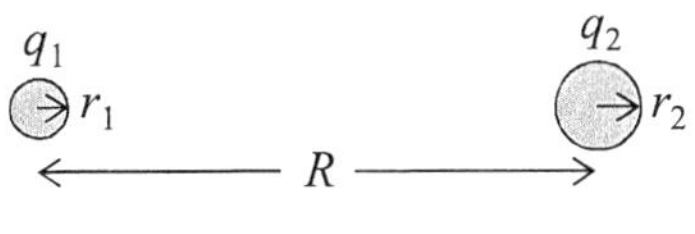

図 2.9: 2 個の導体球

[解] 2 導体球をそれぞれ q_1, q_2 に帯電させたとする. q_1 のポテンシャルは q_1 および q_2 による個別のポテンシャルを重ね合わせて

$$\phi_1 = \frac{q_1}{4\pi\varepsilon_0 r_1} + \frac{q_2}{4\pi\varepsilon_0 R} \tag{2.22}$$

と表される. ただし, $r_1 \ll R$ により, 右辺の第 2 項は $R \pm x \simeq R$ $(|x| \leq r_1)$ として求めた. 同様に, q_2 のポテンシャルは

$$\phi_2 = \frac{q_2}{4\pi\varepsilon_0 r_2} + \frac{q_1}{4\pi\varepsilon_0 R} \tag{2.23}$$

と表される. (2.22), (2.23) を q_1, q_2 について解けば

$$q_1 = \frac{4\pi\varepsilon_0 R r_1}{R^2 - r_1 r_2}(R\phi_1 - r_2\phi_2)$$
$$q_2 = \frac{4\pi\varepsilon_0 R r_2}{R^2 - r_1 r_2}(-r_1\phi_1 + R\phi_2)$$

を得る. したがって, 電気容量係数は

$$C_{11} = \frac{4\pi\varepsilon_0 R^2 r_1}{R^2 - r_1 r_2}$$
$$C_{22} = \frac{4\pi\varepsilon_0 R^2 r_2}{R^2 - r_1 r_2}$$
$$C_{12} = C_{21} = -\frac{4\pi\varepsilon_0 R r_1 r_2}{R^2 - r_1 r_2}$$

となって, 相反定理が成り立つ.

問 2-15 平行板コンデンサー

図 2.10 のように，極板面積 S，極板間隔 d の平行板コンデンサーに電荷 $\pm Q$ を与えたとする．d は極板の幅に比べて十分小さいとして，

(1) このコンデンサーの電気容量を求めよ．

(2) 極板間のエネルギー密度を求めよ．

(3) 2 極板が引き合う力を求めよ．

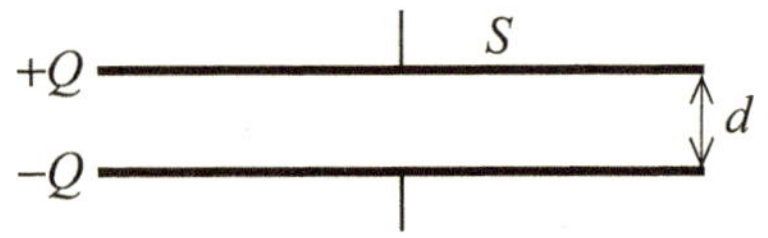

図 2.10: 平行板コンデンサー

[解]

(1) コンデンサー内の電場の大きさは，(2.1) により $E = \sigma/\varepsilon_0$ である．$\sigma = Q/S$ であるから電位差は

$$V = Ed = \frac{\sigma d}{\varepsilon_0} = \frac{d}{\varepsilon_0 S} Q \tag{2.24}$$

で与えられる．したがって，電気容量は以下のように求まる．

$$C = \frac{Q}{V} = \frac{\varepsilon_0 S}{d} \tag{2.25}$$

(2) コンデンサーの蓄積エネルギー (2.8) を (2.24), (2.25) により書き換えると

$$\mathcal{E} = \frac{CV^2}{2} = \frac{\varepsilon_0 E^2}{2} Sd \tag{2.26}$$

を得る．Sd はコンデンサーの体積であるから，コンデンサー内部の空間に蓄えられたエネルギーの密度は

$$u_{\mathrm{e}} = \frac{\varepsilon_0 E^2}{2} = \frac{ED}{2} \tag{2.27}$$

と求まる．これは，一般の静電場に関して成り立つ関係式である (§1.1.10).

(3) 2 極板が引き合う力 F は，極板間隔 d を変えるのに要する仕事がコンデンサーの蓄積エネルギーの変化に等しいことから得られる．すなわち

$$F = \frac{\partial \mathcal{E}}{\partial d} = \frac{\varepsilon_0 E^2 S}{2} = \frac{\sigma^2 S}{2\,\varepsilon_0} \tag{2.28}$$

と求まる．当然ながら，(2.28) は極板上の単位面積内の電荷に働く力 (2.2) に S を乗じたものである．

問 2-16 同軸円筒コンデンサー

図 2.11 のように，内径 s_1, 外径 s_2, 長さ l の同軸円筒コンデンサーに電荷 $\pm Q$ を与えたとする．$l \gg s_2 - s_1$ であって円筒の端付近の不均一な電場は無視できるとして，

(1) このコンデンサーの電気容量を求めよ．

(2) コンデンサーに蓄積されたエネルギーを求めよ．

(3) 内外の円筒の単位面積に働く力を各円筒面の電荷密度を用いて表せ．

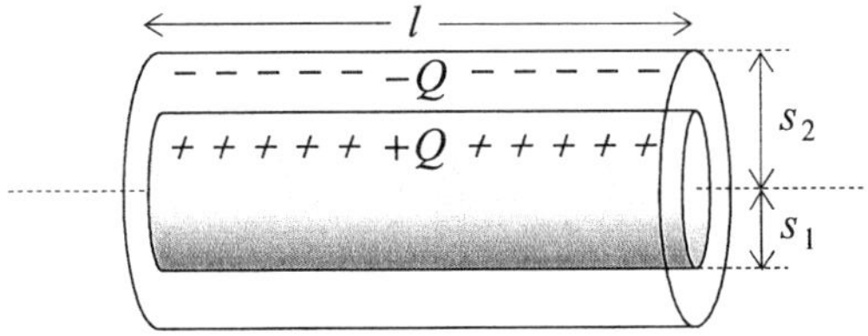

図 2.11: 同軸円筒コンデンサー

[解]

(1) 両極板の間の電場は円筒軸に関して垂直かつ外向きであり，その大きさはガウスの法則を半径 $s\,(s_1 \le s \le s_2)$ の同軸円筒に適用することにより

$$2\pi s\,lE = \frac{Q}{\varepsilon_0}, \quad \text{すなわち} \quad E(s) = \frac{Q}{2\pi\varepsilon_0 ls} \tag{2.29}$$

で与えられる．したがって

$$V = \int_{s_1}^{s_2} E(s)\,\mathrm{d}s = \frac{\ln(s_2/s_1)}{2\pi\varepsilon_0 l}\,Q \tag{2.30}$$

と表される．これより，電気容量は以下のように求まる．

$$C = \frac{Q}{V} = \frac{2\pi\varepsilon_0 l}{\ln(s_2/s_1)} \tag{2.31}$$

(2) (2.29) を用いると, 蓄積エネルギーは

$$\mathcal{E} = \int_{s_1}^{s_2} \frac{\varepsilon_0 E(s)^2}{2}\,2\pi s\,l\,\mathrm{d}s = \frac{Q^2}{4\pi\varepsilon_0 l}\ln\frac{s_2}{s_1} = \frac{Q^2}{2C} \tag{2.32}$$

と求まる．これは (2.8) に一致している．

(3) 内側の円筒面に働く力は円筒面に垂直かつ外向きで，大きさは

$$F = -\frac{\partial\mathcal{E}}{\partial s_1} = \frac{Q^2}{4\pi\varepsilon_0 ls_1}$$

である．単位面積当たりの力 f_1 に換算し，内側の円筒面の電荷密度 $\sigma_1 = Q/(2\pi s_1 l)$ で表すと

$$f_1 = \frac{F}{2\pi s_1 l} = \frac{Q^2}{2\varepsilon_0(2\pi s_1 l)^2} = \frac{\sigma_1^2}{2\varepsilon_0}$$

を得る．外側の円筒面についても同様であり，単位面積に働く力 f_2 は電荷密度 $\sigma_2 = -Q/(2\pi s_2 l)$ を用いて

$$f_2 = \frac{\sigma_2^2}{2\varepsilon_0}$$

と表される．f_1, f_2 は，(2.2) の具体例である．

問 2-17 同心球殻コンデンサー

図 2.12 のように，半径が r_1, r_2 の薄い球殻を同心に配置したコンデンサーに電荷 $\pm Q$ を与えたとする．

(1) このコンデンサーの電気容量 C を求めよ．

(2) コンデンサーに蓄積されたエネルギーが $Q^2/2C$ になることを示せ．

(3) 内外の球殻の単位面積に働く力を各球面の電荷密度を用いて表せ．

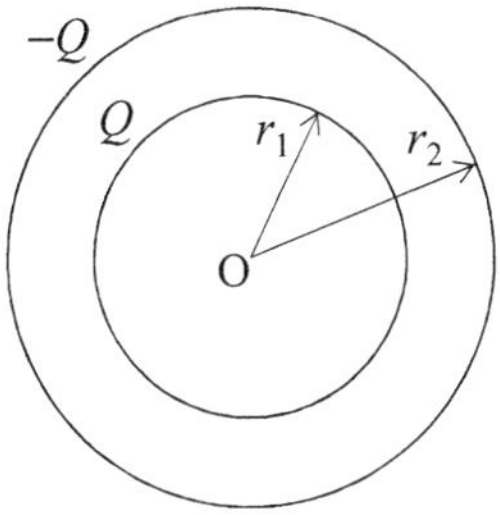

図 2.12: 同心球殻コンデンサー

[解]

(1) 球殻間の電場は，球殻の中心 O からの距離を r とすれば

$$E(r) = \frac{Q}{4\pi\varepsilon_0 r^2} \quad (r_1 \leq r \leq r_2)$$

であるから，このコンデンサーにかかる電圧は

$$V = -\int_{r_2}^{r_1} E(r)\,\mathrm{d}r = \frac{Q}{4\pi\varepsilon_0}\left(\frac{1}{r_1} - \frac{1}{r_2}\right)$$

と表される．これより，電気容量は以下のように求まる．

$$C = \frac{Q}{V} = \frac{4\pi\varepsilon_0}{1/r_1 - 1/r_2}$$

(2) $E(r)$ のエネルギー密度を球殻間で積分すれば

$$\mathcal{E} = \int_{r_1}^{r_2} \frac{\varepsilon_0 E(r)^2}{2} 4\pi r^2 \, \mathrm{d}r = \frac{Q^2}{8\pi\varepsilon_0} \int_{r_1}^{r_2} \frac{\mathrm{d}r}{r^2} = \frac{Q^2}{8\pi\varepsilon_0} \left(\frac{1}{r_1} - \frac{1}{r_2} \right)$$

を得る．(1) の結果を用いれば $\mathcal{E} = Q^2/2C$ と表される．

(3) 内側の球面に働く力は球面に垂直かつ外向きで，大きさは

$$F = -\frac{\partial \mathcal{E}}{\partial r_1} = \frac{Q^2}{8\pi\varepsilon_0 r_1^2}$$

である．単位面積当たりの力 f_1 に換算し，内側の円筒面の電荷密度 $\sigma_1 = Q/(4\pi r_1^2)$ で表すと

$$f_1 = \frac{F}{4\pi r_1^2} = \frac{\sigma_1^2}{2\varepsilon_0}$$

を得る．外側の円筒面についても同様であり，単位面積に働く力 f_2 は電荷密度 $\sigma_2 = -Q/(4\pi r_2^2)$ を用いて

$$f_2 = \frac{\sigma_2^2}{2\varepsilon_0}$$

と表される．f_1, f_2 は，(2.2) の具体例である．

問 2-18 一様な静電場中の導体球

一様な静電場 $\boldsymbol{E}_0$ のポテンシャルは $\phi_1(\boldsymbol{r}) = -\boldsymbol{E}_0 \cdot \boldsymbol{r}$ と表される．この $\boldsymbol{r}$ 依存性が電気双極子ポテンシャル (1.15) の場合と同じであることに注目して，

(1) 半径 R の導体球を一様な静電場中に置いたとき，球の内外のポテンシャルを求めよ．

(2) 導体球の表面に生じる電荷密度を求めよ．

[解]

(1) 考慮すべき境界条件はポテンシャルが球面上で一定値になることである．実際，$\boldsymbol{E}_0$ によって導体球の表面には電荷が誘起され，これによる電場と $\boldsymbol{E}_0$ の重ね合わせによる電場が導体球内で打ち消しあって導体球を一定のポテンシャルに保っている．ここで，$\phi_1(\boldsymbol{r})$ に電気双極子ポテンシャル (1.15) を重ね合わせたポテンシャルは, 球の中心を $\boldsymbol{r}=0$ として

$$\phi(\boldsymbol{r}) = \phi_1(\boldsymbol{r}) + \phi(\boldsymbol{r}) = \left(-\boldsymbol{E}_0 + \frac{\boldsymbol{p}_\mathrm{e}}{4\pi\varepsilon_0 r^3}\right)\cdot\boldsymbol{r}$$

と表される．ここで未定の変数である電気双極子モーメントを

$$\boldsymbol{p}_\mathrm{e} = 4\pi\varepsilon_0 R^3 \boldsymbol{E}_0$$

にとれば，球面上で $\phi=0$ となって境界条件が満たされる．これより，求めるポテンシャルは以下のようになる．

$$\phi(\boldsymbol{r}) = \begin{cases} 0 & (r < R) \\ -\left(1 - \dfrac{R^3}{r^3}\right)\boldsymbol{E}_0\cdot\boldsymbol{r} & (r \geq R) \end{cases}$$

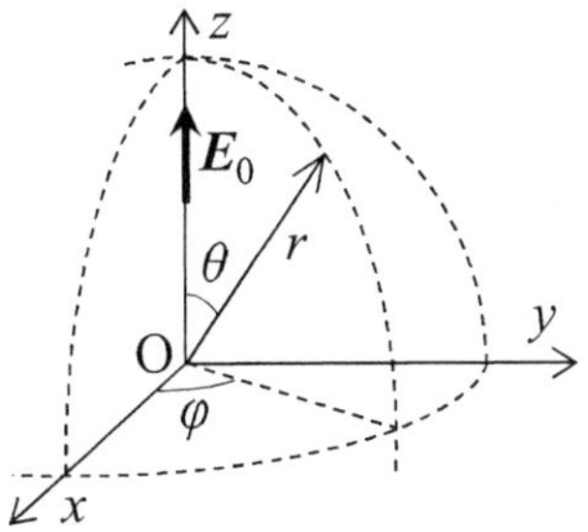

図 2.13: 導体球の中心 O を原点とし，$\boldsymbol{E}_0$ の方向を z 軸とする極座標

(2) 図 2.13 のように，$\boldsymbol{E}_0$ の方向を z 軸とする極座標を用いると $\boldsymbol{E}_0 \cdot \boldsymbol{r} = E_0 r \cos\theta$ と書ける．したがって，球の表面における電場の r 方向成分は

$$E_R = -\left(\frac{\partial\phi}{\partial r}\right)_{r=R} = -3E_0\cos\theta$$

になる．これより，球の表面の電荷密度は以下のように求まる．

$$\sigma(\theta) = \varepsilon_0 E_R = 3\varepsilon_0 E_0 \cos\theta$$

問 2-19 平行導線対コンデンサー

図 2.14 のように，半径 r の長い 2 本の平行導線を中心間距離 R で真空中に張り，導線間に電圧をかけるとする．$R \gg r$ のとき，この導体対コンデンサーの単位長さ当たりの電気容量 C^* を求めよ．

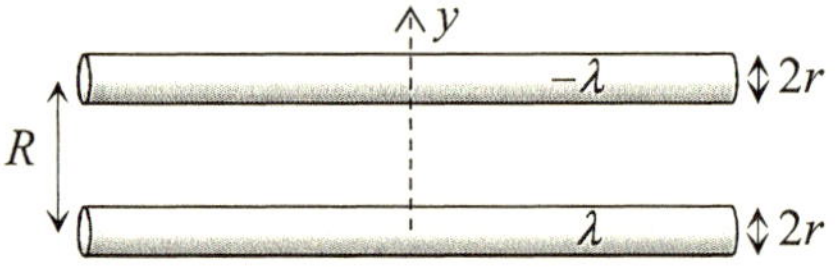

図 2.14: 電気を帯びた平行導線対

[解]　導線対間に電圧 V をかけて，単位長さ当たりそれぞれ $\lambda, -\lambda$ の電荷が生じたとする．2 導線に垂直に交わるように y 軸をとり，λ の導線の位置を $y = 0$ とすれば，λ による y 軸上の電場は (1.35) より $E = \lambda/2\pi\varepsilon_0 y$ である．これより，ポテンシャルは $\phi(y) = -(\lambda/2\pi\varepsilon_0)\ln y$ と表される．$R \gg r$ であるから，λ の導線内において $-\lambda$ によるポテンシャルは距離 R における一定値とみなせる．したがって λ の導線のポテンシャルは

$$\phi(\lambda) = -\frac{\lambda}{2\pi\varepsilon_0}(\ln r - \ln R) = \frac{\lambda}{2\pi\varepsilon_0}\ln\frac{R}{r}$$

と表される．これより

$$V = \phi(\lambda) - \phi(-\lambda) = \frac{\lambda}{\pi\varepsilon_0}\ln\frac{R}{r} \tag{2.33}$$

の関係が得られる．したがって，導線対の単位長さ当たりの電気容量として

$$C^* = \frac{\lambda}{V} = \frac{\pi\varepsilon_0}{\ln(R/r)}$$

を得る．

[別解] (2.33) は鏡像法で求めたポテンシャルから導いてもよい．例えば，λ の導線を導体平面から $R/2$ の距離に張ったとする．このとき，λ の導線のポテンシャル ϕ_+ は鏡像法で与えられ，$\pm\lambda$ に帯電した 2 導線の場合と同じである．実際，(2.16) で $a = R/2, y = 0, z = R/2 - r$ とおいて

$$\phi_+ = -\frac{\lambda}{4\pi\varepsilon_0}\ln\frac{r^2}{(R-r)^2} = \frac{\lambda}{2\pi\varepsilon_0}\ln\frac{R-r}{r} \simeq \frac{\lambda}{2\pi\varepsilon_0}\ln\frac{R}{r}$$

を得る．対称性より，$-\lambda$ の導線のポテンシャルは $\phi_- = -\phi_+$ になる．したがって，以下のように V が求まる．

$$V = \phi_+ - \phi_- = \frac{\lambda}{\pi\varepsilon_0}\ln\frac{R}{r}$$

第3章　誘電体と静電場

3.1　基礎事項

3.1.1　分極と双極子モーメント

誘電体あるいは**絶縁体**と呼ばれる物質は内部に伝導電子を持たないので，導体とは違って内部に電場が存在しうる．誘電体が電場中に置かれたとき，誘電体を構成する原子あるいは分子の内部では，原子核と電子に逆向きのクーロン力が加わるために全体として電気的に中性の電荷分布に偏りが生じる．この現象を**分極**という．分極によって発生する電気双極子モーメント $\boldsymbol{p}_{\mathrm{mol}}$ が遠方の電場を与える．電場 $\boldsymbol{E}$ のなかで 1 個の分子に生じる電気双極子モーメントは，分子に固有な定数である**分極率** α を用いて

$$\boldsymbol{p}_{\mathrm{mol}} = \alpha \boldsymbol{E} \tag{3.1}$$

と表される．

原子あるいは分子の集合体としての誘電体における巨視的な電気双極子モーメントの発生には 2 つの機構がある．ひとつは上記の $\boldsymbol{p}_{\mathrm{mol}}$ の重ね合わせによるもので，これを特に**電子分極**という．もうひとつは，外部電場がなくても電気双極子モーメントを持つ分子に特有な**配向分極**である．いずれの場合も“分極ベクトル”という物理量でひとまとめに扱うことができる．

3.1.2　分極ベクトル

誘電体の単位体積内の電気双極子モーメントを誘電体の**分極ベクトル**と呼ぶ．図 3.1 のように，誘電体の内部の位置 $\boldsymbol{r}$ に微小体積 ΔV をとり，静電場 $(\boldsymbol{E})$ に

よって ΔV の内部の正電荷が負電荷に対して $\boldsymbol{u}(\boldsymbol{r})$ だけ変位したとする．誘電体内の正電荷の密度を ρ とすれば

$$\boldsymbol{P}(\boldsymbol{r}) = \rho \boldsymbol{u}(\boldsymbol{r}) \tag{3.2}$$

で与えられる．

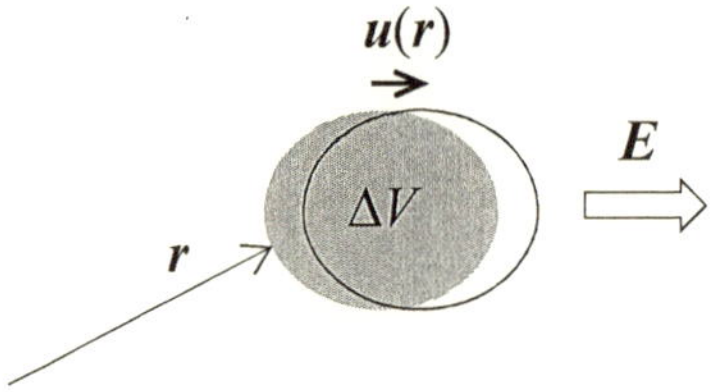

図 3.1: 誘電体の電気分極

3.1.3　分極電荷

誘電体内に一様でない分極 $\boldsymbol{P}(\boldsymbol{r})$ があるとき，**分極電荷密度**

$$\rho_{\mathrm{p}}(\boldsymbol{r}) = -\nabla \cdot \boldsymbol{P}(\boldsymbol{r}) \tag{3.3}$$

が生じる．$\rho_{\mathrm{p}}(\boldsymbol{r})$ は，電場の生成に関して空間の電荷密度 $\rho(\boldsymbol{r})$ と同等の役割を演じる．閉空間 V で $\rho_{\mathrm{p}}(\boldsymbol{r})$ を積分し，ガウスの定理を用いると

$$Q_{\mathrm{p}} = \int_{\mathrm{V}} \rho_{\mathrm{p}}(\boldsymbol{r})\, \mathrm{d}V = -\int_{\mathrm{S}} \boldsymbol{P}(\boldsymbol{r}) \cdot \boldsymbol{n}\, \mathrm{d}S \tag{3.4}$$

を得る．Q_{p} は，もともと電気的に中性であった V の内部に生じた**分極電荷**を表す．

誘電体表面における分極電荷の面密度は

$$\sigma_{\mathrm{p}} = \boldsymbol{P}(\boldsymbol{r}) \cdot \boldsymbol{n} \tag{3.5}$$

で与えられる．ここで，$\boldsymbol{n}$ は表面の単位法線ベクトルを表す．特に，$\boldsymbol{P}(\boldsymbol{r})$ が表面に垂直で外向きであれば

$$\sigma_{\mathrm{p}} = |\boldsymbol{P}(\boldsymbol{r})| = P(\boldsymbol{r}) \tag{3.6}$$

である．

3.1.4 誘電体のガウスの法則

誘電体の内部におけるガウスの法則は

$$\nabla \cdot \boldsymbol{E}(\boldsymbol{r}) = \frac{\rho(\boldsymbol{r}) + \rho_{\mathrm{p}}(\boldsymbol{r})}{\varepsilon_0} \tag{3.7}$$

で与えられる．(3.3) の関係により, (3.7) は

$$\nabla \cdot [\,\varepsilon_0 \boldsymbol{E}(\boldsymbol{r}) + \boldsymbol{P}(\boldsymbol{r})\,] = \rho(\boldsymbol{r}) \tag{3.8}$$

と表される．ここで，(1.6) の電束密度の定義を誘電体に拡張して

$$\boldsymbol{D}(\boldsymbol{r}) = \varepsilon_0 \boldsymbol{E}(\boldsymbol{r}) + \boldsymbol{P}(\boldsymbol{r}) \tag{3.9}$$

と表せば，真空中のガウスの法則 (1.24) は，誘電体を含めた場合に拡張されて

$$\nabla \cdot \boldsymbol{D}(\boldsymbol{r}) = \rho(\boldsymbol{r}) \tag{3.10}$$

と表される．あるいは，積分形で書けば

$$\int_{\mathrm{S}} \boldsymbol{D}(\boldsymbol{r}) \cdot \boldsymbol{n}\, \mathrm{d}S = \int_{\mathrm{V}} \rho(\boldsymbol{r})\, \mathrm{d}V \tag{3.11}$$

になる．誘電体の場合には $\rho(\boldsymbol{r})$ を分極電荷と区別して**真電荷**と呼ぶ.

3.1.5 誘電体の渦なしの法則

誘電体内の電場は，真電荷と分極電荷のクーロン場によってつくられるが，どちらの電荷による力も保存力であることに変わりはない．真空中の静電場と同じく, 誘電体内の静電場に対しても

$$\nabla \times \boldsymbol{E} = 0 \tag{3.12}$$

が成り立つ.

3.1.6　等方性の誘電体

等方性の誘電体では，電場があまり強くなければ $\boldsymbol{P} \propto \boldsymbol{E}$ の関係がある．これを

$$\boldsymbol{P} = \varepsilon_0 \chi_0 \boldsymbol{E} \tag{3.13}$$

のように表したとき，$\chi_0\,(>0)$ を**電気感受率**と呼ぶ．このときの (3.9) は

$$\boldsymbol{D} = \varepsilon_0(1+\chi_0)\boldsymbol{E} = \varepsilon \boldsymbol{E} \tag{3.14}$$

と表される．ここで

$$\varepsilon = \varepsilon_0(1+\chi_0) \tag{3.15}$$

を誘電体の**誘電率**という．ε を**比誘電率**

$$\kappa = \frac{\varepsilon}{\varepsilon_0} = 1 + \chi_0 \tag{3.16}$$

で表すと，常に $\kappa > 1$ である．(3.14) によれば，真空中の静電場の関係式において，$\varepsilon_0 \to \varepsilon$ の置き換えを行えば等方性の誘電体中の関係式が得られる．

誘電体の関係式 (3.13)~(3.16) は導体に対しては次のような意味を持つ．実際，導体内に静電場があれば，伝導電子は静電場が 0 になるまで自由に移動するから，$\chi_0 = \infty, |\boldsymbol{P}| = \infty$ であり，したがって $\varepsilon = \infty, \kappa = \infty$ になる．

3.1.7　誘電体の境界条件

異なる誘電体 “1”,“2”が接しているとき，静電場が境界で満たすべき条件は，基本法則 (3.10)，(3.12) から導かれる．実際，

(a) 境界面に真電荷がなければ，$\boldsymbol{D}$ の法線成分は連続 ($\boldsymbol{D}$ の法線成分の差は境界面の真電荷の面密度に等しい).

(b) $\boldsymbol{E}$ の接線成分 (境界面に平行な成分) は連続

が両立すべき境界条件である.

3.2　問題と解答

問 3-1 分極ベクトル

分極ベクトル (3.2) を (1.19) を用いて導け.

[解]　ΔV に発生する電気双極子モーメントは，(1.19) で $Q' = \rho\Delta V$, $\boldsymbol{d}_+ - \boldsymbol{d}_- = \boldsymbol{u}(\boldsymbol{r})$ とおけばよいから

$$\rho\Delta V \times \boldsymbol{u}(\boldsymbol{r}) = \boldsymbol{P}(\boldsymbol{r})\Delta V$$

と表される．これより，$\boldsymbol{P}(\boldsymbol{r}) = \rho\boldsymbol{u}(\boldsymbol{r})$ を得る.

問 3-2 一様に分極した球内の電場

誘電体の球に一様な分極 $\boldsymbol{P}$ が生じているとき，球の内部の電場を求めよ.

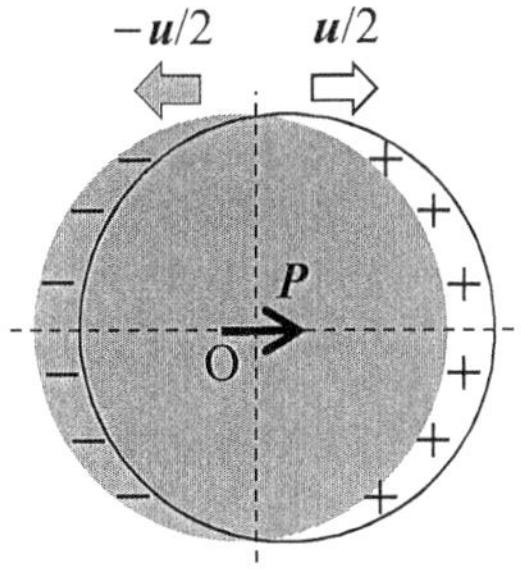

図 3.2: 誘電体球の一様な分極

[解]　図 3.2 のように，球の中心 O に対して正負の電荷が球の半径よりも十分小さい変位 $\boldsymbol{u}/2, -\boldsymbol{u}/2$ をそれぞれ起こすことで分極 $\boldsymbol{P}$ が生じる．正負の電荷密度を $\pm\rho_0$ とすれば，球の内部で中心から $\boldsymbol{r}$ の位置における電場は (1.39) により $\rho_0\boldsymbol{r}/3\varepsilon_0$ と表される．今の場合，正および負電荷の球の中心を $\pm\boldsymbol{u}/2$ だけずらした電場を重ね合わせればよいから

$$\boldsymbol{E} = \frac{\rho_0}{3\varepsilon_0}\left(\boldsymbol{r} - \frac{\boldsymbol{u}}{2}\right) - \frac{\rho_0}{3\varepsilon_0}\left(\boldsymbol{r} + \frac{\boldsymbol{u}}{2}\right) = -\frac{\rho_0\boldsymbol{u}}{3\varepsilon_0} = -\frac{\boldsymbol{P}}{3\varepsilon_0} \tag{3.17}$$

を得る．電場は球内で一定で，分極ベクトルと反対向きである．

問 3-3 分極電荷密度

分極ベクトル $\boldsymbol{P}(\boldsymbol{r})$ が有限な空間内に分布しているとき，次の手順で分極電荷密度 (3.3) を導け．

(1) 微小体積 $\Delta V = \Delta x\Delta y\Delta z$ 内の電気双極子モーメント $\boldsymbol{P}(\boldsymbol{r})\Delta V$ によるポテンシャルの重ね合わせにより，分極によって生じるポテンシャル $\phi_{\mathrm{p}}(\boldsymbol{r})$ を書け．

(2) 付録 (B.24) の関係を利用して，$\phi_{\mathrm{p}}(\boldsymbol{r})$ の被積分関数を書き直し，$\nabla\cdot\boldsymbol{P}(\boldsymbol{r})$ を含む積分形で表せ．

(3) (2) の結果をポテンシャル (1.14) と比べることで，分極電荷密度を導け．

[解]

(1) 電気双極子によるポテンシャル (1.15) を用いると，積分変数に "′ "を付けて

$$\phi_{\mathrm{p}}(\boldsymbol{r}) = \frac{1}{4\pi\varepsilon_0}\int \frac{\boldsymbol{P}(\boldsymbol{r}')\cdot(\boldsymbol{r}-\boldsymbol{r}')}{|\boldsymbol{r}-\boldsymbol{r}'|^3}\,\mathrm{d}V' \tag{3.18}$$

と表される．この積分は全空間で行われる．

(2) 付録 (B.24) により，被積分関数は

$$\frac{\boldsymbol{P}(\boldsymbol{r}')\cdot(\boldsymbol{r}-\boldsymbol{r}')}{|\boldsymbol{r}-\boldsymbol{r}'|^3} = \boldsymbol{P}(\boldsymbol{r}')\cdot\nabla'\frac{1}{|\boldsymbol{r}-\boldsymbol{r}'|} \tag{3.19}$$

と書き直される．ただし，∇' は $\boldsymbol{r}'$ に関する微分演算を意味する．$\boldsymbol{P}(\boldsymbol{r})$ が有限な空間内に分布していれば遠方で $\boldsymbol{P}(\boldsymbol{r})=0$ であるから，部分積分によって例えば x' に関する積分は

$$\begin{aligned}
&\int P_x(\boldsymbol{r}')\frac{\partial}{\partial x'}\frac{1}{|\boldsymbol{r}-\boldsymbol{r}'|}\,\mathrm{d}V' \\
=\;&\iint \mathrm{d}y'\,\mathrm{d}z'\left(\left[\frac{P_x(\boldsymbol{r}')}{|\boldsymbol{r}-\boldsymbol{r}'|}\right]_{x'=-\infty}^{x'=\infty} - \int\frac{\partial P_x(\boldsymbol{r}')}{\partial x'}\cdot\frac{\mathrm{d}z'}{|\boldsymbol{r}-\boldsymbol{r}'|}\right) \\
=\;& -\int\frac{\partial P_x(\boldsymbol{r}')}{\partial x}\cdot\frac{1}{|\boldsymbol{r}-\boldsymbol{r}'|}\,\mathrm{d}V'
\end{aligned}$$

と書き換えられる．ただし，$\boldsymbol{P}$ は有限な空間内に分布するので，[ ] の項が 0 になることを用いた．y', z' に関する積分も同様であるから

$$\phi_{\mathrm{p}}(\boldsymbol{r}) = \frac{1}{4\pi\varepsilon_0}\int\frac{-\nabla'\cdot\boldsymbol{P}(\boldsymbol{r}')}{|\boldsymbol{r}-\boldsymbol{r}'|}\,\mathrm{d}V' \tag{3.20}$$

と表される．

(3) $\phi_{\mathrm{p}}(\boldsymbol{r})$ を電荷密度 $\rho(\boldsymbol{r})$ によるポテンシャル (1.14) と比較すれば，分極電荷密度

$$\rho_{\mathrm{p}}(\boldsymbol{r}) = -\nabla\cdot\boldsymbol{P}(\boldsymbol{r})$$

が電場の生成に関して $\rho(\boldsymbol{r})$ と同等の役割を担うことがわかる．

問 3-4 誘電体表面の分極電荷

(3.5) を導け．

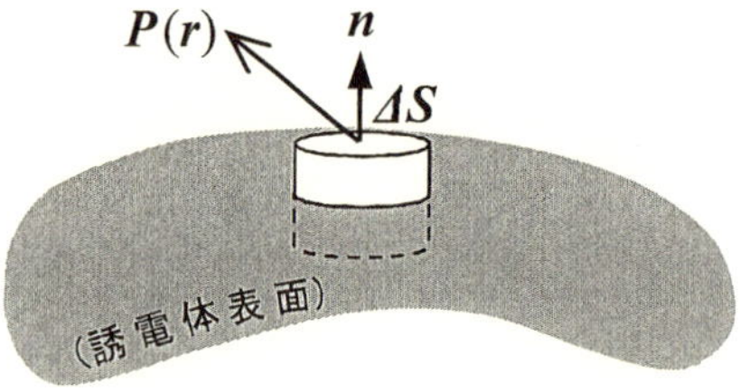

図 3.3: 誘電体表面の分極

[解]　図 3.3 のように，閉空間 V として誘電体の表面を挟む微小な円柱をとり，底面積を ΔS とする．分極 $\boldsymbol{P}(\boldsymbol{r})$ によって V の表面から外部へ滲み出る電荷 ΔQ_1 は，(3.4) により (符号を反転させて)

$$\Delta Q_1 = \boldsymbol{P}(\boldsymbol{r}) \cdot \boldsymbol{n}\, \Delta S \tag{3.21}$$

と表される．したがって，分極で表面に生じる電荷の面密度は $\sigma_{\mathrm{p}} = \Delta Q_1/\Delta S = \boldsymbol{P}(\boldsymbol{r}) \cdot \boldsymbol{n}$ である．

問 3-5 電場中の誘電体球

一様な電場 $\boldsymbol{E}_0$ の中に誘電率 ε の球形の誘電体を置いたとき，球内の分極ベクトル $\boldsymbol{P}$ と電場 $\boldsymbol{E}_1$ を求めよ．

[解]　球内の電場は，外部電場と球表面の分極による電場の重ね合わせである．後者は (3.17) で与えられるから

$$\boldsymbol{E}_1 = \boldsymbol{E}_0 - \frac{\boldsymbol{P}}{3\varepsilon_0} \tag{3.22}$$

と表される．一方，球内では誘電体の関係式

$$\varepsilon \boldsymbol{E}_1 = \varepsilon_0 \boldsymbol{E}_1 + \boldsymbol{P} \tag{3.23}$$

が成り立つ．(3.22), (3.23) から

$$\boldsymbol{P} = \frac{3\varepsilon_0(\varepsilon-\varepsilon_0)}{\varepsilon+2\varepsilon_0}\boldsymbol{E}_0 \tag{3.24}$$

$$\boldsymbol{E}_1 = \frac{3\varepsilon_0}{\varepsilon+2\varepsilon_0}\boldsymbol{E}_0 \tag{3.25}$$

を得る．

問 3-6 誘電体中の球形小空洞

誘電率 ε の誘電体が外部電場の中に置かれた結果，内部に一様な電場 $\boldsymbol{E}_1$ が形成されているとする．図 3.4 のように，この誘電体をくり抜いて球形の小空洞をつくったとき，空洞内の電場を (3.17) を利用して求めよ．

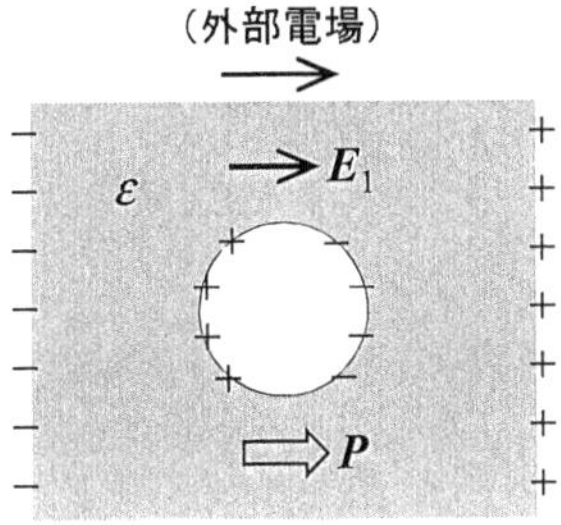

図 3.4: 誘電体中の球形小空洞

[解]　空洞内の電場 $\boldsymbol{E}_2$ は，$\boldsymbol{E}_1$ と空洞内面に現れた分極電荷による電場との重ね合わせである．図 3.4 に示すように，今の場合の分極電荷による電場は $\boldsymbol{P}$ と同じ方向になる．このことに注意し，(3.17) を用いると

$$\boldsymbol{E}_2 = \boldsymbol{E}_1 + \frac{\boldsymbol{P}}{3\varepsilon_0}$$

と表される．一方で，分極ベクトル $\boldsymbol{P}$ は

$$\varepsilon\boldsymbol{E}_1 = \varepsilon_0\boldsymbol{E}_1 + \boldsymbol{P}$$

を満たす．これらの 2 式から $\boldsymbol{P}$ を消去して

$$\boldsymbol{E}_2 = \frac{\varepsilon + 2\varepsilon_0}{3\varepsilon_0}\,\boldsymbol{E}_1$$

を得る．なお，**問 3-5** との違いは，(3.22) の $\boldsymbol{E}_0$ が $\boldsymbol{E}_2$ に置き換わっただけである．

問 3-7 誘電体の鏡像電荷

図 3.5(a) のように，誘電率 ε の広い誘電体表面から a だけ離れた位置に点電荷 q を置いたとき，

(1) 誘電体内外のポテンシャルをそれぞれ与える鏡像電荷を求めよ．

(2) q と誘電体の間に働く引力を求め，$\varepsilon \to \infty$ とすれば導体の場合に一致することを示せ．

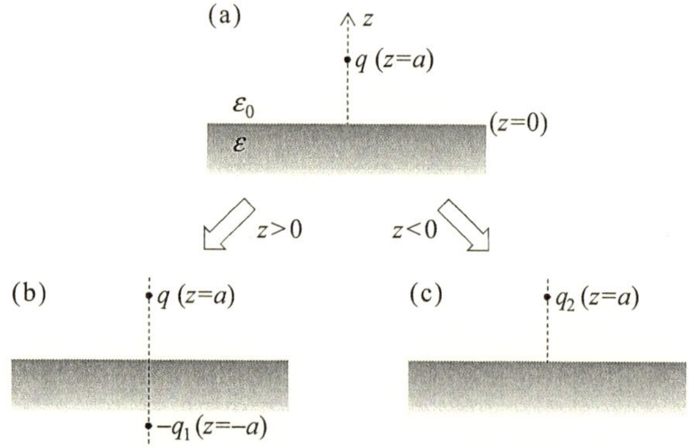

図 3.5: 誘電体の鏡像電荷 $-q_1, q_2$

[解]

(1) 誘電体では電子の移動が制限されているために，表面に現れる分極電荷は導体の場合の表面電荷 (**問 2-2**) に比べて低密度のはずである．そこで，図 3.5(a) の $z > 0$ におけるポテンシャルが (b) の $q, -q_1$ (ただし $0 < q_1 < q$) の電荷対で表されると仮定する．次に，誘電体表面の分極電荷は $z = 0$ の面に対して鏡面対称なポテンシャルをつくるから，分極電荷が $z < 0$ につくるポテンシャルは $z = a$ の位置に $-q_1$ を置けば得られる．したがって，(c) のように $z < 0$ の電場を与える鏡像電荷 q_2 は $z = a$ の位置に $q, -q_1$ を重ね合わせて

$$q_2 = q - q_1$$

と表される．今の場合，空間の対称性によりポテンシャルは z 軸の周りの回転に対して不変であるから，2 変数 $s = \sqrt{x^2 + y^2}$, z の関数になる (付録中の図 B.2 の円筒座標)．実際，$z > 0, z < 0$ に対してポテンシャルはそれぞれ

$$\phi^+ = \frac{1}{4\pi\varepsilon_0}\left[\frac{q}{\sqrt{s^2 + (z-a)^2}} - \frac{q_1}{\sqrt{s^2 + (z+a)^2}}\right] \quad (z > 0)$$
$$\phi^- = \frac{1}{4\pi\varepsilon_0}\frac{q_2}{\sqrt{s^2 + (z-a)^2}} = \frac{1}{4\pi\varepsilon_0}\frac{q - q_1}{\sqrt{s^2 + (z-a)^2}} \quad (z < 0)$$

と表される．真空側から表面に接近した場合の電場 $\boldsymbol{E}^+(s, 0)$，誘電体側から表面に接近した場合の電場 $\boldsymbol{E}^-(s, 0)$ の z 成分はそれぞれ

$$E_z^+(s, 0) = \lim_{z\to 0}\left(-\frac{\partial\phi^+}{\partial z}\right) = -\frac{q + q_1}{4\pi\varepsilon_0}\frac{a}{R^3}$$
$$E_z^-(s, 0) = \lim_{z\to 0}\left(-\frac{\partial\phi^-}{\partial z}\right) = -\frac{q - q_1}{4\pi\varepsilon_0}\frac{a}{R^3}$$

になる．ただし，$R = \sqrt{s^2 + a^2}$ は q から表面上の位置までの距離である．同じく，表面での電場の s 成分は

$$E_s^+(s, 0) = \lim_{z\to 0}\left(-\frac{\partial\phi^+}{\partial s}\right) = \frac{q - q_1}{4\pi\varepsilon_0}\frac{s}{R^3}$$
$$E_s^-(s, 0) = \lim_{z\to 0}\left(-\frac{\partial\phi^-}{\partial s}\right) = \frac{q - q_1}{4\pi\varepsilon_0}\frac{s}{R^3}$$

になる．誘電体の境界条件は

$$\varepsilon_0 E_z^+(s,0) = \varepsilon\, E_z^-(s,0) \tag{3.26}$$

$$E_s^+(s,0) = E_s^-(s,0) \tag{3.27}$$

であるが，(3.27) は明らかに満たされている．(3.26) より q_1，したがって q_2 が得られる．こうして，鏡像電荷が以下のように導かれる．

$$-q_1 = -\frac{\varepsilon - \varepsilon_0}{\varepsilon + \varepsilon_0} q\,, \qquad q_2 = \frac{2\varepsilon_0}{\varepsilon + \varepsilon_0} q$$

(2) 鏡像電荷を用いると，q と誘電体の間に働く引力は

$$f = \frac{-q\,q_1}{4\pi\varepsilon_0(2a)^2} = \frac{-q^2}{16\pi\varepsilon_0 a^2}\cdot\frac{\varepsilon - \varepsilon_0}{\varepsilon + \varepsilon_0}$$

と表される．$\varepsilon \to \infty$ にすれば $f = -q^2/(16\pi\varepsilon_0 a^2)$ になり，導体の場合の引力 (2.12) に一致する．

問 3-8 板状の強誘電体

強誘電体と呼ばれる物質は，高温状態を除いて，電場内に置かなくても内部に分極ベクトルが存在する．これを**自発分極**という．広い板状の一様な強誘電体の自発分極 $\boldsymbol{P}$ が板面に垂直であるとき，強誘電体の内外の電場と電束密度はどう表されるか．

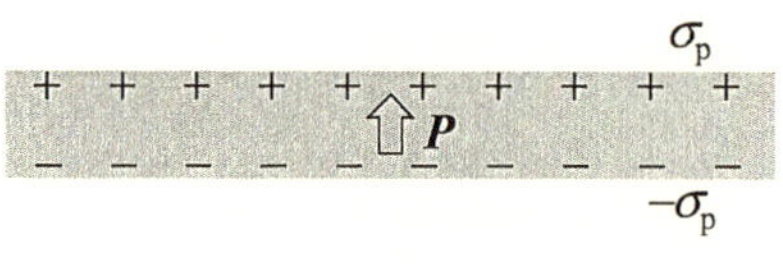

図 3.6: 板状の強誘電体の自発分極

[解]　図 3.6 のように，板の両面には自発分極による正負の電荷が $\pm\sigma_{\rm p} = \pm|\boldsymbol{P}|$ の面密度で生じている．これらの電荷によって，強誘電体の内部には電場がつ

くられる．この状況は平行板コンデンサーの場合と同じであり，内部電場は $\boldsymbol{P}$ と逆向きであるから

$$\boldsymbol{E} = -\frac{\sigma_{\mathrm{p}}}{\varepsilon_0}\frac{\boldsymbol{P}}{|\boldsymbol{P}|} = -\frac{\boldsymbol{P}}{\varepsilon_0} \tag{3.28}$$

で与えられる．これより，誘電体内部の電束密度

$$\boldsymbol{D} = \varepsilon_0\boldsymbol{E} + \boldsymbol{P} = -\boldsymbol{P} + \boldsymbol{P} = 0 \tag{3.29}$$

を得る．すなわち，$\boldsymbol{E} \neq 0$ であっても $\boldsymbol{D} = 0$ になる．

次に，強誘電体の外部では $\boldsymbol{P} = 0$ であるから $\boldsymbol{D} = \varepsilon_0\boldsymbol{E}$ であるが，正負の分極電荷による電場 $\pm(\sigma_{\mathrm{p}}/2\varepsilon_0)$ が打ち消し合って $\boldsymbol{E} = 0$ になるので $\boldsymbol{D} = \boldsymbol{E} = 0$ である．

問 3-9 誘電体の境界面における電場の屈折

図 3.7 のように，誘電率 $\varepsilon_1, \varepsilon_2$ の誘電体の境界面で電場が屈折するとき，角度 θ_1, θ_2 の満たす条件を求めよ．次に，真空の電場中に比誘電率 3.5 のガラスの半平面を 置いた場合について，$0 \le \theta_1 \le 90°$ に対する θ_2 の値を図示せよ．

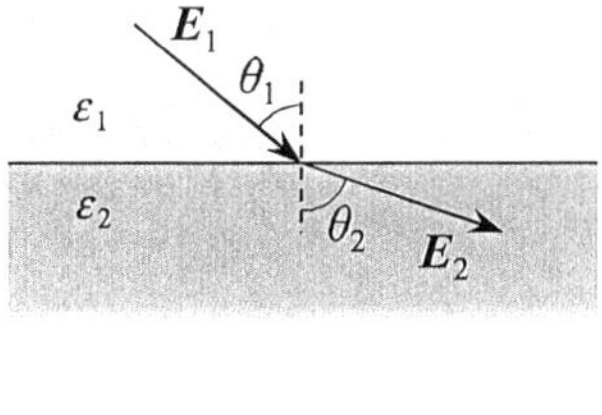

図 3.7: 電場ベクトルの屈折

[解] 界面での境界条件は

$$\varepsilon_1 E_1 \cos\theta_1 = \varepsilon_2 E_2 \cos\theta_2\ , \qquad E_1 \sin\theta_1 = E_2 \sin\theta_2$$

である．これより，求める条件は以下のようになる．

$$\frac{\tan\theta_1}{\tan\theta_2} = \frac{\varepsilon_1}{\varepsilon_2} \tag{3.30}$$

この式に $\varepsilon_1 = \varepsilon_0, \varepsilon_2 = 3.5\varepsilon_0$ を代入し，図示すれば図 3.8 のようになる．

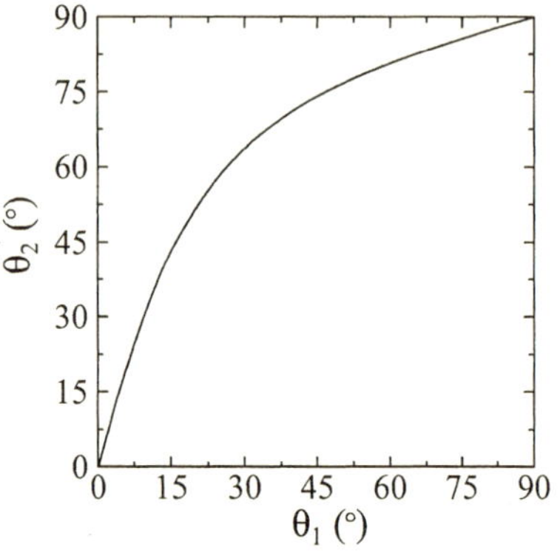

図 3.8: ガラス表面における電場の屈折

問 3-10 誘電体で満たした平行板コンデンサー

図 3.9 のように，面積 S, 極板間隔 d の平行板コンデンサーの極板間を誘電率 ε の等方性の物質で満たして一定電圧 V をかけたとする．極板間が真空のときと比べると，誘電体表面に生じる分極電荷の引力によって極板電荷は増加するであろう．このときの正極板の電気量の増加分 Q' を電気感受率 χ_0 を用いて表せ．その結果を利用して，このコンデンサーの電気容量 $C = \varepsilon S/d$，およびコンデンサー内の電場 $E = \sigma/\varepsilon$ を導け．

[解]　誘電体表面の電荷密度を，図 3.9 のように $\mp\sigma_{\rm p}$ $(\sigma_{\rm p} > 0)$ とすれば $Q' = \sigma_{\rm p}S$ と書ける．今の場合，$\sigma_{\rm p}$ は分極の大きさ P に等しいので

$$\sigma_{\rm p} = P = \varepsilon_0\chi_0(V/d)$$

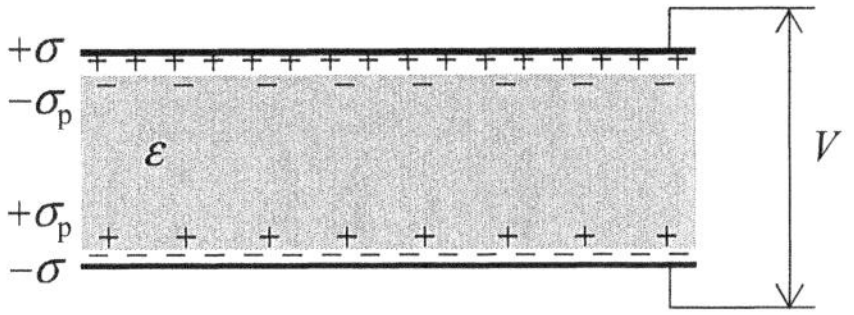

図 3.9: コンデンサー内の誘電体の分極．$\sigma, \sigma_{\rm p}$ は極板および誘電体の表面電荷密度を表す．

と表される．これより

$$Q' = \frac{\varepsilon_0 \chi_0 S}{d} V$$

を得る．極板間が真空の場合のコンデンサーの電気容量を C_0 とすれば，コンデンサーの蓄えた全電荷は

$$Q = C_0 V + Q' = \frac{\varepsilon_0 (1+\chi_0) S}{d} \times V = \frac{\varepsilon S}{d} \times V$$

で与えられる．これより，$C = \varepsilon S/d$ を得る．また，$\sigma = Q/S = \varepsilon V/d = \varepsilon E$ より，$E = \sigma/\varepsilon$ と表される．

問 3-11 誘電体の境界条件の導出

誘電体の境界条件はベクトル場の性質から一般的に導出される．いま，物質 "1", "2" が接していて，物質に依存するベクトル場 $\boldsymbol{F}(\boldsymbol{r})$ があるとする．空間の任意の位置 $\boldsymbol{r}$ において，物質の種類にかかわらず，

(1) $\nabla \cdot \boldsymbol{F}(\boldsymbol{r}) = 0$ であれば，境界面上で $\boldsymbol{F}$ の法線成分は連続であることを示せ．

(2) $\nabla \times \boldsymbol{F}(\boldsymbol{r}) = 0$ であれば，境界面上で $\boldsymbol{F}$ の接線成分 (境界面に平行な成分) は連続であることを示せ．

[解]

(1) 図 3.10(a) のように，境界にまたがる底面積 ΔS, 高さ Δh の微小な円柱 V に対して，$\nabla \cdot \boldsymbol{F}(\boldsymbol{r}) = 0$ の積分形を適用する．ただし，円柱は薄い板状で側面の面積は底面積に比べて無視できるとする．実際，各物質の $\boldsymbol{F}_1, \boldsymbol{F}_2$ について，境界における法線を $\boldsymbol{n}$ とすれば

$$\boldsymbol{F}_1 \cdot \boldsymbol{n}\Delta S - \boldsymbol{F}_2 \cdot \boldsymbol{n}\Delta S = 0$$

を得る．これより, 境界条件は

$$(\boldsymbol{F}_1 - \boldsymbol{F}_2) \cdot \boldsymbol{n} = 0$$

したがって，$\boldsymbol{F}$ の法線成分は境界面上で連続である．

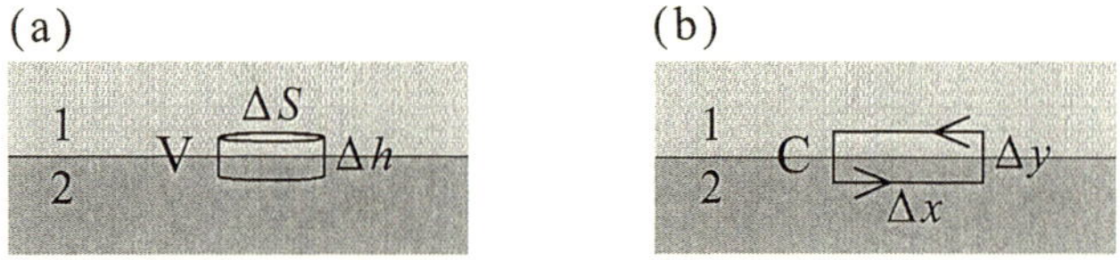

図 3.10: 境界条件の導出

(2) 図 3.10(b) のように，境界をはさむ長方形 $\Delta x \times \Delta y$，ただし $\Delta y \ll \Delta x$ であるような任意の微小閉回路 C に $\nabla \times \boldsymbol{F} = 0$ の積分形を適用する．ここで x 方向は境界面に平行である．経路 Δx に平行な単位ベクトルを $\boldsymbol{t}$ とすれば, 各物質の $\boldsymbol{F}_1, \boldsymbol{F}_2$ に関して

$$\boldsymbol{F}_1 \cdot \boldsymbol{t}\,\Delta x - \boldsymbol{F}_2 \cdot \boldsymbol{t}\,\Delta x = 0 \tag{3.31}$$

を得る．これより, 境界では次の関係が満たされる．

$$(\boldsymbol{F}_1 - \boldsymbol{F}_2) \cdot \boldsymbol{t} = 0 \tag{3.32}$$

回路 C の設定の任意性により，$\boldsymbol{t}$ は境界面上で任意の方向をとれる．したがって，$\boldsymbol{F}$ の接線成分は境界面上で連続である．

以上の境界条件の導出方法は，磁性体の境界に対しても用いられる (§6.1.5).

問 3-12 2 種類の誘電体を挟んだ平行板コンデンサー

図 3.11 のように，極板間隔 d の平行板コンデンサーの極板面積を S_1, S_2 に分け，それぞれ誘電率 $\varepsilon_1, \varepsilon_2$ の誘電体を挿入した.

(1) S_1, S_2 の極板の電荷面密度 σ_1, σ_2 を求めよ.

(2) コンデンサーの電気容量を求めよ.

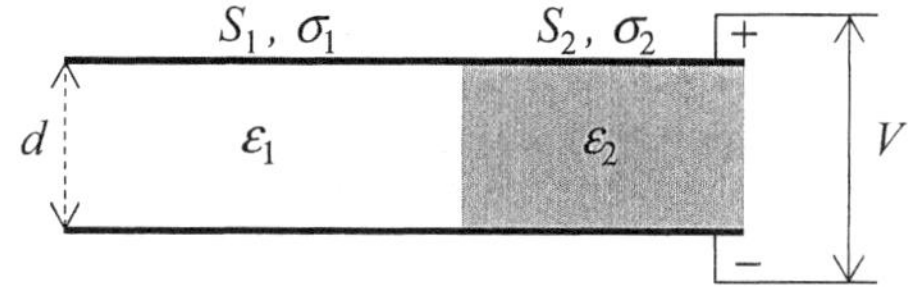

図 3.11: 2 種類の誘電体を挟んだ平行板コンデンサー

[解]

(1) このコンデンサー内の電場 V/d は場所に依らず一様であり，誘電体の境界で E が連続という境界条件を満たしている．したがって, **問 3-10** により

$$\frac{V}{d} = \frac{\sigma_1}{\varepsilon_1} = \frac{\sigma_2}{\varepsilon_2}$$

を得る．これより, 電荷面密度が以下のように求まる.

$$\sigma_1 = \frac{\varepsilon_1 V}{d}\ , \qquad \sigma_2 = \frac{\varepsilon_2 V}{d}$$

(2) コンデンサーの全電荷 Q は，S_1, S_2 に蓄積された電荷の和であるから

$$Q = \sigma_1 S_1 + \sigma_2 S_2 = \frac{(\varepsilon_1 S_1 + \varepsilon_2 S_2)V}{d}$$

で与えられる．したがって，電気容量は

$$C = \frac{Q}{V} = \frac{\varepsilon_1 S_1 + \varepsilon_2 S_2}{d}$$

と求まる．なお，この結果は

$$C = C_1 + C_2\,,\quad C_1 = \frac{\varepsilon_1 S}{d}\,,\quad C_2 = \frac{\varepsilon_2 S}{d}$$

と表されるので，誘電体の境界面で分割してつくる 2 つのコンデンサーの並列接続と等価である．

問 3-13 2 層の誘電体で満たした平行板コンデンサー

図 3.12 のように，平行板コンデンサーの極板間が厚さ d_1, d_2 の 2 層の誘電体で満たされ，それらの誘電率はそれぞれ $\varepsilon_1, \varepsilon_2$ であるとする．極板間に電圧 V をかけたとき，

(1) 各誘電体内の電場 E_1, E_2 を求めよ．

(2) 正負の極板に生じる電荷の面密度 σ_1, σ_2 をそれぞれ求めよ．

(3) 各誘電体内の分極 P_1, P_2 を求めよ．

(4) 誘電体の境界面にはどれだけの分極電荷密度があるか．

(5) 極板の面積を S とするとき，コンデンサーの電気容量はいくらか．

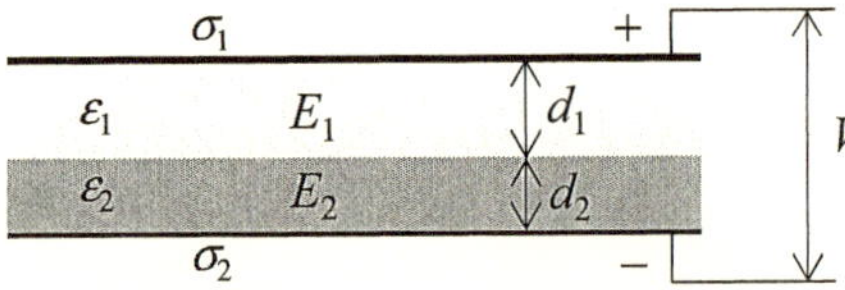

図 3.12: 2 層の誘電体で満たした平行板コンデンサー

[解]

(1) 極板間の電圧は

$$V = E_1 d_1 + E_2 d_2$$

で与えられ，境界面では電束密度の境界条件

$$\varepsilon_1 E_1 = \varepsilon_2 E_2$$

を満たす．以上の 2 式から，E_1, E_2 は以下のように求まる．

$$E_1 = \frac{\varepsilon_2 V}{\varepsilon_2 d_1 + \varepsilon_1 d_2}\,, \qquad E_2 = \frac{\varepsilon_1 V}{\varepsilon_2 d_1 + \varepsilon_1 d_2}.$$

(2) 誘電体内の電場はそれぞれ

$$E_1 = \frac{\sigma_1}{\varepsilon_1}\,, \qquad E_2 = \frac{\sigma_2}{\varepsilon_2}.$$

であるから，σ_1, σ_2 は以下のように求まる．

$$\sigma_1 = \varepsilon_1 E_1 = \frac{\varepsilon_1 \varepsilon_2 V}{\varepsilon_2 d_1 + \varepsilon_1 d_2}$$

$$\sigma_2 = -\varepsilon_2 E_2 = -\varepsilon_1 E_1 = -\sigma_1$$

(3) (2) の結果を用いて，P_1, P_2 は以下のように求まる．

$$P_1 = (\varepsilon_1 - \varepsilon_0) E_1 = \frac{\varepsilon_2(\varepsilon_1 - \varepsilon_0) V}{\varepsilon_2 d_1 + \varepsilon_1 d_2}$$

$$P_2 = (\varepsilon_2 - \varepsilon_0) E_2 = \frac{\varepsilon_1(\varepsilon_2 - \varepsilon_0) V}{\varepsilon_2 d_1 + \varepsilon_1 d_2}$$

(4) 各誘電体の界面における分極電荷の密度がそれぞれ $P_1, -P_2$ に等しいことから，これらの和として境界面の電荷密度は

$$\sigma_{\mathrm{p}} = P_1 - P_2$$

と書ける．これに (3) の結果を代入すると，以下のように σ_{p} が求まる．

$$\sigma_{\mathrm{p}} = \frac{\varepsilon_0(\varepsilon_1 - \varepsilon_2) V}{\varepsilon_2 d_1 + \varepsilon_1 d_2} \tag{3.33}$$

(4) の別解法として，ガウスの法則を用いてもよい．ガウスの法則を適用する閉空間として，底面が誘電体の境界面に平行で，かつ境界面を挟むような円柱を考える．この場合のガウスの法則は

$$-E_1 + E_2 = \frac{\sigma_{\mathrm{p}}}{\varepsilon_0}\,, \quad \text{すなわち} \quad \sigma_{\mathrm{p}} = \varepsilon_0(E_2 - E_1)$$

と表される．(1) で求めた E_1, E_2 を代入すると σ_{p} が求まる．

(5) 極板の電荷を Q とすれば

$$Q = \sigma_1 S = \frac{\varepsilon_1\varepsilon_2 SV}{\varepsilon_2 d_1 + \varepsilon_1 d_2}$$

であるから, 電気容量は

$$C = \frac{Q}{V} = \frac{\varepsilon_1\varepsilon_2 S}{\varepsilon_2 d_1 + \varepsilon_1 d_2}$$

で与えられる．なお，この結果は

$$\frac{1}{C} = \frac{1}{C_1} + \frac{1}{C_2}, \quad C_1 = \frac{\varepsilon_1 S}{d_1}, \quad C_2 = \frac{\varepsilon_2 S}{d_2}$$

と表されるので，誘電体の境界面で 2 分割してつくる 2 つのコンデンサーの直列接続と等価である．

問 3-14 純水で半分満たした平行板コンデンサー

図 3.12 で極板間隔を 1cm とし，コンデンサー内の下半分を純水，上半分を真空にして極板間に 100V の電圧をかけた．純水の表面 (真空との境界面) に現れる分極電荷の面密度の値を求めよ．ただし，純水は誘電体であり，比誘電率は 80 である．

[解]　(3.33) で，$\varepsilon_1 = \varepsilon_0, \varepsilon_2 = \varepsilon, d_1 = d_2 = d/2$ とし，$\varepsilon = \varepsilon_0(1+\chi_0)$ の関係を用いると

$$\sigma_{\rm p} = \frac{2\varepsilon_0(\varepsilon_0 - \varepsilon)}{\varepsilon + \varepsilon_0} \cdot \frac{V}{d} = \frac{-\varepsilon_0\chi_0}{1 + \chi_0/2} \cdot \frac{V}{d}$$

を得る．ここで $\varepsilon_0 = 8.85 \times 10^{-12}\,\mathrm{F \cdot m^{-1}}, \chi_0 = 80 - 1 = 79, V = 100\,\mathrm{V}, d = 0.01\,\mathrm{m}$ を代入すると $\sigma_{\rm p} = -1.7 \times 10^{-7}\,\mathrm{C \cdot m^{-2}}$ と求まる．

問 3-15 電場中の誘電体のエネルギー密度

電気感受率 χ_0 の誘電体を電場 E の中に置いたとき，誘電体内の電気的エネルギー密度を次の手順で導け．

(1) 誘電体を電場 E の中に置いたとき，電場が誘電体の単位体積に対して行った仕事は $\varepsilon_0\chi_0 E^2/2$ であることを示せ．

(2) 真空における電場のエネルギー密度を考えて，誘電体内部の電気的エネルギーの密度が誘電率 ε により $\varepsilon E^2/2$ で与えられることを示せ．

[解]

(1) 分極は誘電体内の正負の電荷が相対的に変位することで生じる．いま，電場 E' の中での相対変位が u であるとする．単位体積内の正電荷 ρ に注目すると，相対変位の微小変化 Δu を起こすために要する仕事は

$$\Delta w = \rho E' \Delta u = E' \Delta P$$

と表される．ただし，$\Delta P = \rho \Delta u$ は分極の増加分を表す．$P = \varepsilon_0\chi_0 E'$ の関係を用いると，単位体積当たりの仕事は以下のように求まる．

$$w = \int E' \, \mathrm{d}P = \varepsilon_0\chi_0 \int_0^E E' \, \mathrm{d}E' = \frac{\varepsilon_0\chi_0 E^2}{2}$$

(2) w は電気的なエネルギーとして誘電体に蓄えられている．真空の場合のエネルギー密度に w を加えることにより，誘電体のエネルギー密度は

$$\frac{\varepsilon_0 E^2}{2} + \frac{\varepsilon_0\chi_0 E^2}{2} = \frac{\varepsilon_0(1+\chi_0)E^2}{2} = \frac{\varepsilon E^2}{2}$$

と表される．

第4章　電流

4.1　基礎事項

4.1.1　電流と電荷の保存

空間内を電荷が移動しているとき，空間の各位置 $\boldsymbol{r}$ において電荷の移動方向に垂直な微小面積 ΔS を考える．ΔS を単位時間内に通過する電荷の量と方向を表す電流ベクトルを $\Delta\boldsymbol{I}$ とする．このとき

$$\boldsymbol{i}(\boldsymbol{r}) = \lim_{\Delta S\to 0}\frac{\Delta\boldsymbol{I}}{\Delta S} = \frac{\mathrm{d}\boldsymbol{I}}{\mathrm{d}S} \tag{4.1}$$

を**電流密度**と呼ぶ．電流が平面や円筒面などを流れる場合には，(4.1) の ΔS を電流に垂直な方向の微小長さ Δl に置き換えて面上の電流密度が定義される．

時間変化のない**定常電流**では，空間の任意の場所における微小領域に関して，電荷の流入量と流出量は等しいから

$$\nabla\cdot\boldsymbol{i}(\boldsymbol{r}) = 0 \tag{4.2}$$

が成り立つ．これが定常電流についての電荷の保存則である．

電流が時間 t に依存するときの電荷の保存則は，空間の電荷密度 $\rho(\boldsymbol{r},t)$ を用いて

$$\nabla\cdot\boldsymbol{i}(\boldsymbol{r},t) = -\frac{\partial\rho(\boldsymbol{r},t)}{\partial t} \tag{4.3}$$

で与えられる．(4.3) は一般に保存量の流れに関する空間変化と時間変化の関係を表す**連続の方程式**の一例である．

4.1.2 伝導電流と携帯電流

電流が流れるとき，電気の運び手としての電子，正孔，イオンなどの荷電粒子を電流の**キャリア** (carrier) という．電流は正電荷のキャリアの流れる方向を正方向として定義されているが，実際に流れるのは導体では負電荷の電子であり，半導体では電子あるいは正に帯電した正孔のいずれかである．これらの荷電粒子は全体として電気的に中性の導体や半導体内を流れる．このような電流を特に**伝導電流**という．オームの法則の対象は伝導電流である．これに対し，真空中で電子やイオンなどの荷電粒子が加速されてビームとして走るのも電流の一形態であり，これを伝導電流と区別する必要がある場合に**携帯電流**と呼ぶ．

4.1.3 オームの法則

導体に電流を流すには，伝導電子の移動を継続させるために外部から仕事を行って導体内部に電場をつくる必要がある．そのような仕事 (エネルギー) を起電力というかたちで供給する装置を**電源**という．電源には一定電圧を供給する**定電圧源**と，一定電流を供給する**定電流源**があるが，本書では特に断らない限り，定電圧源を考える．

電源に接続した導体に流れる電流 I と導体にかかる電圧 V との間には，経験則としての**オームの法則**

$$I = \frac{V}{R} \tag{4.4}$$

が成り立つ．定数 R は**電気抵抗**あるいは単に**抵抗**と呼ばれ，導体の種類と形のほかに導体の温度にも依存する．

導体を断面が一定の形の柱状にしたとき，その長さを l，断面積を S とすれば，柱の両端間の電気抵抗に関して

$$R = \varrho \frac{l}{S} \tag{4.5}$$

という関係が観測される．ϱ は導体の種類に固有の定数で**抵抗率**あるいは**比抵抗**という．ここで

$$\sigma = \frac{1}{\varrho} \tag{4.6}$$

により**電気伝導度**を定義し，オームの法則を書き換えると

$$\boldsymbol{i}(\boldsymbol{r}) = \sigma \boldsymbol{E}(\boldsymbol{r}) \tag{4.7}$$

を得る．ここで，$\boldsymbol{E}(\boldsymbol{r})$ は導体内の電場を表す．(4.7) が場の表現としてのオームの法則である．

4.1.4 定常電流の基本法則

定常電流の流れる導体が満たすべき基本法則は

$$\nabla \times \boldsymbol{E}(\boldsymbol{r}) = 0 \tag{4.8}$$

$$\nabla \cdot \boldsymbol{E}(\boldsymbol{r}) = 0 \tag{4.9}$$

である．(4.8) は時間依存のない電場による力が保存力であることを表す．(4.9) は (4.2), (4.7) の関係から得られる．(4.8), (4.9) より，$\boldsymbol{E}(\boldsymbol{r})$ を与えるポテンシャルが導体内部でラプラス方程式

$$\nabla^2 \phi(\boldsymbol{r}) = 0$$

を満たすことがわかる．

4.1.5 電気伝導の微視的扱い

導体中に静電場 $\boldsymbol{E}$ があると，伝導電子は電場によって加速される一方で，導体中の原子による散乱によって減速され，結果として一定速度

$$\boldsymbol{v}_1 = -\frac{e}{m\gamma}\boldsymbol{E} \tag{4.10}$$

に達する．ここで，m は電子の質量，$m\gamma$ は速度に比例する制動力の比例定数を表す．$\boldsymbol{v}_1$ を**ドリフト速度**という．簡単のため，電子は平均の時間間隔 τ ごとに原子と衝突して $\boldsymbol{v} = 0$ になり，再び電場で加速される過程を繰り返すと考える．$t = 0$ において $\boldsymbol{v} = 0$ から走り始めて衝突が起きるまでは $\boldsymbol{v} = -(e\boldsymbol{E}/m)t$ であるから，この間の平均速度が $\boldsymbol{v}_1$ に等しいとみなして

$$\boldsymbol{v}_1 = -\frac{e\boldsymbol{E}}{m}\frac{\tau}{2} \tag{4.11}$$

を得る．(4.10), (4.11) より以下の関係が成り立つ．

$$\gamma = \frac{2}{\tau} \tag{4.12}$$

(4.11) により，導体中の電流密度は伝導電子の密度 N_0 を用いて

$$\boldsymbol{i} = -N_0 e \boldsymbol{v}_1 = \frac{N_0 e^2 \tau}{2m}\boldsymbol{E} \tag{4.13}$$

と表される．これはオームの法則に他ならない．電気伝導度は，$\boldsymbol{i} = \sigma\boldsymbol{E}$ の関係から以下のように表される．

$$\sigma = \frac{N_0 e^2 \tau}{2m} \tag{4.14}$$

4.1.6　伝導電流とジュール熱

導体中の電流を持続させるために，電場 $\boldsymbol{E}$ が微小時間 Δt の間に単位体積内の伝導電子に対して行う仕事は

$$\Delta W = N_0 \times (-e)\boldsymbol{E}\cdot\boldsymbol{v}_1 \Delta t \tag{4.15}$$

である．伝導電子は §4.1.5 で述べた制動力を介して ΔW を**ジュール熱**として導体内に放出する．導体の単位体積に単位時間当たり発生するジュール熱は，(4.13) と (4.15) により

$$J = \frac{\mathrm{d}W}{\mathrm{d}t} = -N_0 e\, \boldsymbol{v}_1 \cdot \boldsymbol{E} = \boldsymbol{i}\cdot\boldsymbol{E} \tag{4.16}$$

で与えられる．オームの法則 (4.7) を用いれば

$$J = \frac{|\boldsymbol{i}(\boldsymbol{r})|^2}{\sigma} = \sigma|\boldsymbol{E}(\boldsymbol{r})|^2 \tag{4.17}$$

と表すこともできる．なお，(4.16), (4.17) が回路の電気抵抗で発生するジュール熱の式 $Q = RI^2$ と等価であることは，例えば柱状の導体を考えれば明らかである．

4.1.7　定常電流と直流回路

電荷の保存則とオームの法則に基づき，定常電流の流れる直流回路が満たす以下の法則や性質が導かれる．

(1) **キルヒホッフの法則** 回路の電流と電圧に関して次の 2 つの法則が成り立つ．

- キルヒホッフの第 1 法則：回路の導線が分岐する点では，流入する電流の和と流出する電流の和は等しい．
- キルヒホッフの第 2 法則：回路中の任意の閉経路を任意の向きに一周するとき，電気抵抗における降下電圧の和は，経路内の電源の起電力 (向きにより正負符号を付ける) の和に等しい．

(2) **合成抵抗**　複数の電気抵抗 $R_1, R_2, \cdots, R_n$ を直列，および並列に接続した場合の両端間の抵抗，すなわち合成抵抗 R は以下のように与えられる．

$$\begin{aligned} R &= R_1 + R_2 + \cdots + R_n \qquad &(\text{直列接続}) \\ \frac{1}{R} &= \frac{1}{R_1} + \frac{1}{R_1} + \cdots + \frac{1}{R_n} \qquad &(\text{並列接続}) \end{aligned}$$

4.2　問題と解答

問 4-1 オームの法則の微視的表現

(4.4), (4.5) から (4.7) を導け．

[解] (4.4), (4.5) から

$$\frac{I}{S} = \frac{1}{\varrho} \times \frac{V}{l} = \sigma \times \frac{V}{l} \tag{4.18}$$

の関係が得られる．I/S は電流密度，V/l は導体内の電場を表している．これより，空間位置 $\boldsymbol{r}$ における以下の関係式を得る．

$$\boldsymbol{i}(\boldsymbol{r}) = \sigma \boldsymbol{E}(\boldsymbol{r})$$

問 4-2 異種導体の境界を横切る電流

図 4.1 のように電気伝導度がそれぞれ σ_1, σ_2 で太さが同じ 2 種類の円柱形の導線が接続され，境界面に垂直に電流密度 i の電流が流れている．このとき，

(1) 境界面に蓄積される電荷の面密度 η はどう表されるか．

(2) 2 種類の導線が Ni と Cu であって，Ni から Cu の方向へ 10 mA の電流が流れるとき，η を求めよ．ただし，導線の断面積を 1 mm^2 とし，Ni と Cu の抵抗率をそれぞれ 6.1×10^{-8} Ω·m，1.6×10^{-8} Ω·m とする．

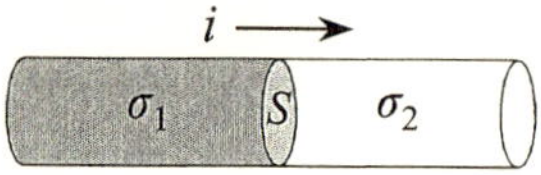

図 4.1: 異なる導体間を流れる電流

[解]

(1) オームの法則 (4.7) により，σ_1, σ_2 の導体内の電場の大きさはそれぞれ

$$E_1 = \frac{i}{\sigma_1}, \qquad E_2 = \frac{i}{\sigma_2} \tag{4.19}$$

になる．これらの電場の向きは電流の方向である．導線の断面積を S として，図 4.1 の円柱の領域にガウスの法則を適用すると

$$(E_2 - E_1)S = \frac{Q}{\varepsilon_0} \tag{4.20}$$

と書ける．ここで, Q は界面に生じた電荷である．(4.19), (4.20) より以下を得る．

$$\eta = \frac{Q}{S} = \varepsilon_0\, i\left(\frac{1}{\sigma_2} - \frac{1}{\sigma_1}\right)$$

(2) 電流密度は $i = 10^{-2}/10^{-6} = 10^4$ [A/m^2] であるから, 次の結果を得る．

$$\begin{aligned}\eta &= (8.85 \times 10^{-12}) \times 10^4 \times [(1.6 - 6.1) \times 10^{-8}] \\ &= -4.0 \times 10^{-15}\ [\mathrm{C \cdot m^{-2}}]\end{aligned}$$

問 4-3 導線内の電場

断面積が 1mm^2 の Cu の導線に 1A の電流が流れるとき，導線に沿った電場の大きさを計算せよ．ただし，Cu の抵抗率を $1.6 \times 10^{-8}\ \Omega\cdot\mathrm{m}$ とする．

[解] 電流密度は $i = 1/10^{-6} = 10^6\ \mathrm{A\cdot m^{-2}}$ であるから，電場は以下のように求まる．

$$E = \frac{i}{\sigma} = i\varrho = 10^6\,(1.6 \times 10^{-8}) = 1.6 \times 10^{-2}\ [\mathrm{V/m}]$$

問 4-4 伝導電子の運動

Cu 導線内を運動する伝導電子の衝突時間の間隔 τ，および**問 4-3** の条件におけるドリフト速度 v_1 を計算せよ．ただし，電子の質量は 9.11×10^{-31} kg, Cu の伝導電子の密度は $8.4 \times 10^{28}\ \mathrm{m^{-3}}$ (Cu 原子 1 個当たり 1 電子) とする．

[解] 衝突時間の間隔は，(4.14) と $\sigma = 1/\varrho$ より

$$\begin{aligned}\tau = \frac{2m}{N_0 e^2 \varrho} &= \frac{2\,(9.11\times10^{-31})}{(8.4\times10^{28})(1.6\times10^{-19})^2\,(1.6\times10^{-8})}\\ &= 5.3\times10^{-14}\ [\mathrm{s}]\end{aligned}$$

と求まる．ドリフト速度は，(4.13) より

$$v_1 = \frac{i}{N_0 e} = \frac{10^6}{(8.4\times10^{28})(1.6\times10^{-19})} = 7.4\times10^{-5}\ [\mathrm{m/s}]$$

と求まる．

注意点として，v_1 とは導線中の伝導電子全体の平行移動の速度であり，電流は v_1 とは無関係に導線の端から端まで光速度 (電場の伝播速度) で伝わる.[1] これは，長い棒の一端を押すときの速度と他端の応答速度 (弾性波の伝播速度＝音速で伝わる) との関係に相当する．

問 4-5 ホイートストン・ブリッジ：抵抗測定

図 4.2 のような回路はホイートストン・ブリッジ (Wheatstone bridge) と呼ばれ，(a) のように検流計 G を接続して，未知の電気抵抗値 R_x を精度よく測ることができる．AB 間に定電圧をかけて可変抵抗 R_3 を調節し，検流計 G の針が振れなくなったとき，R_x はどう与えられるか．

[解] 検流計に電流が流れないので P, Q は等電位である．AB 間の電圧を P または Q が等分割する条件から，以下の式を得る．

$$\frac{R_1}{R_3} = \frac{R_2}{R_\mathrm{x}}, \quad すなわち\ R_\mathrm{x} = \frac{R_2 R_3}{R_1} \tag{4.21}$$

ホイートストン・ブリッジによる抵抗測定の利点は，例えばテスターを用いる測定と異なって，計測器に電流が流れないために計測器の内部抵抗の影響を受けないことである．

---

[1] “遅延ポテンシャル”を参照＝例えば，本シリーズ「電磁気学」§13.

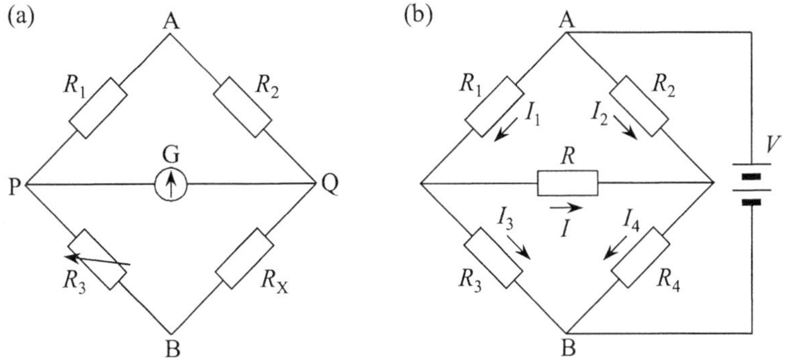

図 4.2: ホイートストン・ブリッジ

問 4-6 ホイートストン・ブリッジ：中央経路の電流

図 4.2(b) のようなホイートストン・ブリッジを考える．中央の電気抵抗 R を流れる電流 I を $R_1 \sim R_4$，および電圧 V で表し，$I = 0$ になる条件が (4.21) に一致することを確かめよ．

[解] キルヒホッフの第 1 法則より

$$I_1 = I + I_3\,, \qquad I_2 + I = I_4 \tag{4.22}$$

が成り立つ．次に，キルヒホッフの第 2 法則を回路の上半分の経路，下半分の経路，および電源を含む外周の経路に適用すると

$$R_1I_1 + RI - R_2I_2 = 0 \tag{4.23}$$

$$R_3I_3 - R_4I_4 - RI = 0 \tag{4.24}$$

$$R_1I_1 + R_3I_3 = V \tag{4.25}$$

を得る．(4.22) により，(4.23)〜(4.25) から I_3, I_4 を消去して，未知数 I_1, I_2, I に関する連立方程式に書き直すと以下のようになる．

$$R_1I_1 - R_2I_2 + RI = 0 \tag{4.26}$$

$$R_3I_1 - R_4I_2 - (R_3 + R_4 + R)I = 0 \tag{4.27}$$

$$(R_1 + R_3)I_1 - R_3I = V \tag{4.28}$$

ここで，連立方程式 (4.26)〜(4.28) の係数の行列式

$$K = \begin{vmatrix} R_1 & -R_2 & R \\ R_3 & -R_4 & -(R_3 + R_4 + R) \\ R_1 + R_3 & 0 & R_3 \end{vmatrix}$$

を用いて，クラメルの公式により I が以下のように表される．

$$\begin{aligned} I &= \frac{1}{K} \times \begin{vmatrix} R_1 & -R_2 & 0 \\ R_3 & -R_4 & 0 \\ R_1 + R_3 & 0 & V \end{vmatrix} \\ &= \frac{V}{K} \times \begin{vmatrix} R_1 & -R_2 \\ R_3 & -R_4 \end{vmatrix} \\ &= \frac{(R_2R_3 - R_1R_4)V}{K} \end{aligned}$$

これより，$I = 0$ になる条件 $R_4 = R_2R_3/R_1$ は (4.21) に一致する．

問 4-7 合成抵抗

電気抵抗を図 4.3 (a), (b) のように接続したとき，AB 間の合成抵抗 R を求めよ．ただし，(b) では 7 個の電気抵抗はすべて $10\,\Omega$ である．

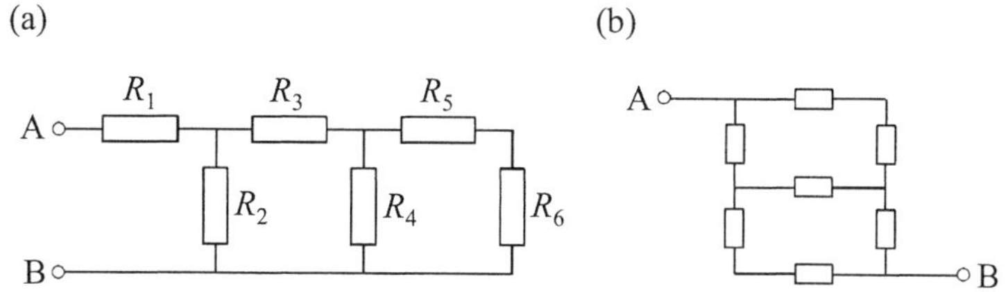

図 4.3: 電気抵抗の接続

[解] (a) では，R_4 と $R_5 + R_6$ が並列に接続され，直列接続と並列接続の繰り返しになっている．したがって，R は以下のように求まる．

$$R = R_1 + \cfrac{1}{\cfrac{1}{R_2} + \cfrac{1}{R_3 + \cfrac{1}{\cfrac{1}{R_4} + \cfrac{1}{R_5 + R_6}}}}$$

(b) では, 回路の対称性により, 電流は図 4.4 のように流れるとする．AB 間の電圧は A→B の 2 つの電流経路に対して, $I_3 = I_1 - I_2$ を用いて

$$RI = 20I_1 + 10I_2\ , \qquad RI = 10I_2 - 10I_3 + 10I_2 = -10I_1 + 30I_2$$

と表される．この 2 式を $I = I_1 + I_2$ の条件で解くと $R = 14\,\Omega$ を得る．

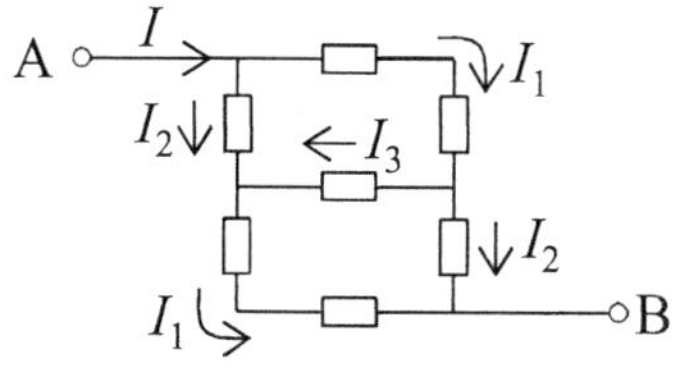

図 4.4: 回路 (b) における電流

問 4-8 空間に分布する媒質の電気抵抗

平行板コンデンサーの内部を電気伝導度 σ の均一な媒質で満たし，極板間に電圧 V_0 をかけて定常電流 I を流したとする．媒質の電気抵抗 $R = V_0/I$ をコンデンサーの内部が真空の場合の電気容量 C を用いて表せ．

[解]　平行板コンデンサーの極板面積を S, 極板間距離を d とする．極板間における電流密度は $i = \sigma(V_0/d)$ であるから, R は以下のように表される．

$$R = \frac{V_0}{iS} = \frac{\varepsilon_0}{\sigma(\varepsilon_0 S/d)} = \frac{\varepsilon_0}{\sigma C}$$

あるいは，直接的に $R = \sigma^{-1}d/S = \varepsilon_0/\sigma C$ としてもよい．なお，上記の R と C の関係は，任意の形状の媒質と電極に対して成立する (本シリーズ「電磁気学」§6.4).

問 4-9 媒質で満たした同軸円筒間の電気抵抗

図 2.11 (**問 2-16**) に示した同軸円筒コンデンサーの内部を電気伝導度 σ の均一な媒質で満たしたとき, 円筒間の電気抵抗を求めよ．

[解]　**問 4-8** で示した R と C の関係の一般性，および (2.31) により，円筒間の電気抵抗は以下のように導かれる．

$$R = \frac{\varepsilon_0}{\sigma C} = \frac{\ln(s_2/s_1)}{2\pi\sigma l}$$

[別解]　電流が軸の中心から放射状に $s \to s + \Delta s$ ($\Delta s \ll s$) へ流れるとき，横切る面の面積は $2\pi sl$, 流れる距離は Δs である．したがって, このときの電気抵抗 ΔR は (4.5) より

$$\Delta R = \varrho\frac{\Delta s}{2\pi sl} = \frac{\Delta s}{2\pi\sigma sl}$$

と表される．これより, 以下のように R が求まる．

$$R = \frac{1}{2\pi\sigma l}\int_{s_1}^{s_2}\frac{\mathrm{d}s}{s} = \frac{\ln(s_2/s_1)}{2\pi\sigma l}$$

問 4-10 媒質中の小球間の電気抵抗

図 4.5(a) のように，電気電導度が σ の均一な媒質で満たされた無限に広い空間の中に，半径 a の 2 個の小さい導体球が中心間を $d\,(\gg a)$ だけ離して置かれている．導体球間の電気抵抗を求めよ．次に，図 4.5(b) のように，これらの導体球を地表面や海面などに半分だけ入れて電極とするとき，この電極間の電気抵抗はどう表されるか．

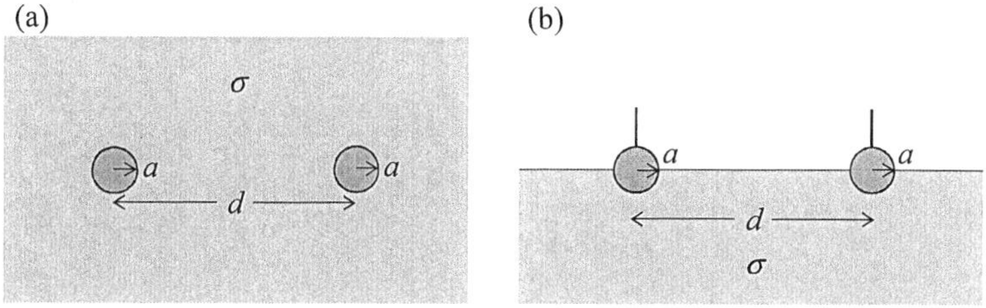

図 4.5: 電気伝導度 σ の媒質中の導体球対．(a) 媒質が全空間を満たす場合，(b) 媒質が半空間を満たす場合

[解]　**問 4-9** と同じく，$R = \varepsilon_0/\sigma C$ の関係を用いる．この場合の C を求めるには，まず (2.22)，(2.23) で $q_2 = -q_1, r_1 = a, R = d$ とおいて

$$\phi_1 = \frac{q_1}{4\pi\varepsilon_0 a} + \frac{-q_1}{4\pi\varepsilon_0 d}\,, \qquad \phi_2 = \frac{-q_1}{4\pi\varepsilon_0 a} + \frac{q_1}{4\pi\varepsilon_0 d}$$

を得る．導体球間の電位差は

$$V = \phi_1 - \phi_2 = \frac{q_1}{2\pi\varepsilon_0}\left(\frac{1}{a} - \frac{1}{d}\right)$$

で与えられる．これより

$$C = \frac{q_1}{V} = \frac{2\pi\varepsilon_0}{1/a - 1/d}$$

と表される．したがって，(a) の場合の電気抵抗は以下のように求まる．

$$R = \frac{\varepsilon_0}{\sigma C} = \frac{1}{2\pi\sigma}\left(\frac{1}{a} - \frac{1}{d}\right)$$

次に，(b) では導体球間の電流経路が (a) の場合の下半分のみになるので，電流は (a) の場合の半分になる．したがって，電極間の電気抵抗 R' は以下のように与えられる．

$$R' = 2R = \frac{1}{\pi\sigma}\left(\frac{1}{a} - \frac{1}{d}\right)$$

問 4-11 荷電粒子の位置の検出

長さが L の棒状の導体があり，両端間の電気抵抗は R である．図 4.6 のように，棒の左端から x の位置に荷電粒子の細いビームが流れ込むとき，左右の経路の電流値の比 $I_1 : I_2$ から x を求める式を導け．

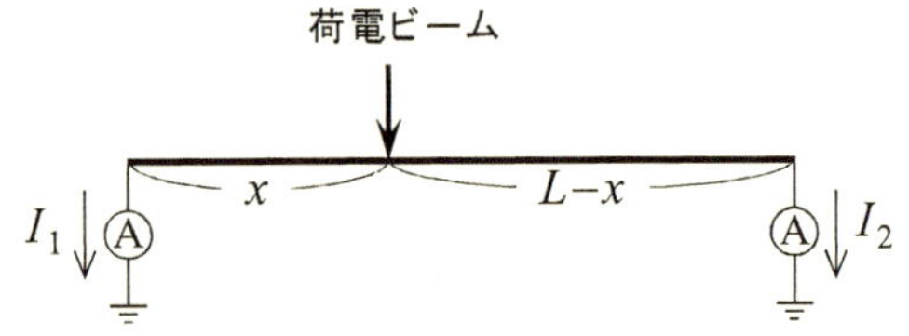

図 4.6: 抵抗分割による荷電粒子の位置の検出

[解]　荷電粒子のビームは携帯電流として棒に入射した後に，伝導電流になって左右に分かれて導体内を流れ，それぞれ棒の左右の端に到達する．このときの左右の経路の電気抵抗は定数 k を用いてそれぞれ $R_1 = kx, R_2 = k(L-x)$ と表される (等価回路は R_1, R_2 の並列接続)．$R_1 I_1 = R_2 I_2$ の関係から

$$\frac{I_1}{I_2} = \frac{R_2}{R_1} = \frac{L-x}{x}, \quad したがって\ x = \frac{L}{1 + I_1/I_2}$$

を得る．高速の荷電粒子に対して利用される半導体位置検出器 (抵抗分割型) はこのような原理に基づいている．

問 4-12 同軸円筒間の媒質に生じるジュール熱

図 2.11 (**問 2-16**) に示した同軸円筒コンデンサーの内部を電気伝導度 σ の均一な媒質で満たし，円筒間に電流 I を流したとする．単位時間内に媒質に発生するジュール熱は RI^2 であることを (4.17) を用いて示せ．ただし，R として**問 4-9** の結果を用いよ．

[解] 円筒軸から距離 s の位置における電流密度は $i = I/2\pi sl$ であるから媒質に発生するジュール熱は以下のように表される．

$$W = \frac{1}{\sigma}\int_{s_1}^{s_2} i^2\, 2\pi sl\, \mathrm{d}s = \frac{I^2}{2\pi\sigma l}\ln\frac{s_2}{s_1} = RI^2$$

ここで，**問 4-9** で求めた $R = (2\pi\sigma l)^{-1}\ln(s_2/s_1)$ を用いた．

第5章　電流と静磁場

5.1　基礎事項

5.1.1　磁場中の電流に働く力

導線を流れる電流が周囲に磁場を生じることは，近くに置いた磁針が動くことからわかる．その反作用により，磁場は電流に力を及ぼす．真空中で 2 本の長い平行導線を距離 r だけ離し，それぞれに電流 I, I' を流すとき，導線の長さ l に働く力は

$$F_l = \frac{\mu_0}{2\pi}\frac{II'}{r}l \tag{5.1}$$

と表される．ここで，$\mu_0 = 4\pi \times 10^{-7}\,[\mathrm{N \cdot A^{-2}}]$ は**真空の透磁率**であり，F_l は I, I' が同方向のときは引力，反対方向のときは反発力である．

(5.1) をもとに**磁束密度**が定義される．磁場中の導線に強さ I の電流を流し，導線上に微小な長さの線分ベクトル $\Delta\boldsymbol{s}$ を電流方向にとる．この線分に働く力を

$$\Delta\boldsymbol{F} = I\left(\Delta\boldsymbol{s} \times \boldsymbol{B}\right) \tag{5.2}$$

と表し，$\boldsymbol{B}$ を磁束密度という．実際, 導線に 1 A の電流を流し，電流の向きに直交させて磁場をかけたとき, 導線の 1 m 当たりに働く力が 1 N になる $\boldsymbol{B}$ の大きさを 1 N/A=1 T (テスラ) と定義している．空間的に一様な $\boldsymbol{B}$ に対して, これに垂直な面の面積を S とすれば

$$\Phi = BS \tag{5.3}$$

はこの面を通る**磁束**を表す．$\boldsymbol{B}$ と並んで磁場を表す量として，真空中で

$$\boldsymbol{H} = \frac{1}{\mu_0}\boldsymbol{B} \tag{5.4}$$

によって定義される $\boldsymbol{H}$ を**磁場の強さ**という．

5.1.2　ローレンツ力

導体中に電流 I が流れる際の伝導電子の移動速度を $\boldsymbol{v}_0$ とするとき，(5.2) を電子 1 個に働く力に換算すると $-e\boldsymbol{v}_0 \times \boldsymbol{B}$ になる．このことから，電荷 q の荷電粒子が速度 $\boldsymbol{v}$ で磁束密度 $\boldsymbol{B}$ の磁場中を走るときに働く力は

$$\boldsymbol{F} = q\boldsymbol{v} \times \boldsymbol{B} \tag{5.5}$$

と表される．磁場のみでなく電場 $\boldsymbol{E}$ があれば

$$\boldsymbol{F} = q(\boldsymbol{E} + \boldsymbol{v} \times \boldsymbol{B}) \tag{5.6}$$

という力が働く．(5.5) あるいは (5.6) で表される力を**ローレンツ力**と呼ぶ．

5.1.3　ビオ・サバールの法則

図 5.1 に示すように，曲線電流上の微小線分 $I\Delta\boldsymbol{s}$ がそこから $\boldsymbol{R}$ の位置 P につくる磁束密度 $\Delta\boldsymbol{B}$ は, 以下のようにビオ・サバールの法則で与えられる．

$$\Delta\boldsymbol{B} = \frac{\mu_0}{4\pi}\frac{I\,\Delta\boldsymbol{s} \times \boldsymbol{R}}{R^3} \tag{5.7}$$

空間の任意の位置における $\boldsymbol{B}$ は (5.7) の $\boldsymbol{s}$ に関する線積分から求められる．

(5.7) は線状の電流に対する表現であるが，電流密度 $\boldsymbol{i}$ を用いて電流経路の太さをとり入れた式に書き直すことができる．実際，空間の原点 O に関する位置 $\boldsymbol{r}'$ の電流素片が位置 $\boldsymbol{r}$ につくる磁場は (5.7) で $\boldsymbol{R} = \boldsymbol{r} - \boldsymbol{r}'$ とおき

$$\Delta\boldsymbol{B}(\boldsymbol{r}) = \frac{\mu_0}{4\pi}\frac{\boldsymbol{i}(\boldsymbol{r}')\,\Delta V' \times (\boldsymbol{r} - \boldsymbol{r}')}{|\boldsymbol{r} - \boldsymbol{r}'|^3} \tag{5.8}$$

と表される．ここで，$\boldsymbol{i}$ は $\boldsymbol{s}$ と同方向であり，$\Delta V'$ は電流の流れる空間の体積素片である．空間の任意の位置における $\boldsymbol{B}$ は, (5.8) を $\boldsymbol{r}'$ に関して $\boldsymbol{i}(\boldsymbol{r}')$ の存在する空間領域で積分することにより求められる．

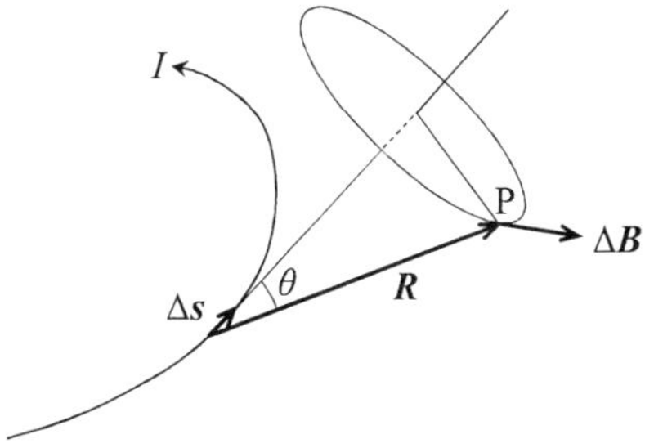

図 5.1: ビオ・サバールの法則. $\Delta \boldsymbol{B}$ は $\Delta \boldsymbol{s}, \boldsymbol{R}$ の両方に垂直である.

ビオ・サバールの法則から, マクスウェルの方程式のひとつとして

$$\nabla \cdot \boldsymbol{B}(\boldsymbol{r}) = 0 \tag{5.9}$$

が導かれる (本シリーズ「電磁気学」§7.5). (5.9) は, 単独の磁荷が存在しないことを意味する.

5.1.4 アンペールの法則

静磁場中の任意の閉曲線 C に対して, 磁束密度 $\boldsymbol{B}$ の線積分は

$$\oint_{\mathrm{C}} \boldsymbol{B} \cdot \boldsymbol{t}\, \mathrm{d}l = \mu_0 \sum^{n} I_n \tag{5.10}$$

を満たす. ここで, $\boldsymbol{t}$ は C の接線方向の単位ベクトルであり (付録 §B.3.2), 右辺では C を貫く複数の電流 I_n に関して和をとる. I_n の正負の符号には注意が必要で, 積分経路の向きに右ネジが回転して前進する方向の電流を $+I_n$, 逆の場合を $-I_n$ とする. 電流ループの太さを現実的に扱えるように電流密度 $\boldsymbol{i}$ を用いて (5.10) を書き直すと

$$\oint_{\mathrm{C}} \boldsymbol{B} \cdot \boldsymbol{t}\, \mathrm{d}l = \mu_0 \int_{\mathrm{S}_0} \boldsymbol{i} \cdot \boldsymbol{n}\, \mathrm{d}S \tag{5.11}$$

になる．ここで右辺の積分は，経路 C を縁とする任意の曲面 S_0 に関して $\boldsymbol{i}$ の面法線 ($\boldsymbol{n}$) 成分を加えたものであり，C を通過する電流を表す．(5.10)，(5.11) がアンペールの法則の積分形表現である．

ストークスの定理 (§B.30) を使って (5.11) の左辺を書き直して整理すると

$$\int_{S_0} (\nabla \times \boldsymbol{B} - \mu_0 \boldsymbol{i}) \cdot \boldsymbol{n} \, dS = 0 \tag{5.12}$$

を得る．S_0 のとりかたに任意性があることから

$$\nabla \times \boldsymbol{B} = \mu_0 \boldsymbol{i} \tag{5.13}$$

という関係が得られる．これがアンペールの法則の微分形表現である．

5.1.5 ベクトル・ポテンシャル

磁束密度 $\boldsymbol{B}(\boldsymbol{r})$ に対するベクトル・ポテンシャル $\boldsymbol{A}(\boldsymbol{r})$ を

$$\boldsymbol{B} = \nabla \times \boldsymbol{A} \tag{5.14}$$

により導入する．こうすれば，2 重のベクトル演算の性質 [付録 (B.10)] により $\nabla \cdot \boldsymbol{B} = 0$ が常に成り立つ．

静磁場におけるベクトル・ポテンシャルは，アンペールの法則

$$\nabla \times \boldsymbol{B} = \nabla \times (\nabla \times \boldsymbol{A}) = \mu_0 \boldsymbol{i} \tag{5.15}$$

を満たす必要がある．付録 (B.12) のベクトルの関係式により $\nabla \times (\nabla \times \boldsymbol{A})$ を書き直すと

$$-\nabla^2 \boldsymbol{A} + \nabla(\nabla \cdot \boldsymbol{A}) = \mu_0 \boldsymbol{i} \tag{5.16}$$

になる．もし $\boldsymbol{A}$ が

$$\nabla \cdot \boldsymbol{A} = 0 \tag{5.17}$$

を満たすなら

$$\nabla^2 \boldsymbol{A} = -\mu_0 \boldsymbol{i} \tag{5.18}$$

になって $\boldsymbol{A}$ のベクトル成分はそれぞれポアソン方程式を満たす．したがって，(5.18) の解は §1.1.9 の静電場の場合と同じ形になり

$$\boldsymbol{A}(\boldsymbol{r}) = \frac{\mu_0}{4\pi} \int \frac{\boldsymbol{i}(\boldsymbol{r}')\,\mathrm{d}V'}{|\boldsymbol{r} - \boldsymbol{r}'|} \tag{5.19}$$

と表される．積分の範囲は電流密度 $\boldsymbol{i}(\boldsymbol{r}')$ の存在する空間領域である．(5.19) が (5.17) を満たせば求める解になるが，これは実際に示すことができる (本シリーズ「電磁気学」§7.7.1)．細い電流経路に対しては，(5.19) は電流に沿った線積分に書き換えることができ，次のように表される．

$$\boldsymbol{A}(\boldsymbol{r}) = \frac{\mu_0}{4\pi} \int \frac{I\,\mathrm{d}\boldsymbol{s}}{|\boldsymbol{r} - \boldsymbol{r}'|} \tag{5.20}$$

5.1.6 磁気双極子

図 5.2 のように，半径 a の円電流 I が円の中心を座標原点 O とする xy 面上にあるとする．ベクトル・ポテンシャルを (5.20) より求め，極座標 (r, θ, φ) で表示して，円電流から十分遠方の空間 $(r \gg a)$ という条件を課すと

$$\boldsymbol{A} = (A_r, A_\theta, A_\varphi) = \left(0,\ 0,\ \frac{p_\mathrm{m}}{4\pi\, r^2} \sin\theta\right) \tag{5.21}$$

と表される (本シリーズ「電磁気学」§7.8)．ここで，$p_\mathrm{m} = \mu_0 I \times$(面積 πa^2) は円電流の**磁気双極子モーメント**の大きさを表す (μ_0 のない定義のしかたもある)．

$\boldsymbol{A}$ をベクトルで表示するために，円電流に関して右ネジ対応のベクトルとしての磁気双極子モーメント $\boldsymbol{p}_\mathrm{m}$($z$ 方向) を改めて定義する．これより，(5.21) は

$$\boldsymbol{A} = \frac{1}{4\pi} \frac{\boldsymbol{p}_\mathrm{m} \times \boldsymbol{r}}{r^3} \tag{5.22}$$

と表されることは，図 5.2 より明らかである．(5.22) から，磁束密度は

$$\boldsymbol{B} = \frac{1}{4\pi r^3} \left[\frac{3\,(\boldsymbol{p}_\mathrm{m} \cdot \boldsymbol{r})\,\boldsymbol{r}}{r^2} - \boldsymbol{p}_\mathrm{m} \right] \tag{5.23}$$

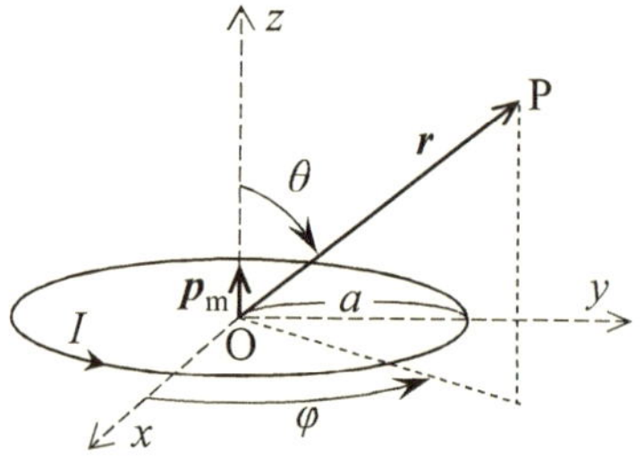

図 5.2: 磁気双極子の計算のための座標.

と求まる (**問 5-23**).

(5.23) が電気双極子による電場 (1.47) と同じ形になるのは，電荷と磁荷が共にクーロンの法則に従うからである．磁荷 q_{m} を用いると，磁気双極子モーメントは $p_{\mathrm{m}} = q_{\mathrm{m}} d$ (d は磁荷間の間隔) と表される．

5.2　問題と解答

問 5-1 電流間に働く力

2 本の細くて長い導線を 1 cm の間隔で平行に張り，それぞれ 1A の電流を同方向に流した．各導線の 1m 当たりに働く引力を求めよ．導線の何 m に働く引力が，地上で 1 円玉 (1g) に働く重力に相当するか．

[解]　導線の 1m 当たりに働く引力は，(5.1) より

$$F = \frac{4\pi \times 10^{-7} \times 1^2}{2\pi \times 0.01} = 2 \times 10^{-5}\,[\mathrm{N}]$$

と求まる．地上で 1 円玉に働く重力は $F_{\mathrm{g}} = 9.8 \times 10^{-3}\,[\mathrm{N}]$ であるから，求める長さは $F_{\mathrm{g}}/F = 490\,\mathrm{m}$ になる．

問 5-2 直線電流のまわりの磁場

無限に長い直線電流 I から r だけ離れた位置における磁束密度を，

(1) (5.1)，(5.2) より求めよ．

(2) ビオ・サバールの法則から求めよ．

(3) アンペールの法則から求めよ．

[解] 磁束密度の向きは電流方向に進む右ネジの回転方向であり，大きさ B は以下のように計算される．

(1) (5.2) によれば，電流と磁場が直交している場合には電流 I' の導線の単位長さ当たりに働く力の大きさは $I'B$ になる．これを (5.1) の F_l/l と比較すれば電流 I が距離 r につくる磁束密度は

$$B = \frac{\mu_0 I}{2\pi r} \tag{5.24}$$

と求まる．

(2) 図 5.3 のように電流方向を z 軸にとり，z 軸から距離 r の点を P とする．図中で O は z 軸の原点とする．P 点における磁束密度 (紙面の表 → 裏の

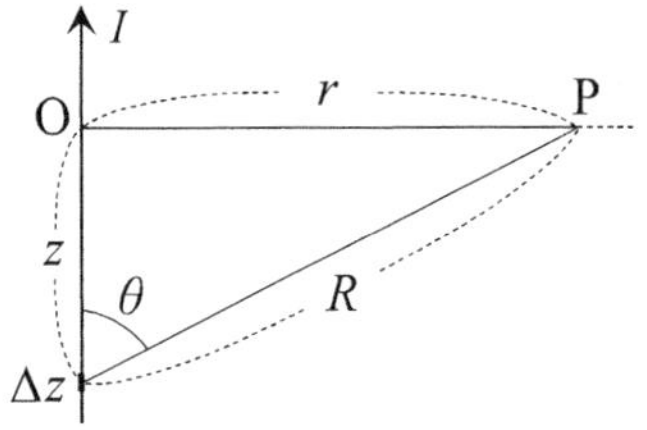

図 5.3: 直線電流からの距離を表す変数

向き) はビオ・サバールの法則 (5.7) より，以下のように求まる．

$$\begin{aligned} B = \frac{\mu_0 I}{4\pi}\int\frac{R\sin\theta\,\mathrm{d}z}{R^3} &= \frac{\mu_0 I r}{4\pi}\int_{-\infty}^{\infty}\frac{\mathrm{d}z}{(z^2+r^2)^{3/2}} \\ &= \frac{\mu_0 I}{4\pi r}\left[\frac{z}{\sqrt{z^2+r^2}}\right]_{-\infty}^{\infty} \\ &= \frac{\mu_0 I}{2\pi r} \end{aligned}$$

(3) アンペールの法則 $2\pi r B = \mu_0 I$ より $B = \mu_0 I/2\pi r$ を得る．

問 5-3 折れ曲がる電流による磁場

電流 I が図 5.4 (i), (ii) のように xy 平面上を流れるとき，P, Q における磁束密度をそれぞれ求めよ．

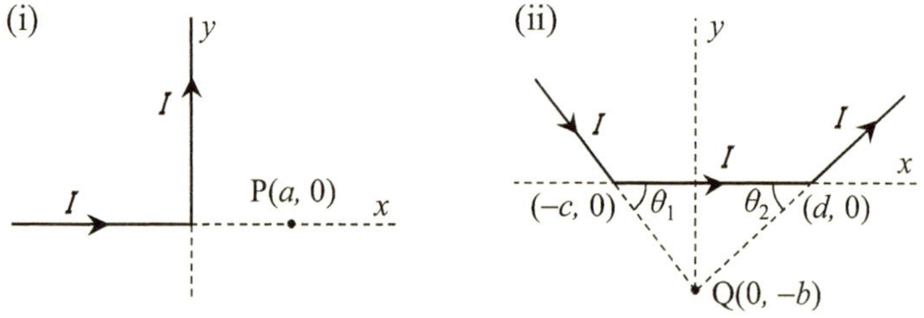

図 5.4: 折れ曲がる電流

[解]　(i) の場合，ビオ・サバールの法則 (5.7) によれば，x 軸上の電流は P に磁束密度を生じない．y 軸上で $y \geq 0$ の電流による磁束密度は (5.24) において $r = a$ とし，積分範囲を $[-\infty, \infty] \to [0, \infty]$ に変更すれば求まる．こうして，$B = \mu_0 I/4\pi a$ を得る．$\boldsymbol{B}$ の方向は右ネジ対応により紙面の表から裏の向きである．

(ii) では，x 軸上の電流のみが Q に磁束密度を生じる．したがって，(5.24) で $r = b$ とし，積分範囲を $[-\infty, \infty] \to [-c, d]$ に変更すれば求まる．図 5.4(ii) 中

の θ_1, θ_2 を用いると

$$B = \frac{\mu_0 I}{4\pi b}\left[\frac{z}{\sqrt{z^2+b^2}}\right]_{-c}^{d} = \frac{\mu_0 I\,(\cos\theta_1 + \cos\theta_2)}{4\pi b}$$

を得る．$\boldsymbol{B}$ の方向は右ネジ対応により紙面の表から裏の向きである．

問 5-4 磁場中の円電流に働く力

円電流が一様な磁束密度 $\boldsymbol{B}$ の空間内で受ける力を，(i) $\boldsymbol{B}$ が電流面に垂直な場合，(ii) $\boldsymbol{B}$ と円電流の中心軸とのなす角度が θ の場合，のそれぞれについて求めよ．

[解] 図 5.5 のように半径 a の円電流の中心軸方向を z 軸にとり，$\boldsymbol{B}$ が yz 面に平行になるように y 軸をとる．z 軸と $\boldsymbol{B}$ のなす角度 θ に加えて，Δs の方位角を φ とする ($\varphi = 0$ は x 軸)．電流 I は z 軸方向へ進む右ネジの回る方向とする．

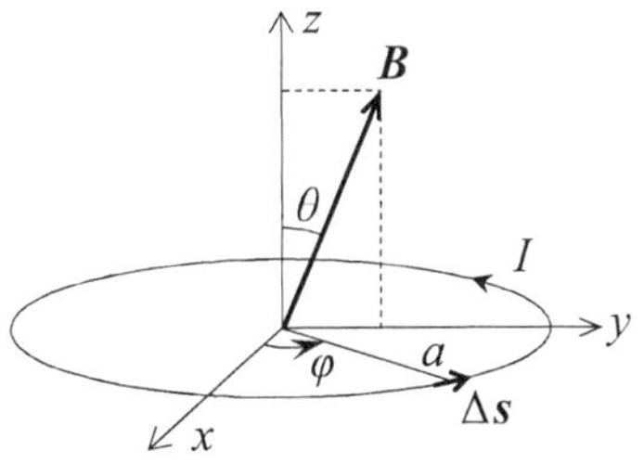

図 5.5: 磁場中の円電流

(i) の場合 ($\theta = 0$) には，(5.2) により円電流は円周の単位長さ当たり IB の力を外向きに受ける (円を拡大させる力)．電流が反対向きであれば力は逆向きになる (円を縮小させる力)．

(ii) の場合 ($\theta \neq 0$) には，$\boldsymbol{B} = (0, B_y, B_z)$ と書くと，B_z は $\theta = 0$ のときと同様に円を拡大 (または縮小) させる力を生じる．これに対し，$B_y = B\,\sin\theta$ は

力のモーメントを発生させて回路を回転させる．図 5.5 の $\Delta\boldsymbol{s}$ を x, y, z 方向の成分に分けると

$$\Delta\boldsymbol{s} = (-a\,\Delta\varphi\,\sin\varphi,\ a\,\Delta\varphi\,\cos\varphi,\ 0) \tag{5.25}$$

と表されるので，(5.2) を用いると $\Delta\boldsymbol{F}$ の z 成分は

$$\Delta F_z = -IaB_y\,\sin\varphi\,\Delta\varphi = -IaB\sin\theta\,\sin\varphi\,\Delta\varphi \tag{5.26}$$

になる．ΔF_z は $\pm\varphi$ で符号が反対になるので，x 軸に関する力のモーメント $y\Delta F_z = a\sin\varphi\Delta F_z$ を生じさせる．したがって，円電流には x 軸のまわりに力のモーメント

$$N = \oint a\,\sin\varphi\,\mathrm{d}F_z = -Ia^2B\sin\theta\int_0^{2\pi}\sin^2\varphi\,\mathrm{d}\varphi = -\pi a^2IB\sin\theta \tag{5.27}$$

が働いて，回路は x 軸を中心に回転することがわかる．N が負符号であることから，回転方向は x 軸方向に対して左ネジの対応である．

なお，磁気双極子モーメント $p_\mathrm{m} = \mu_0\pi a^2I$ を用いると $N = -p_\mathrm{m}H\sin\theta$ と表される．これは，任意の形の平面電流ループ (閉曲線) に対して，磁場による力のモーメントの大きさを与える一般式である．

問 5-5 伝導電子に働くローレンツ力

導体中に電流 I が流れる際の伝導電子の移動速度を $\boldsymbol{v}_0$ とするとき，電子 1 個に働く磁気力を (5.2) より求めよ．

[解]　電流 I は単位時間に移動する正電荷の量であるから，導線の断面積 S，伝導電子の密度 n，および電子の移動速度 $\boldsymbol{v}_0$ により $I = -enS\boldsymbol{v}_0$ と書ける．導線の単位長さ当たりに働く力は (5.2) から得られるが，それを nS 個の電子が分担している．したがって，電子 1 個に働く力をベクトルで表せば

$$\boldsymbol{F} = \frac{-enS\,\boldsymbol{v}_0\times\boldsymbol{B}}{nS} = -e\boldsymbol{v}_0\times\boldsymbol{B}$$

である．

問 5-6 平面上の電流がつくる磁場の対称性

平面 S 上の任意の曲線経路に沿って電流が流れるとき，S に関して鏡面対称な空間の 2 点における磁束密度ベクトルは，(i) 大きさが等しく，(ii) S に垂直な成分は等しいことを示せ．

[解] 平面 S を $z=0$ とし，ビオ・サバールの法則 (5.7) より Δs のつくる磁場 $\Delta\boldsymbol{B}$ の対称性を見ればよい．Δs は S 上にあるから $\Delta s=(\Delta s_x, \Delta s_y, 0)$ と表し，$\boldsymbol{R}=(x,y,z)$ とすれば

$$\Delta\boldsymbol{s}\times\boldsymbol{R}=(z\Delta s_y,\ -z\Delta s_x,\ y\Delta s_x-x\Delta s_y)$$

を得る．$\Delta\boldsymbol{B}\propto\Delta\boldsymbol{s}\times\boldsymbol{R}/R^3$，$R=\sqrt{x^2+y^2+z^2}$ より，

$$|\Delta\boldsymbol{B}(x,y,z)|=|\Delta\boldsymbol{B}(x,y,-z)|\,,\quad \Delta\boldsymbol{B}_z(x,y,z)=\Delta\boldsymbol{B}_z(x,y,-z)$$

が導かれる.[1] この性質は，$\Delta\boldsymbol{B}$ を S 上の電流経路に沿って積分して得られる $\boldsymbol{B}$ も共有することは明らかである．これは，例えば，円電流の周囲の磁力線の対称性を与える．

問 5-7 円電流対の鏡映面上における磁場

一対の同じ円電流を

(1) 図 5.6(a) のように，電流面を平行に保ち，かつ中心軸を一致させる．

(2) 図 5.6(b) のように，円周 C に対して円電流面を垂直とし，かつ円電流の中心を C 上に置く．

のように配置した．ここで，2 つの円電流が互いに鏡像になるような鏡面 (鏡映面) S を考える．S 上の任意の点における磁束密度の向きは，S に垂直になることを説明せよ．

[1] この対称性の関係式は (5.8) で $i_z=0$ として導いてもよい．

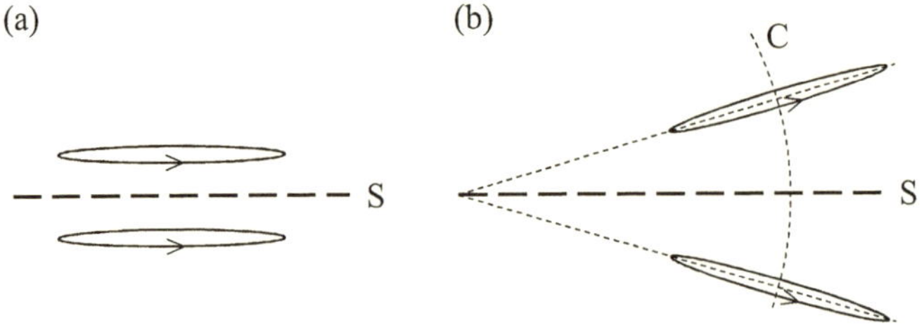

図 5.6: 鏡映配置の円電流対

[解] **問 5-6** で示した平面電流による磁束密度の対称性を利用する．

(1) Sに垂直な方向に z 軸をとり，S上で $z=0$ とする．図 5.6(a) の下側の円電流がS上の任意の点Pにつくる磁束密度を B_x, B_y, B_z とすれば，上側の円電流がPにつくる磁束密度は $-B_x, -B_y, B_z$ になる．両者のベクトル和がPにおける磁束密度 $\boldsymbol{B}_{\mathrm{P}}$ を与えるから

$$\boldsymbol{B}_{\mathrm{P}} = (B_x - B_x, B_y - B_y, B_z + B_z) = (0, 0, 2B_z)$$

となって，$\boldsymbol{B}_{\mathrm{P}}$ はSに垂直である．

(2) (1) のときと同様に，Sに垂直な方向に z 軸 (S上で $z=0$) をとって考えればよい．下側の円電流がS上の任意の点Pにつくる磁束密度 B_x, B_y, B_z と上側の円電流がPにつくる磁束密度 $-B_x, -B_y, B_z$ のベクトル和から，Pにおける磁束密度がSに垂直であることが導かれる．なお，(b) でCの半径が ∞ の場合が (a) に相当する．

問 5-8 円電流の中心軸上の磁場

図 5.7 に示すような半径 a の円電流の中心軸上で，円の中心から z の距離 (P点) における磁場をビオ・サバールの法則から求めよ．

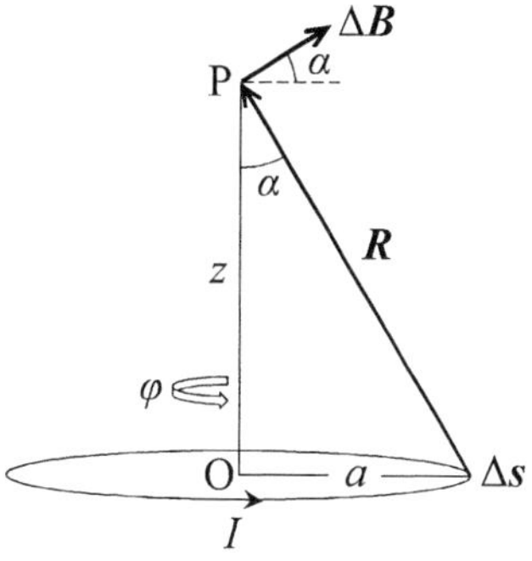

図 5.7: 円電流のつくる磁場 (円周上の線素片 $\Delta \boldsymbol{s}$ と $\boldsymbol{R}$ は直交)

[解] 円周上の線素片は，z 軸の周りの方位角 φ を用いて $\Delta s = a\,\Delta\varphi$ と書ける．まず，電流面に平行な磁場は，φ と $\varphi + \pi$ の位置における $\Delta \boldsymbol{s}$ の生起する $\Delta \boldsymbol{B}$ が打ち消し合うことからゼロになる．次に，電流面に垂直な成分は (5.7) より

$$\Delta B = \frac{\mu_0}{4\pi}\frac{I\Delta s}{R^2}\sin\alpha = \frac{\mu_0}{4\pi}\frac{Ia^2\Delta\varphi}{(z^2+a^2)^{3/2}} \tag{5.28}$$

で与えられる．ここで，$\Delta \boldsymbol{s}$ と $\boldsymbol{R}$ が直交していることを用いた．(5.28) より，求める磁場は大きさが

$$B = \int_0^{2\pi} \frac{\mu_0}{4\pi}\frac{Ia^2}{(z^2+a^2)^{3/2}}\,\mathrm{d}\varphi = \frac{\mu_0}{2}\frac{Ia^2}{(z^2+a^2)^{3/2}} \tag{5.29}$$

で，向きは図 5.7 の z 軸 (上向き) 方向である．

問 5-9 無限に長いソレノイド

図 5.8 のように，導線をらせん状に密に巻いた円筒形のコイルを**ソレノイド**と呼ぶ．無限に長いソレノイドに電流 I を流したとき

(1) **問 5-7**(1) の結果から，ソレノイド内外の磁束密度はソレノイドの中心軸に平行であることを導け．

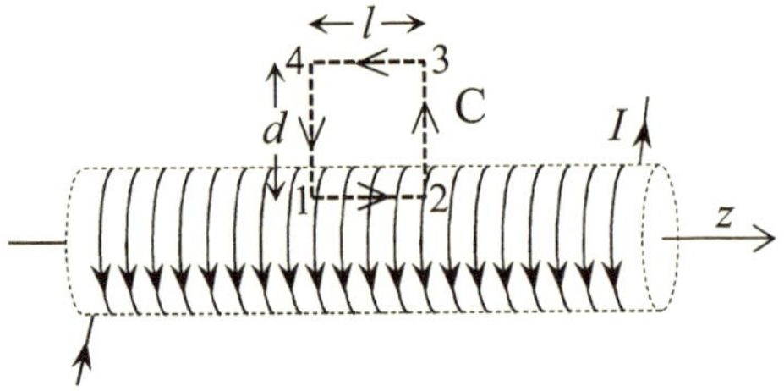

図 5.8: ソレノイドとアンペールの経路 C

(2) ソレノイドの円筒軸 (z 軸) 方向の単位長さ当たりの巻き数を n とするとき，ソレノイド内外の磁束密度を求めよ．

[解]

(1) ソレノイド内外の点 P における磁束密度は，ソレノイド内の各 1 巻のコイルによる磁束密度のベクトル和で与えられる．ここで，P から等位置にある 1 巻のコイル対による磁束密度は，**問 5-6**(1) により，ソレノイドの中心軸に平行になる．すべてのコイル対に対して同じことが成り立つから，P における磁束密度はソレノイドの中心軸に平行である．

(2) (1) より，$\boldsymbol{B}$ の向きは z 軸方向であり，大きさは z 軸からの距離のみに依存する．アンペールの積分経路として，図 5.8 に示すような $d \times l$ の長方形の経路 C $(1 \to 2 \to 3 \to 4 \to 1)$ を円筒面をまたぐようにとる．$1 \to 2$ における磁束密度の大きさを B，$3 \to 4$ における磁束密度の大きさを B_0 として (5.10) を適用すると

$$Bl - B_0 l = \mu_0 n l I \ , \quad \text{すなわち} \quad B = \mu_0 n I + B_0 \tag{5.30}$$

が得られる．経路 C が円筒面をまたいでいれば，(5.30) は経路 $2 \to 3$ および経路 $4 \to 1$ の長さ d には依存しない関係式である．経路 $3 \to 4$ を固定して d を変えれば，B はソレノイドの内部で一定値であることがわか

る．同様に，ソレノイドの外部では B_0 は一定値である．さらに，ビオ・サバールの法則によれば，ソレノイドの電流素片によって形成される磁束密度は距離の 2 乗に反比例するので，経路 $3 \to 4$ を z 軸から十分遠くにとれば $B_0 = 0$ になる．このことから，ソレノイドの外部では常に $B_0 = 0$ であることが結論される．以上より，磁束密度は以下のように求まる．

$$B = \begin{cases} \mu_0 nI & (\text{ソレノイドの内部}) \\ 0 & (\text{ソレノイドの外部}) \end{cases} \tag{5.31}$$

(2) の別解：ソレノイドの円筒面上の電流密度は，円筒座標 (付録 §B.2.3) の φ の向きであり，z 方向の単位長さ当たり $i = nI\,\delta(s-a)$ と書ける．これより，微分形のアンペールの法則 $\nabla \times \boldsymbol{B} = \mu_0 \boldsymbol{i}$ は φ 方向に関して

$$-\frac{\mathrm{d}B}{\mathrm{d}s} = \mu_0 nI\,\delta(s-a) \tag{5.32}$$

と表される．まず，$0 \leq s < a$ および $s > a$ では (5.32) の右辺は 0 であるから，これらの s の区間では B はそれぞれ定数であり，特に $s > a$ では $s = \infty$ を考えると $B = 0$ であることがわかる．次に，$s = a$ を挟む微小区間 $[a - \Delta s, a + \Delta s]$ での (5.32) の積分から

$$B(a + \Delta s) - B(a - \Delta s) = -\mu_0 nI \tag{5.33}$$

を得る．これは，s の正の向きに $s = a$ を横切ると，B が $\mu_0 nI$ だけ減少することを意味する．以上より，解は (5.31) に一致する．

問 5-10 コイルによる地磁気の消去

日本における地磁気の平均的な値は $B_0 = 4.5 \times 10^{-5}\,\mathrm{T}$ である．いま，最大出力 1A の直流電源でコイルによる磁場を発生させ，B_0 に逆向きに重ね合わせることで空間の磁場を 0 にすることを考える．その際，

(1) 円電流 (図 5.7) による磁場を用いるとき，半径 1 m の円形コイルの巻き数 N が満たすべき条件を求めよ．

(2) 無限に長いソレノイドを用いるとき，ソレノイドの単位長さ当たりの巻き数 n が満たすべき条件を求めよ.

[解]

(1) 円電流の中心における磁束密度は，(5.29) より $B = \mu_0 I/2a$ であるから，N 巻きコイルでは $B_N = \mu_0 NI/2a$ になる．求める条件は，$I = 1\,\mathrm{A}$ として $B_N \geq B_0$ で与えられる．これより以下を得る.

$$N \geq \frac{2 \times 1 \times (4.5 \times 10^{-5})}{(4\pi \times 10^{-7}) \times 1} = 72$$

(2) 求める条件は，$I = 1\,\mathrm{A}$ として $\mu_0 nI \geq B_0$ で与えられる．これより

$$n \geq \frac{4.5 \times 10^{-5}}{(4\pi \times 10^{-7}) \times 1} = 36\,[\mathrm{m}^{-1}]$$

を得る.

問 5-11 有限な長さのソレノイド

図 5.9 のような有限な長さのソレノイドに電流 I を流したとき，中心軸上の点 P における磁束密度を図の角度 θ_1, θ_2 で表せ．ただし，ソレノイドの半径を a, 単位長さ当たりの巻き数を n とする.

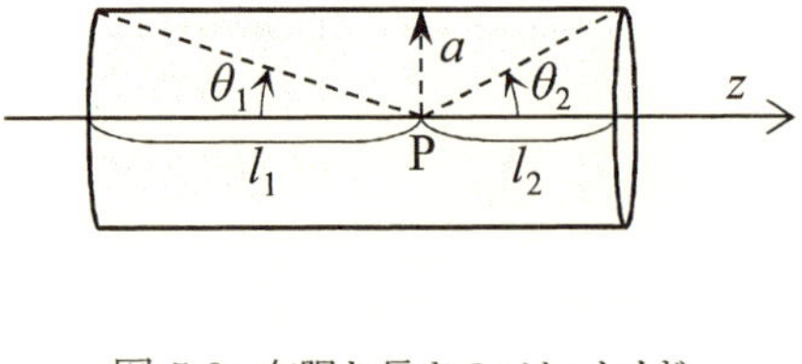

図 5.9: 有限な長さのソレノイド

[解] ソレノイドをコイル片に分け，それによる磁束密度を重ね合わせればよい．$z \sim z+\Delta z$ のコイル片による磁束密度 ΔB は (5.29) で $I \to nI\Delta z$ に置き換えて

$$\Delta B = \frac{\mu_0}{2}\frac{nIa^2\Delta z}{(z^2+a^2)^{3/2}}$$

で与えられる．これより，P における磁束密度は

$$\begin{aligned} B = \frac{\mu_0 nIa^2}{2}\int_{-l_1}^{l_2}\frac{\mathrm{d}z}{(z^2+a^2)^{3/2}} &= \frac{\mu_0 nI}{2}\left[\frac{z}{\sqrt{z^2+a^2}}\right]_{-l_1}^{l_2} \\ &= \frac{\mu_0 nI}{2}(\cos\theta_1+\cos\theta_2) \end{aligned}$$

と求まる．この結果は，P が z 軸上でソレノイド外にあっても有効である．

問 5-12 トロイドのつくる磁場

図 5.10 のように，ソレノイドを円形に曲げた形のコイルを**トロイド**という．

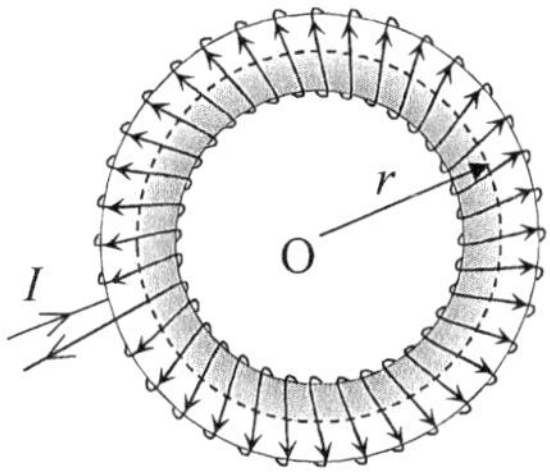

図 5.10: トロイド

トロイドに電流 I を流したとき，

(1) 問 **5-7**(2) の結果から，トロイド内外の磁力線はトロイドの回転対称軸 (O における紙面の法線) に関して同心円状であることを導け．

(2) トロイドのコイルの総巻き数を N とするとき，トロイド内外の磁束密度 $\boldsymbol{B}$ を求めよ．

[解]

(1) トロイド内外の任意の点Pにおける磁束密度は，トロイド内の各1巻のコイルによる磁束密度のベクトル和で与えられる．ここで，Pから等距離にある1巻のコイル対による磁束密度の方向は，**5-10**(b)により，コイル対の鏡映面に垂直になる．すべてのコイル対に対して同じことが成り立つから，トロイド内外における磁束密度の方向はトロイドの回転対称軸に対し，同心円状である．

(2) $\boldsymbol{B}$ の向きはトロイドの電流方向に対して右ネジ対応で，図5.10で反時計方向を向く．回転対称軸に垂直な半径 r の同軸円周に対してアンペールの法則を適用する．円周がトロイド内部にあれば円を貫く電流は NI, 外部にあれば円を貫く電流は0であるから，結果は以下のように表される．

$$B = \begin{cases} \dfrac{\mu_0 NI}{2\pi r} & (\text{トロイドの内部}) \\ 0 & (\text{トロイドの外部}) \end{cases} \tag{5.34}$$

問 5-13 長い円柱形導線の内外の磁場

図5.11のように，半径 a の長い円柱の中心軸方向に電流 I が流れているとき，円柱内外の磁束密度をアンペールの法則の (i) 積分形から求めよ．(ii) 微分形から求めよ．

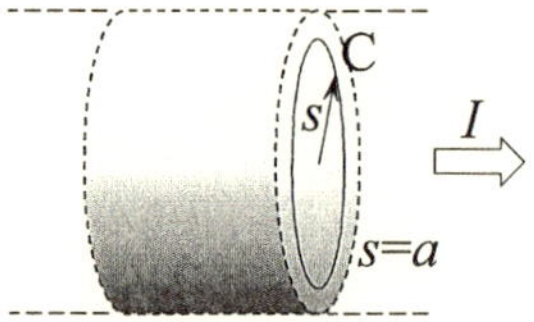

図 5.11: 円柱電流による磁場を求めるための積分経路 C

[解] (i) 積分形のアンペールの法則の経路 C として，円柱の中心軸に垂直な断面上で半径 s の同心円を考える．対称性により，同心円の円周上で磁束密度 $\boldsymbol{B}$ は一定であり円周方向を向いている．電流密度 $i = I/\pi a^2$ を用いると，(5.10) より $2\pi sB = \mu_0 \pi s^2 i \ (s \leq a)$ および $2\pi sB = \mu_0 \pi a^2 i \ (s > a)$ を得る．これより

$$B = \begin{cases} \dfrac{\mu_0 si}{2} = \dfrac{\mu_0 Is}{2\pi a^2} & (s \leq a \text{ のとき}) \\ \dfrac{\mu_0 a^2 i}{2s} = \dfrac{\mu_0 I}{2\pi s} & (s > a \text{ のとき}) \end{cases} \tag{5.35}$$

を得る．

(ii) 微分形のアンペールの法則の場合，円柱の中心軸を z 軸として円筒座標での回転演算 [付録 (B.18)] を用いる．対称性により，$\boldsymbol{B}$ は s のみの関数であるから，アンペールの法則は

$$\frac{1}{s}\frac{\partial}{\partial s}(sB) = \begin{cases} \mu_0 i = \dfrac{\mu_0 I}{\pi a^2} & (s \leq a \text{ のとき}) \\ 0 & (s > a \text{ のとき}) \end{cases}$$

と表される．これより，積分定数を C_1, C_2 として

$$B = \begin{cases} \dfrac{\mu_0 Is}{2\pi a^2} + \dfrac{C_1}{s} & (s \leq a \text{ のとき}) \\ \dfrac{C_2}{s} & (s > a \text{ のとき}) \end{cases}$$

を得る．境界条件として，第一に $s = 0$ で B は有限であるべきことから $C_1 = 0$，第二に $s = a$ で B の値が一致すべきことから $C_2 = \mu_0 I/2\pi$ になる．これより，結果は (5.35) に一致する．

問 5-14 空洞のある導線による磁場

図 5.12 のように，断面が半径 a の長い導線があり，内部に半径 $a/2$ の円柱形の長い空洞が内接している．この導線に一様な電流密度 $\boldsymbol{i}$ の電流を流すとき，図中の P, Q, R, S 点における磁束密度を求めよ．ただし，電流は z 方向 (紙面の裏から表の向き) に流すとする．

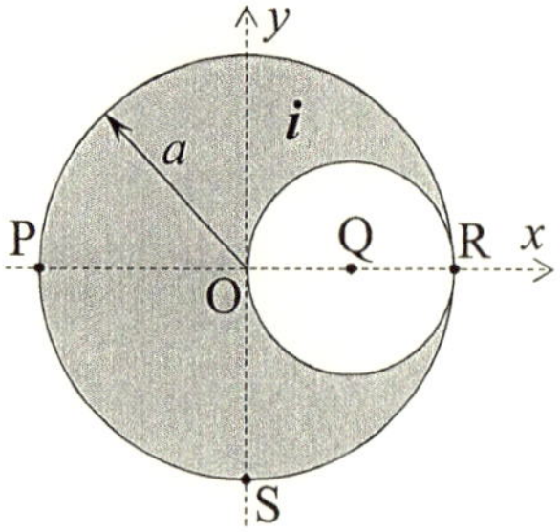

図 5.12: 空洞のある導線の断面図

[解] 空洞の無い場合の磁場に，空洞内に電流密度 $-\boldsymbol{i}$ がある場合の磁場を重ね合わせればよい．(5.35) を用いると以下の結果を得る．

$$\mathrm{P}: \quad \begin{cases} B_x = 0 \\ B_y = -\dfrac{\mu_0 a i}{2} + \dfrac{\mu_0 (a/2)^2 i}{2 \times (3a/2)} = -\dfrac{5\mu_0 a i}{12} \end{cases}$$

$$\mathrm{Q}: \quad \begin{cases} B_x = 0 \\ B_y = \dfrac{\mu_0 (a/2) i}{2} = \dfrac{\mu_0 a i}{4} \end{cases}$$

$$\mathrm{R}: \quad \begin{cases} B_x = 0 \\ B_y = \dfrac{\mu_0 a i}{2} - \dfrac{\mu_0 (a/2) i}{2} = \dfrac{\mu_0 a i}{4} \end{cases}$$

$$\mathrm{S}: \quad \begin{cases} B_x = \dfrac{\mu_0 a i}{2} - \dfrac{\mu_0 (a/2)^2 i}{2\ell} \times \dfrac{a}{\ell} = \dfrac{2\mu_0 a i}{5} \\ B_y = \dfrac{\mu_0 (a/2)^2 i}{2\ell} \times \dfrac{a}{2\ell} = \dfrac{\mu_0 a i}{20} \end{cases}$$

ただし，$\ell = \sqrt{5}a/2$ は SQ 間の距離である．

問 5-15 導体板を流れる電流による磁場

図 5.13 のように，厚さ d の導体板が xy 平面に平行に置かれ，x 軸 方向に電流が一様な電流密度 i で流れている．板の表面と裏面をそれぞれ $z = d/2, -d/2$

として，板内外の磁束密度を求めよ．

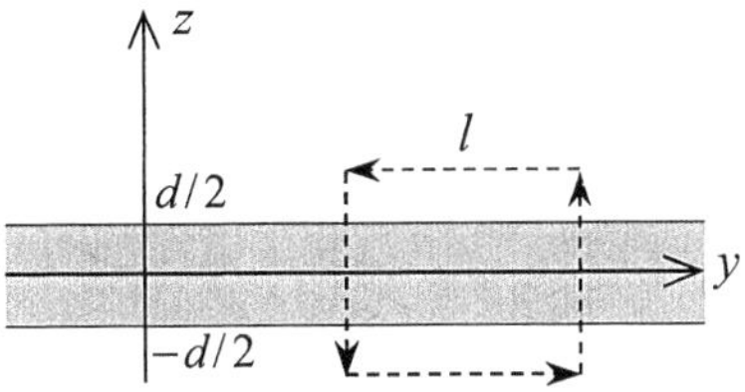

図 5.13: 電流の流れる導体板 (厚さ d)．電流は紙面の裏から表の向き (x 軸方向) である．

[解] この系の対称性により，磁束密度は $z>0, z<0$ においてそれぞれ $-y, +y$ 方向である．アンペールの法則を適用する経路として，図 5.13 に鎖線で示すように，yz 面上の長方形を y 軸が 2 等分する位置にとる．この経路の y 方向の長さ l，z 方向の長さ $2z$ に対し，アンペールの法則は以下のように書ける．

$$2Bl = \begin{cases} \mu_0 2izl & (\text{導体板の内側}, |z| \le d/2) \\ \mu_0 ild & (\text{導体板の外側}, |z| > d/2) \end{cases}$$

これより，磁束密度は

$$B = \begin{cases} \mu_0 iz & (\text{導体板の内側}, |z| \le d/2) \\ \dfrac{\mu_0 id}{2} & (\text{導体板の外側}, |z| > d/2) \end{cases}$$

と求まる．

問 5-16 平面電流による磁場

xy 平面上を電流が x 方向に一様に流れるとき，周囲の磁束密度をアンペールの法則の微分形から求めよ．ただし，面上で y 方向の単位長さを横切って流れる電流値を j とする．

[解]　電流密度は x 成分のみで，デルタ関数を用いて

$$i_x = j\delta(z)$$

と書ける．一方，磁束密度は y 成分のみであるから，アンペールの法則は

$$-\frac{\partial B_y}{\partial z} = \mu_0 i_x = \mu_0 j\delta(z)$$

と表される．これより，$z \neq 0$ では B_y は z に依存しない一定値である．次に，両辺を $z = 0$ を挟む狭い区間 $[-\Delta z, \Delta z]$ で z に関して積分すると

$$B_y(\Delta z) - B_y(-\Delta z) = -\mu_0 j$$

を得る．つまり，z の正の向きに $z = 0$ を横切ると，B_y は $\mu_0 j$ だけ減少する．ここで，系の対称性より，$\pm\Delta z$ における $|B_y|$ が等しいことに注意すると，磁束密度は以下のように求まる．

$$B_y = \begin{cases} -\dfrac{\mu_0 j}{2} & (z > 0) \\ \dfrac{\mu_0 j}{2} & (z < 0) \end{cases}$$

なお，この結果は**問 5-15** の導体板の外側の磁束密度に一致している．実際，導体板から十分離れると板は面とみなすことができるので，$id = j$ とおける．

問 5-17 走るコンデンサーによる磁場

図 5.14 のように，平行板コンデンサーが極板に平行な x 方向へ速度 v で走っている．このときの極板の電荷面密度を $\pm\sigma$ とし，極板は十分広いとしてコンデンサー内外の磁束密度を求めよ．

[解]　まず，$+\sigma$ の極板を挟んで yz 面に平行な面上にアンペールの回路 C を図 5.14 のようにとる．C を貫いて流れる電流は σvl であり，この極板による磁束密度 B_+ は $-z$ 方向の側では $+y$ 方向，$+z$ 方向の側では $-y$ 方向を向き，大きさは等しい．アンペールの法則より $2lB_+ = \mu_0\sigma vl$ であるから，$B_+ = \mu_0\sigma v/2$

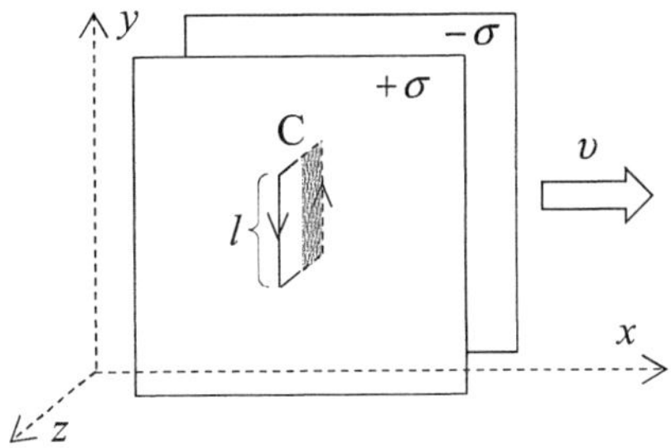

図 5.14: 走る平行板コンデンサー

になる．次に，$-\sigma$ の極板による磁束密度 B_- を同様に求めると，B_+ の場合とは逆に $-z$ 方向の側では $-y$ 方向，$+z$ 方向の側では $+y$ 方向を向き，大きさは B_+ に等しい．求める磁束密度は $B_y = B_+ + B_-$ で与えられるから

$$B_y = \begin{cases} \mu_0\sigma v/2 + \mu_0\sigma v/2 = \mu_0\sigma v & (\text{コンデンサーの内部}) \\ \mu_0\sigma v/2 - \mu_0\sigma v/2 = 0 & (\text{コンデンサーの外部}) \end{cases} \tag{5.36}$$

になる $(B_x = B_z = 0)$.

なお，ここで用いた σ はコンデンサーの静止時に比べて因子 $1/\sqrt{1-v^2/c^2}$ だけ大きい値になっている．これは相対論的なローレンツ収縮の効果によるものである (§13.1.2).

問 5-18 ベクトル・ポテンシャルの任意性

ベクトル・ポテンシャル $\boldsymbol{A}$ に対し，任意のスカラー関数 $f(\boldsymbol{r})$ を用いて表される

$$\boldsymbol{A}' = \boldsymbol{A} + \nabla f$$

は，同じ $\boldsymbol{B}$ を与えるベクトル・ポテンシャルであることを示せ．

[解] ベクトル解析の恒等式 $\nabla \times \nabla f = 0$ によって

$$\nabla \times \boldsymbol{A}' = \nabla \times \boldsymbol{A} + \nabla \times \nabla f = \nabla \times \boldsymbol{A}$$

となるので，$\boldsymbol{A}$ と $\boldsymbol{A}'$ は同じ $\boldsymbol{B}$ を与える．ベクトル・ポテンシャルのこのような任意性は，時間変化する電磁場の扱いを簡単化するのに利用される．

問 5-19 直線電流のベクトル・ポテンシャル

直線状の細い導線を電流 I が流れるとき，周囲の空間におけるベクトル・ポテンシャル $\boldsymbol{A}$ を求め，$\boldsymbol{B} = \nabla \times \boldsymbol{A}$ より磁束密度を導け．

[解] 図 5.15 のように電流方向を z 軸にとり，そこから距離 r の点 P におけるベクトル・ポテンシャルを求める．図中で O は z 軸の原点とする．(5.20) より，

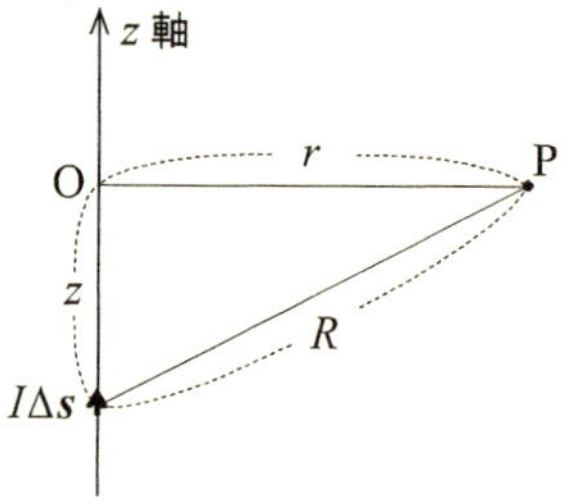

図 5.15: 直線電流による $\boldsymbol{A}$ の計算のための変数

$\boldsymbol{A}$ は電流素片と同じく z 軸方向を向き，大きさは

$$A_z = \frac{\mu_0}{4\pi}\int \frac{I\,\mathrm{d}z}{R} = \frac{\mu_0 I}{4\pi}\int \frac{\mathrm{d}z}{\sqrt{z^2 + r^2}}$$

で与えられる．導線を $-l \leq z \leq l$ の範囲にとれば，この積分は

$$A_z = \frac{\mu_0 I}{4\pi}\left[\ln(\sqrt{z^2 + r^2} + z)\right]_{z=-l}^{z=l} = \frac{\mu_0 I}{2\pi}\ln\frac{\sqrt{l^2 + r^2} + l}{r}$$

になる．ここで，最初から積分区間を $-\infty < z < \infty$ とすると積分は発散するが，これは A にもともと含まれる任意定数を ∞ にとることに相当するので，本質的な問題ではない．導線が十分に長いとき，すなわち $l \gg r$ のときのベクトル・ポテンシャルは

$$A_x = A_y = 0\,,\quad A_z = \frac{\mu_0 I}{2\pi}\ln\frac{2l}{r}$$

と求まる．

次に，$r = \sqrt{x^2+y^2}$ と書き直して $\boldsymbol{B} = \nabla \times \boldsymbol{A}(r)$ を計算すると

$$\begin{cases} B_x = \dfrac{-\mu_0 I}{2\pi}\dfrac{y}{r^2} = \dfrac{-\mu_0 I}{2\pi r}\sin\theta \\ B_y = \dfrac{\mu_0 I}{2\pi}\dfrac{x}{r^2} = \dfrac{\mu_0 I}{2\pi r}\cos\theta \\ B_z = 0 \end{cases}$$

を得る．ここで，$\sin\theta = y/r, \cos\theta = x/r$ である．この結果は，すでに求めた (5.24) に一致している．

問 5-20 コイルによる磁束

平面上の円形コイル C に電流を流したとき，C の内側で平面を横切る磁束と外側で平面を横切る磁束は，大きさが等しく反対向きであることを示せ．

[解]　図 5.16 のように，C の半径に比べて十分大きい半径 R の半球を考え，その中心を C の中心に一致させる．磁束密度は $\nabla \cdot \boldsymbol{B} = 0$ を満たすから，C の内側を通って半球内に入った磁束は，半球面または図 5.16 で塗りつぶされたドーナツ状の面を通過して半球外に出ていく．ここで，半球面から出て行く磁束 Φ' に注目する．R は C の半径に比べて十分大きいから半球面上の $\boldsymbol{B}$ は C による磁気双極子場で与えられる．磁気双極子場は (5.23) によって $|\boldsymbol{B}| \propto R^{-3}$ であるから，$\Phi'_1 \propto R^{-3} \times 2\pi R^2 \propto R^{-1}$ となり，$R \to \infty$ では $\Phi' = 0$ になる．このことから，C の囲む円を横切る磁束 $\Phi_{\rm in}$ と C の外側の平面を反対向きに横切る

磁束 Φ_{out} は $\Phi_{\mathrm{in}} + \Phi_{\mathrm{out}} = 0$ を満たすことがわかる．もちろん，これはコイル周囲の閉じた磁力線の空間分布に対応している．

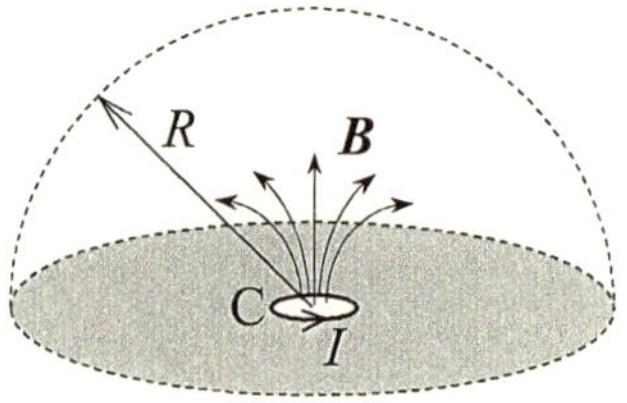

図 5.16: コイル面を横切る磁束

問 5-21 ベクトル・ポテンシャルと磁束

空間の閉じた経路 C を貫く磁束は，ベクトル・ポテンシャル $\boldsymbol{A}$ の C に関する線積分で与えられることを示せ．

[解]　C を縁とする任意の曲面を S_0 とし，ストークスの定理を用いると, C を貫く磁束 Φ は以下のように書き換えられることから明らかである．

$$\Phi = \int_{\mathrm{S}_0} \boldsymbol{B}(\boldsymbol{r}) \cdot \boldsymbol{n}\,\mathrm{d}S = \int_{\mathrm{S}_0} [\nabla \times \boldsymbol{A}(\boldsymbol{r})] \cdot \boldsymbol{n}\,\mathrm{d}S = \oint_{\mathrm{C}} \boldsymbol{A}(\boldsymbol{r}) \cdot \mathrm{d}\boldsymbol{l}$$

問 5-22 帯電した回転球の磁気双極子モーメント

半径 R の球が角振動数 ω で自転している．以下の 2 つの場合について磁気双極子モーメントを求めよ．

(1) 電荷 Q が球面上に一様分布するとき．

(2) 電荷 Q が球内部に一様分布するとき．

[解]　自転軸を z 軸とし，$+z$ の向きを自転に対して右ネジ対応にとれば，(1), (2) いずれの場合も磁気双極子モーメント $\boldsymbol{p}_{\mathrm{m}}$ は $+z$ の向きである．大きさ p_{m} は以下のように求まる．

(1) 球面において，極座標で $\theta \sim \theta + \Delta\theta$ の帯状円電流は，電荷の面密度 $\sigma = Q/4\pi R^2$ を用いて

$$\Delta I = \frac{\omega}{2\pi} \times \sigma \times (2\pi R \sin\theta \times R\Delta\theta)$$

と書ける．したがって，ΔI による磁気双極子モーメントは

$$\Delta p_{\mathrm{m}} = \mu_0 \Delta I \times \pi (R \sin\theta)^2 = \frac{\mu_0 \omega Q R^2}{4} \sin^3\theta \, \Delta\theta$$

と表される．これより, 以下を得る．

$$p_{\mathrm{m}} = \frac{\mu_0 \omega Q R^2}{4} \int_0^{\pi} \sin^3\theta \, \mathrm{d}\theta = \frac{\mu_0 \omega Q R^2}{3}$$

(2) 球内で (r, θ) の位置におけるドーナツ状の円電流素片は, 電荷密度 $\rho = 3Q/4\pi R^3$ を用いて

$$\Delta I = \frac{\omega}{2\pi} \times \rho \times (2\pi r \sin\theta \times r\Delta\theta) \times \Delta r$$

と書ける．したがって，ΔI による磁気双極子モーメントは

$$\Delta p_{\mathrm{m}} = \mu_0 \Delta I \times \pi (r \sin\theta)^2 = \frac{3\mu_0 \omega Q}{4R^3} r^4 \sin^3\theta \, \Delta r \, \Delta\theta$$

と表される．これより, 以下を得る．

$$p_{\mathrm{m}} = \frac{3\mu_0 \omega Q}{4R^3} \int_0^{R} r^4 \, \mathrm{d}r \int_0^{\pi} \sin^3\theta \, \mathrm{d}\theta = \frac{3\mu_0 \omega Q}{4R^3} \cdot \frac{R^5}{5} \cdot \frac{4}{3} = \frac{\mu_0 \omega Q R^2}{5}$$

問 5-23 磁気双極子による磁場

磁気双極子のベクトル・ポテンシャル (5.22) から，磁束密度をデカルト座標 (B_x, B_y, B_z)，および極座標 $(B_r, B_\theta, B_\varphi)$ で表せ．次に，$\boldsymbol{B}$ をベクトル表示せよ．

[解]　デカルト座標では

$$\begin{cases} B_x = -\dfrac{p_{\mathrm{m}}}{4\pi}\dfrac{\partial}{\partial z}\left(\dfrac{x}{r^3}\right) = \dfrac{p_{\mathrm{m}}}{4\pi}\dfrac{3xz}{r^5} \\ B_y = \dfrac{p_{\mathrm{m}}}{4\pi}\dfrac{\partial}{\partial z}\left(\dfrac{-y}{r^3}\right) = \dfrac{p_{\mathrm{m}}}{4\pi}\dfrac{3yz}{r^5} \\ B_z = \dfrac{p_{\mathrm{m}}}{4\pi}\left[\dfrac{\partial}{\partial x}\left(\dfrac{x}{r^3}\right) - \dfrac{\partial}{\partial y}\left(\dfrac{-y}{r^3}\right)\right] = -\dfrac{p_{\mathrm{m}}}{4\pi}\left(\dfrac{1}{r^3} - \dfrac{3z^2}{r^5}\right) \end{cases} \tag{5.37}$$

になる．極座標では A_φ 以外のベクトル成分 A_{r}, A_θ は 0 であるから，付録 (B.19) により，以下のように表される．

$$\begin{cases} B_{\mathrm{r}} = (\nabla\times\boldsymbol{A})_{\mathrm{r}} = \dfrac{1}{r\sin\theta}\dfrac{\partial}{\partial\theta}(A_\varphi\sin\theta) = \dfrac{p_{\mathrm{m}}}{4\pi}\dfrac{2\cos\theta}{r^3} \\ B_\theta = (\nabla\times\boldsymbol{A})_\theta = -\dfrac{1}{r}\dfrac{\partial}{\partial r}(rA_\varphi) = \dfrac{p_{\mathrm{m}}}{4\pi}\dfrac{\sin\theta}{r^3} \\ B_\varphi = (\nabla\times\boldsymbol{A})_\varphi = 0 \end{cases} \tag{5.38}$$

例えば，デカルト座標を用いると $\boldsymbol{p}_{\mathrm{m}} = (0, 0, p_{\mathrm{m}})$ であるから，(5.37) より $\boldsymbol{B}$ のベクトル表現は以下のようになる．

$$\boldsymbol{B} = \frac{1}{4\pi r^3}\left[\frac{3(\boldsymbol{p}_{\mathrm{m}}\cdot\boldsymbol{r})\,\boldsymbol{r}}{r^2} - \boldsymbol{p}_{\mathrm{m}}\right]$$

第6章　物質の磁気的性質

6.1　基礎事項

6.1.1　磁化ベクトルと磁化電流

物質が磁気を帯びた程度を表すのに，単位体積当たりの磁気双極子モーメント $\boldsymbol{M}(\boldsymbol{r})$ を用いる．$\boldsymbol{M}(\boldsymbol{r})$ を**磁化ベクトル**という．磁場の生成に関して，磁化ベクトルは電流密度と同等の効果を持つ磁化電流密度

$$\boldsymbol{i}_{\mathrm{m}}(\boldsymbol{r}) = \frac{1}{\mu_0}\nabla \times \boldsymbol{M}(\boldsymbol{r}) \tag{6.1}$$

を生じる (問 **6-2**).

6.1.2　磁性の種類

$\boldsymbol{M}(\boldsymbol{r})$ は，物質内の原子あるいは分子の持つ磁気双極子モーメント $\boldsymbol{Q}_{\mathrm{m}}$，あるいは $\boldsymbol{Q}_{\mathrm{m}}$ どうしの相互作用の強弱に依存する．このことから，物質の磁気的性質 (磁性) を分類することができる．

反磁性とは，物質に磁場をかけたときに磁場と逆方向に磁化する性質をいう．いいかえれば，磁石の近くに置くと反発される性質である．反磁性は，ほとんどすべての物質に共通の性質である．しかし，反磁性でない物質では磁場方向の磁化によって微弱な反磁性の効果は消されてしまい観測されない．

常磁性とは，物質に磁場をかけたときのみ磁場の方向に磁化する性質をいう．これは磁石に引き付けられる性質であるが，強磁性体のような強い引力は生じない．固体では，Sc, Ti, V, Cr などの遷移金属，あるいは遷移元素や希土類元素の化合物などが常磁性体に分類される．

強磁性とは，常磁性における原子や分子の間に $\boldsymbol{Q}_{\mathrm{m}}$ の方向をそろえるような相互作用が加わり，強い磁化を示す性質をいう．実際，Fe, Co, Ni などの強磁性体は，隣接原子のスピン間の相互作用 (交換相互作用) によって強磁性を発現する．$\boldsymbol{Q}_{\mathrm{m}}$ の整列は磁場が 0 になっても持続し，磁化が残る．これを**自発磁化**といい，永久磁石は強磁性体が自発磁化を持った状態である．

6.1.3 物質中の磁場の基本法則

物質中のアンペールの法則

物質中の磁場は，電荷移動による電流と磁化電流 (6.1) によってつくられる．したがって， 物質中のアンペールの法則は

$$\nabla \times \boldsymbol{B}(\boldsymbol{r}) = \mu_0 \left[\boldsymbol{i}(\boldsymbol{r}) + \boldsymbol{i}_{\mathrm{m}}(\boldsymbol{r})\right] = \mu_0 \boldsymbol{i}(\boldsymbol{r}) + \nabla \times \boldsymbol{M}(\boldsymbol{r}) \tag{6.2}$$

と表される．これより

$$\nabla \times \boldsymbol{H}(\boldsymbol{r}) = \boldsymbol{i}(\boldsymbol{r}) \tag{6.3}$$

を得る．ここで

$$\boldsymbol{H}(\boldsymbol{r}) = \frac{1}{\mu_0}\left[\boldsymbol{B}(\boldsymbol{r}) - \boldsymbol{M}(\boldsymbol{r})\right] \tag{6.4}$$

は真空中で定義された (5.4) を物質中に拡張したものである．(6.3) の積分形は (5.11) に対応して以下のように表される．

$$\oint_{\mathrm{C}} \boldsymbol{H} \cdot \boldsymbol{t}\,\mathrm{d}l = \int_{\mathrm{S}_0} \boldsymbol{i} \cdot \boldsymbol{n}\,\mathrm{d}S \tag{6.5}$$

磁場のガウスの法則

物質中の磁場は, (5.19) で $\boldsymbol{i}(\boldsymbol{r}') \to \boldsymbol{i}(\boldsymbol{r}') + \boldsymbol{i}_{\mathrm{m}}(\boldsymbol{r}')$ と置き換えたベクトル・ポテンシャルで与えられる．したがって

$$\nabla \cdot \boldsymbol{B}(\boldsymbol{r}) = \nabla \cdot \left[\nabla \times \boldsymbol{A}(\boldsymbol{r})\right] = 0 \tag{6.6}$$

が恒等的に成り立つことは真空中の場合と同じである．これは，物質中においても単独の磁荷が存在しないことを意味する．

6.1.4 常磁性，反磁性の関係式

強磁性体以外の等方性物質に対して，磁場があまり強くなければ $\boldsymbol{M}$ は $\boldsymbol{H}$ に比例する．この比例関係を

$$\boldsymbol{M}(\boldsymbol{r}) = \mu_0 \chi_{\mathrm{m}} \boldsymbol{H}(\boldsymbol{r}) \tag{6.7}$$

と表す．[1] χ_{m} は**磁化率**あるいは**帯磁率** と呼ばれ，物質の種類のほかに温度などに依存する無次元の定数で，反磁性体では $\chi_{\mathrm{m}} < 0$，常磁性体では $\chi_{\mathrm{m}} > 0$ である．(6.4) と (6.7) から

$$\boldsymbol{B}(\boldsymbol{r}) = \mu_0(1 + \chi_{\mathrm{m}})\boldsymbol{H}(\boldsymbol{r}) = \mu \boldsymbol{H}(\boldsymbol{r}) \tag{6.8}$$

を得る．ここで，$\mu = \mu_0(1 + \chi_{\mathrm{m}})$ を物質の**透磁率**という．μ を用いると (6.7) は

$$\boldsymbol{M}(\boldsymbol{r}) = (\mu - \mu_0)\boldsymbol{H}(\boldsymbol{r}) \tag{6.9}$$

と表される．比誘電率の場合と同じように

$$\kappa_{\mathrm{m}} = \frac{\mu}{\mu_0} = 1 + \chi_{\mathrm{m}} \tag{6.10}$$

と表したとき，これを**比透磁率**あるいは**相対透磁率**という．

常磁性体や反磁性体では一般に $|\chi_{\mathrm{m}}| \lesssim 10^{-4}$ である．一方，強磁性体を (6.7) の関係で表すと，χ_{m} は一般に H の関数になるうえに，H の変化の履歴に依存する (**ヒステリシス**現象)．強磁性体の磁化の目安として，例えば χ_{m} の最大値が用いられるが，通常その値は 10^4 を超える．

---

[1] χ_{m} の定義は磁気双極子モーメントの定義のしかたで変わる．p_{m} =(円電流)×(円の面積) のように定義した場合には $\boldsymbol{M}(\boldsymbol{r}) = \chi_{\mathrm{m}}\boldsymbol{H}(\boldsymbol{r})$ により χ_{m} が導入される．

6.1.5　静磁場の境界条件

異なる物質が接しているときに境界面で静磁場が満たすべき条件は，基本法則 (6.3), (6.6) から導かれる (導出のしかたは**問 3-10** を参照). 実際，

(a) 境界面における $\boldsymbol{B}$ の法線成分は連続

(b) 境界面上を流れる電流 (真電流) がなければ，$\boldsymbol{H}$ の接線成分 (境界面に平行な成分) は連続

が両立すべき境界条件である．導体では表面電流がありうるので，この場合には $\boldsymbol{H}$ の連続性に表面電流を取り入れる必要がある．

6.1.6　磁気スカラー・ポテンシャル

定常電流のない空間では，磁場の基本法則のひとつである (6.3) は $\nabla\times\boldsymbol{H}=0$ と表される．これより，電場のポテンシャルと同様に

$$\boldsymbol{H} = -\nabla\phi_{\mathrm{m}} \tag{6.11}$$

によって，**磁気スカラー・ポテンシャル** (あるいは**磁位**) ϕ_{m} を導入することができる．(6.11) を磁場のもうひとつの基本法則 $\nabla\cdot\boldsymbol{B}=\nabla\cdot(\mu_0\boldsymbol{H}+\boldsymbol{M})=0$ に代入すると，静磁場のポアソン方程式

$$\nabla^2\phi_{\mathrm{m}} = -\rho_{\mathrm{m}} \tag{6.12}$$

を得る．ここで，磁化に起因する磁荷密度

$$\rho_{\mathrm{m}} = -\frac{1}{\mu_0}\nabla\cdot\boldsymbol{M} \tag{6.13}$$

を導入した．こうして，磁化が与えられたときに電流のない空間の磁場を求める問題は，電場の場合と同じくポアソン方程式の境界値問題になる．電場のポアソン方程式の解 (1.14) との対応により，(6.12) の解は

$$\phi_{\mathrm{m}}(\boldsymbol{r}) = -\frac{1}{4\pi\mu_0}\int\frac{\nabla'\cdot\boldsymbol{M}(\boldsymbol{r}')}{|\boldsymbol{r}-\boldsymbol{r}'|}\,\mathrm{d}V' \tag{6.14}$$

と表される．さらに，$\boldsymbol{M}$ は有限な空間内に分布していると考えれば

$$\phi_{\mathrm{m}}(\boldsymbol{r}) = -\frac{1}{4\pi\mu_0}\nabla\cdot\int\frac{\boldsymbol{M}(\boldsymbol{r}')}{|\boldsymbol{r}-\boldsymbol{r}'|}\,\mathrm{d}V' \tag{6.15}$$

が導かれる (**問 6-8**).

6.1.7 磁石

磁石 (永久磁石) は，外部磁場なしの条件 $\boldsymbol{i}(\boldsymbol{r}) = 0$ のもとで自発磁化 $\boldsymbol{M}_0$ を持つ．例として，3 種類の磁石の内部磁場を図 6.1 にまとめて示す．(b), (c) では $\boldsymbol{H}$ は $\boldsymbol{M}_0$ と反平行である．一般には，磁石内の $\boldsymbol{H}$ は場所に依存するが，その場合でも $\boldsymbol{H}$ は $\boldsymbol{M}_0$ に反平行なベクトル成分を持つ ($\boldsymbol{H}\cdot\boldsymbol{M}_0 < 0$)．これは**反磁場**と呼ばれる．

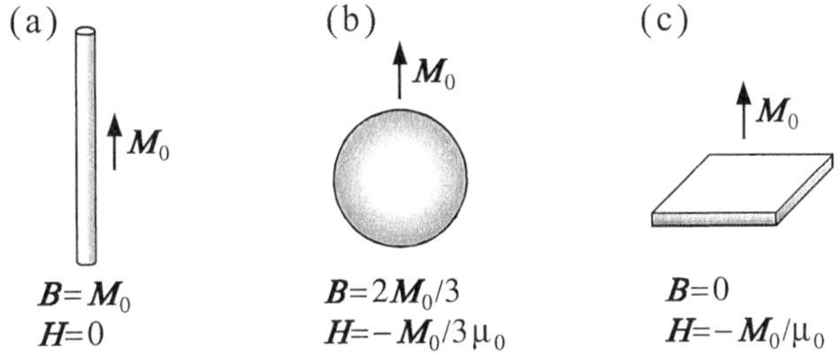

図 6.1: 磁石の内部における $\boldsymbol{B}, \boldsymbol{H}$．(a) 無限に長い円柱形，(b) 球形，(c) 無限に広い板状の場合．(a) は**問 6-13**, (b) は**問 6-10**, (c) は**問 6-14** でとりあげる．

6.2 問題と解答

問 6-1 円軌道を回る電子の磁気双極子モーメント

電子が半径 r の円軌道上を速度 v で回るときに生起する磁気双極子モーメントを，電子の角運動量を用いて表せ．ただし，電子の質量を m とし，電子の運動は非相対論 ($v \ll c$) の古典力学で扱うこととする．

[解] 軌道上を流れる電流は $-ev/2\pi r$ であるから，電子の磁気双極子モーメントの大きさは

$$p_{\mathrm{m}} = \mu_0 \times \frac{-ev}{2\pi r} \times \pi r^2 = -\frac{\mu_0 e}{2m}\mathcal{L} \tag{6.16}$$

と表される．ここで，$\mathcal{L} = rmv$ は電子の角運動量である．なお，(6.16) は古典力学による結果であるが，量子力学的にも正しい p_{m} と $\mathcal{L}$ の関係を与える．

問 6-2 磁化電流密度

磁化ベクトル $\boldsymbol{M}(\boldsymbol{r})$ が有限な空間内に分布しているとき，次の手順で磁化電流密度 (6.1) を導け．

(1) 磁気双極子による磁場のベクトル・ポテンシャル (5.22) の重ね合わせにより，$\boldsymbol{M}(\boldsymbol{r})$ を与えるベクトル・ポテンシャル $\boldsymbol{A}_1(\boldsymbol{r})$ の式を書け．

(2) 付録 (B.24) の関係を利用して，$\boldsymbol{A}_1(\boldsymbol{r})$ の x 成分を書き直し，$\nabla \times \boldsymbol{M}(\boldsymbol{r})$ を含む積分形で表せ．これより，$\boldsymbol{A}_1(\boldsymbol{r})$ を類似の形で表せ．

(3) 電流密度 $\boldsymbol{i}(\boldsymbol{r})$ による磁場のベクトル・ポテンシャル (5.19) と比べることで，磁化電流密度を導け．

[解]

(1) $\boldsymbol{A}_1(\boldsymbol{r})$ は，微小体積 $\Delta V = \Delta x \Delta y \Delta z$ 内の磁気双極子モーメント $\boldsymbol{M}(\boldsymbol{r})\Delta V$ によるベクトル・ポテンシャルの重ね合わせである．したがって，積分変数に “′ ”を付けて

$$\boldsymbol{A}_1(\boldsymbol{r}) = \frac{1}{4\pi}\int \frac{\boldsymbol{M}(\boldsymbol{r}') \times (\boldsymbol{r} - \boldsymbol{r}')}{|\boldsymbol{r} - \boldsymbol{r}'|^3}\,\mathrm{d}V' \tag{6.17}$$

と表される．この積分は全空間で行われる．

(2) (B.24) の関係により，(6.17) の被積分関数は

$$\frac{\boldsymbol{M}(\boldsymbol{r}') \times (\boldsymbol{r} - \boldsymbol{r}')}{|\boldsymbol{r} - \boldsymbol{r}'|^3} = \boldsymbol{M}(\boldsymbol{r}') \times \nabla' \frac{1}{|\boldsymbol{r} - \boldsymbol{r}'|} \tag{6.18}$$

と書き直される．ただし，∇' は $\boldsymbol{r}'$ に関する微分演算を意味する．(6.18) の x 成分

$$M_y \frac{\partial}{\partial z'} \frac{1}{|\boldsymbol{r}-\boldsymbol{r}'|} - M_z \frac{\partial}{\partial y'} \frac{1}{|\boldsymbol{r}-\boldsymbol{r}'|} \tag{6.19}$$

の第 1 項の体積分を z' で部分積分すると，以下のようになる．

$$\begin{aligned}
&\int M_y \frac{\partial}{\partial z'} \frac{1}{|\boldsymbol{r}-\boldsymbol{r}'|}\,\mathrm{d}V' \\
=\ & \iint \mathrm{d}x'\,\mathrm{d}y' \left(\left[\frac{M_y}{|\boldsymbol{r}-\boldsymbol{r}'|} \right]_{z'=-\infty}^{z'=\infty} - \int \frac{\partial M_y}{\partial z'} \cdot \frac{\mathrm{d}z'}{|\boldsymbol{r}-\boldsymbol{r}'|} \right) \\
=\ & -\int \frac{\partial M_y}{\partial z'} \cdot \frac{1}{|\boldsymbol{r}-\boldsymbol{r}'|}\,\mathrm{d}V'
\end{aligned}$$

ただし，$\boldsymbol{M}$ は有限な空間内に分布するので，[ ] の項が 0 になることを用いた．(6.19) の第 2 項も同様に計算すると，$\boldsymbol{A}_1(\boldsymbol{r})$ の x 成分は

$$[\boldsymbol{A}_1(\boldsymbol{r})]_x = \frac{1}{4\pi} \int \frac{[\nabla' \times \boldsymbol{M}(\boldsymbol{r}')]_x}{|\boldsymbol{r}-\boldsymbol{r}'|}\,\mathrm{d}V'$$

と表される．y, z 成分も同様であるから，以下を得る．

$$\boldsymbol{A}_1(\boldsymbol{r}) = \frac{1}{4\pi} \int \frac{\nabla' \times \boldsymbol{M}(\boldsymbol{r}')}{|\boldsymbol{r}-\boldsymbol{r}'|}\,\mathrm{d}V'$$

(3) 電流密度 $\boldsymbol{i}(\boldsymbol{r})$ による磁場のベクトル・ポテンシャル (5.19) に $\boldsymbol{A}_1$ を加えることによって，磁化がある場合のベクトル・ポテンシャルは一般に

$$\boldsymbol{A}(\boldsymbol{r}) = \frac{\mu_0}{4\pi} \int \frac{\boldsymbol{i}(\boldsymbol{r}') + \boldsymbol{i}_{\mathrm{m}}(\boldsymbol{r}')}{|\boldsymbol{r}-\boldsymbol{r}'|}\,\mathrm{d}V' \tag{6.20}$$

と表される．ここで，磁化電流密度

$$\boldsymbol{i}_{\mathrm{m}}(\boldsymbol{r}) = \frac{1}{\mu_0} \nabla \times \boldsymbol{M}(\boldsymbol{r})$$

を導入した．(6.20) より，$\boldsymbol{i}_{\mathrm{m}}(\boldsymbol{r})$ が磁場の生成に関して $\boldsymbol{i}(\boldsymbol{r})$ と同等の役割を演じることは明らかである．

問 6-3 磁化した円柱と磁化電流

図 6.2 のように，半径 a の長い円柱があり，円柱の中心軸である z 軸の方向に一様な磁化 M_0 が生じている．円柱の側面に生じる磁化電流の密度を求めよ．

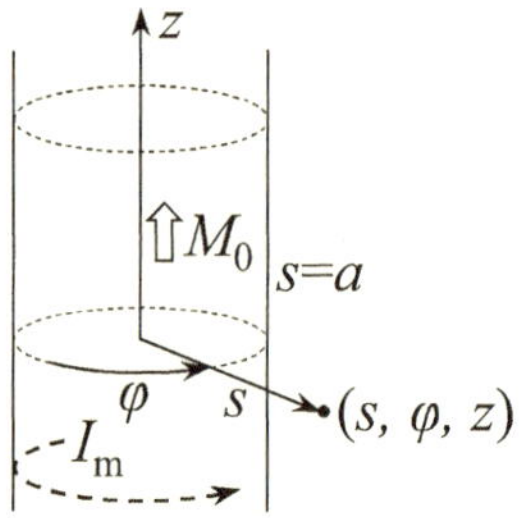

図 6.2: 磁化した円柱と磁化電流

[解] 磁化電流は，円柱の側面上に z 軸を回転軸として生じる．側面上で z 方向の単位長さを横切る磁化電流を I_{m} と表す．z 軸方向の微小長さ Δz を横切る円電流 $I_{\mathrm{m}}\Delta z$ により生じる磁気双極子モーメントは，円柱の厚さ Δz に含まれる磁気双極子モーメントに等しいから

$$\mu_0(I_{\mathrm{m}}\Delta z) \times \pi s^2 = M_0 \times \pi s^2 \times \Delta z$$

が成り立つ．したがって，以下を得る．

$$I_{\mathrm{m}} = \frac{M_0}{\mu_0} \qquad (6.21)$$

[別解] (6.21) を (6.1) から導く．図 6.2 の円筒座標 (s, φ, z) を用いれば，磁化電流は φ 方向であり，デルタ関数により

$$i_{\mathrm{m}} = I_{\mathrm{m}}\delta(s - a)$$

と表される．次に，$M_s = M_\varphi = 0$ であるから

$$(\nabla \times \boldsymbol{M})_\varphi = \frac{\partial M_s}{\partial z} - \frac{\partial M_z}{\partial s} = -\frac{\partial M_z}{\partial s}$$

と書かれる [付録 (B.18) を参照]. 以上より，(6.1) は

$$I_{\mathrm{m}}\delta(s-a) = -\frac{1}{\mu_0}\frac{\partial M_z}{\partial s}$$

と書き換えられる．ここで，両辺を $s = a$ を挟む狭い区間 $[a - \Delta s, a + \Delta s]$ で s に関して積分すると, 次のように (6.21) が導かれる.

$$I_{\mathrm{m}} = -\frac{1}{\mu_0}[M_z]_{a-\Delta s}^{a+\Delta s} = -\frac{1}{\mu_0}(0 - M_0) = \frac{M_0}{\mu_0}$$

問 6-4 磁性体の空洞内の磁場

磁化ベクトル $\boldsymbol{M}$ の磁性体があり，内部の $\boldsymbol{H}$ は $\boldsymbol{M}$ に平行で一様であるとする．この磁性体内に図 6.3 に示すような, (a) $\boldsymbol{M}$ に平行な細い棒状の空洞, (b) $\boldsymbol{M}$ に垂直な薄い円板状の空洞をつくったとき，空洞の中央付近における磁場の強さ $\boldsymbol{H}'$ を求めよ.

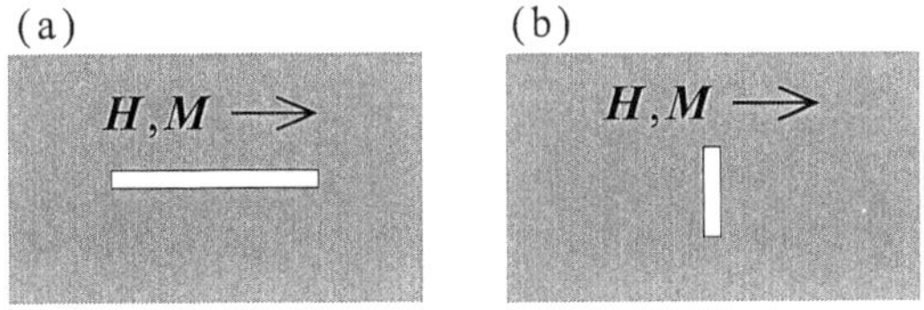

図 6.3: 磁性体中の (a) 棒状の空洞, および (b) 円板状の空洞

[解]　(a) では，空洞の中央付近における境界で $\boldsymbol{H}$ の接線成分が連続であることから $\boldsymbol{H}' = \boldsymbol{H}$ であり，$\boldsymbol{M}$ には依存しない．なお，磁束密度の法線成分は空洞の内外で 0 であるから，法線方向に関する境界条件も明らかに満たされている.

(b) では，空洞内外で磁束密度の垂直成分が連続であることから $\mu_0 \boldsymbol{H}' = \mu_0 \boldsymbol{H} + \boldsymbol{M}$, すなわち $\boldsymbol{H}' = \boldsymbol{H} + \boldsymbol{M}/\mu_0$ になる．この磁性体の透磁率が μ のときは，(6.9) により $\boldsymbol{H}' = (\mu/\mu_0)\boldsymbol{H} = \kappa_{\mathrm{m}}\boldsymbol{H}$ と表される．なお，磁場の強さの接線成分は空洞の内外で 0 であるから，接線方向に関する境界条件も明らかに満たされている．

問 6-5 磁場の屈折

図 6.4 のように，前問の図 6.3(b) の空洞を角度 θ だけ傾けた場合，空洞の中央付近における $\boldsymbol{H}_1$ の大きさと角度 θ_1 を求めよ．

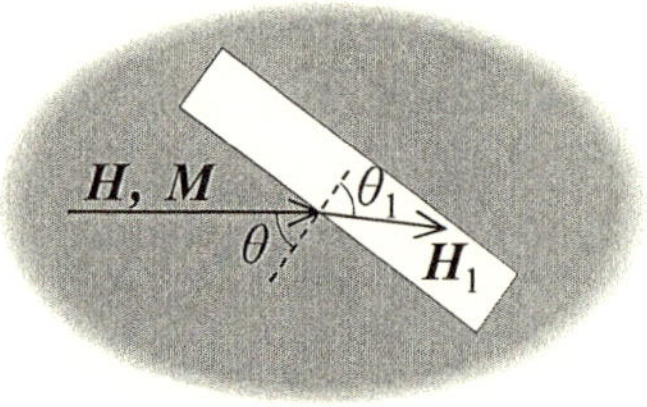

図 6.4: 磁性体中の傾いた円板状の空洞

[解] 境界条件は

$$\begin{aligned} H_1 \sin\theta_1 &= H \sin\theta \\ \mu_0 H_1 \cos\theta_1 &= (\mu_0 H + M)\cos\theta \end{aligned}$$

で与えられる．これを解いて

$$\begin{aligned} H_1 &= \sqrt{H^2 + \left(\frac{2HM}{\mu_0} + \frac{M^2}{\mu_0^2}\right)\cos^2\theta} \\ \tan\theta_1 &= \frac{\mu_0 H}{\mu_0 H + M}\tan\theta \end{aligned}$$

を得る．特に，$\theta = 0, \pi/2$ のときは $H_1 = H + M/\mu_0, H$ にそれぞれ等しくなって，**問 6-4** の結果に一致する．

問 6-6 磁場内の磁性体板の磁化

一様な磁束密度 B_0 の空間内で，磁化率 χ_{m} の磁性体の広い板を，板面が磁束密度ベクトルに垂直になるように置いた．磁性体の磁化，および磁性体内の磁場の強さを求めよ．

[解] 対称性より，磁場および磁化は板面に垂直な方向に限られる．磁性体内の磁場の強さを H_{in} とすれば, 磁化は $M = \mu_0\chi_{\mathrm{m}}H_{\mathrm{in}}$ で与えられるから，磁束密度に関する境界条件は

$$B_0 = \mu_0 H_{\mathrm{in}} + M = \mu_0(1+\chi_{\mathrm{m}})H_{\mathrm{in}}$$

と表される．これより

$$H_{\mathrm{in}} = \frac{B_0}{\mu_0(1+\chi_{\mathrm{m}})}, \quad M = \frac{\chi_{\mathrm{m}}B_0}{1+\chi_{\mathrm{m}}}$$

を得る．

問 6-7 磁性体芯のコイル

ソレノイド (図 5.8)，およびトロイド (図 5.10)) の内部が磁化率 χ_{m} の磁性体であるとき，磁性体の磁化 M をコイルの電流値 I を用いて表せ．

[解] 磁性体では

$$M = \mu_0\chi_{\mathrm{m}}H = \frac{\mu_0\chi_{\mathrm{m}}}{\mu}B$$

と表される．ここで，H あるいは B は物質中のアンペールの法則から得られるが，結果は (5.31) あるいは (5.34) で $\mu_0 \to \mu$ に置き換えたものである．これより, 以下を得る．

$$M = \begin{cases} \mu_0\chi_{\mathrm{m}}nI & \text{(ソレノイド)} \\ \dfrac{\mu_0\chi_{\mathrm{m}}NI}{2\pi r} & \text{(トロイド)} \end{cases}$$

ただし，n はソレノイドの単位長さ当たりの巻き数，N はトロイドのコイルの総巻き数，r はトロイドの回転対称軸からトロイド内部の位置までの距離である．

問 6-8 磁気スカラー・ポテンシャルの解

磁気スカラー・ポテンシャルの解 (6.14) から (6.15) を導け．ただし，$\boldsymbol{M}$ は有限な空間内に分布している．

[解] (6.14) の積分において，まず $\nabla' \cdot \boldsymbol{M}(\boldsymbol{r}')$ の 3 項のうち $\partial M_x/\partial x$ の項に注目する．この項を含む積分を x' に関して部分積分すると以下のようになる．

$$\begin{aligned}&\int \frac{\partial M_x(\boldsymbol{r}')}{\partial x}\frac{1}{|\boldsymbol{r}-\boldsymbol{r}'|}\,\mathrm{d}V' \\ =\ &\iint \mathrm{d}y'\,\mathrm{d}z'\left(\left[\frac{M_x(\boldsymbol{r}')}{|\boldsymbol{r}-\boldsymbol{r}'|}\right]_{x'=-\infty}^{x'=\infty} - \int M_x(\boldsymbol{r}')\frac{\partial}{\partial x}\frac{1}{|\boldsymbol{r}-\boldsymbol{r}'|}\,\mathrm{d}x'\right) \\ =\ &-\int M_x(\boldsymbol{r}')\frac{\partial}{\partial x}\frac{1}{|\boldsymbol{r}-\boldsymbol{r}'|}\,\mathrm{d}V'\end{aligned}$$

ここで，$\boldsymbol{M}$ は有限な空間内に分布するので，[ ] の項が 0 になることを用いた．他の 2 項も同様に計算し，まとめると

$$\phi_{\mathrm{m}}(\boldsymbol{r}) = \frac{1}{4\pi\mu_0}\int \boldsymbol{M}(\boldsymbol{r}')\cdot\nabla'\frac{1}{|\boldsymbol{r}-\boldsymbol{r}'|}\,\mathrm{d}V'$$

を得る．さらに，付録 (B.28) の関係

$$\nabla'\frac{1}{|\boldsymbol{r}-\boldsymbol{r}'|} = -\nabla\frac{1}{|\boldsymbol{r}-\boldsymbol{r}'|}$$

を用いると

$$\phi_{\mathrm{m}}(\boldsymbol{r}) = -\frac{1}{4\pi\mu_0}\nabla\cdot\int\frac{\boldsymbol{M}(\boldsymbol{r}')}{|\boldsymbol{r}-\boldsymbol{r}'|}\,\mathrm{d}V'$$

が導かれる．

問 6-9 一様に磁化した球の磁気スカラー・ポテンシャル

外部磁場のない空間内で，図 6.5 のように半径 R の球形の物質が z 方向に一様な磁化ベクトル $\boldsymbol{M}_0 = M_0\boldsymbol{e}_z$ を持つとする (これは球形の磁石に相当する). 球の内外の磁気スカラー・ポテンシャルを求めよ.

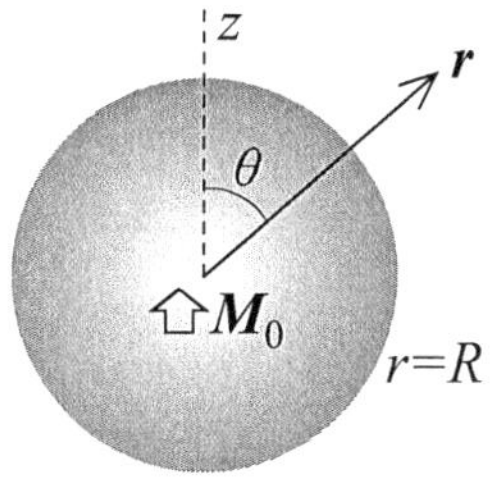

図 6.5: 一様に磁化した球

[解] 今の場合に (6.15) を適用すれば

$$\phi_{\mathrm{m}}(\boldsymbol{r}) = \frac{-M_0}{4\pi\mu_0}\frac{\partial}{\partial z}\int\frac{1}{|\boldsymbol{r}-\boldsymbol{r}'|}\,\mathrm{d}V' = \frac{-M_0}{4\pi\mu_0}\cos\theta\,\frac{\partial}{\partial r}\int\frac{1}{|\boldsymbol{r}-\boldsymbol{r}'|}\,\mathrm{d}V' \tag{6.22}$$

を得る．ここで, $r=\sqrt{x^2+y^2+z^2}, z = r\cos\theta$ より導かれる関係

$$\frac{\partial}{\partial z} = \frac{\partial r}{\partial z}\frac{\partial}{\partial r} = \frac{z}{r}\frac{\partial}{\partial r} = \cos\theta\,\frac{\partial}{\partial r}$$

を用いた. (6.22) の積分範囲は $|\boldsymbol{r}'| \leq R$ であり，この積分の結果はすでに (1.51) で与えられている．したがって

$$\phi_{\mathrm{m}}(r,\theta) = \begin{cases} \dfrac{M_0}{3\mu_0}\,r\cos\theta & (r \leq R) \\ \dfrac{M_0R^3}{3\mu_0}\,\dfrac{\cos\theta}{r^2} & (r > R) \end{cases} \tag{6.23}$$

と表される．(6.23) は, $r=R$ で ϕ_{m} が連続，$r\to\infty$ で $\phi_{\mathrm{m}}=0$ という境界条件を満たしている.

問 6-10 一様に磁化した球の内外の磁場

前問で求めた磁気スカラー・ポテンシャル (6.23) を利用して，一様に磁化した球について，

(1) 球内の $\boldsymbol{B}$ および $\boldsymbol{H}$ を求めよ．

(2) 球外の全域で磁気双極子場が生じていることを示せ．

[解]

(1) 球内 ($r \leq R$) では $\phi_{\mathrm{m}} = M_0 z/3\mu_0$ と書けるから，$H_z = -\partial\phi_{\mathrm{m}}/\partial z = -M_0/3\mu_0$, したがって

$$\boldsymbol{H} = -\frac{\boldsymbol{M}_0}{3\mu_0} \tag{6.24}$$

を得る．さらに, (6.4) の関係から

$$\boldsymbol{B} = \mu_0\boldsymbol{H} + \boldsymbol{M}_0 = \frac{2\boldsymbol{M}_0}{3} \tag{6.25}$$

を得る．

(2) 球外 ($r > R$) では，球全体の磁気双極子モーメント

$$\boldsymbol{m} = \frac{4\pi R^3}{3}\boldsymbol{M}_0 = \frac{4\pi R^3}{3}M_0\boldsymbol{e}_z \tag{6.26}$$

を用いると

$$\phi_{\mathrm{m}}(r,\theta) = \frac{m}{4\pi\mu_0}\frac{\cos\theta}{r^2} = \frac{1}{4\pi\mu_0}\frac{\boldsymbol{m}\cdot\boldsymbol{r}}{r^3} \tag{6.27}$$

を得る．すなわち，球外の全域で $\boldsymbol{m}$ による双極子場が生じている．

問 6-11 球状コイルでつくる一様磁場

真空中でコイルを球形に巻いて球内に一様な磁場をつくるには，コイルの導線をどのように巻いたらよいか．以下の順に答を導け．

(1) 真電流が 0 の空間に磁化した磁性体があるとする．磁性体を取り除くとともに，磁化電流をそのまま真電流に置き換えると，磁性体内部の $\boldsymbol{B}$ および $\boldsymbol{H}$ はどう変化するか．

(2) 図 6.6 のように，一様な磁化 M_0 の球形の磁性体があるとき．球面に生じる磁化電流の面電流密度 I_{m} を求めよ．

(3) 一様な磁化の生じた球内の $\boldsymbol{B}$ は (6.25) のように一定であることから，(1) の結果を利用してコイルの導線の巻きかたを導け．

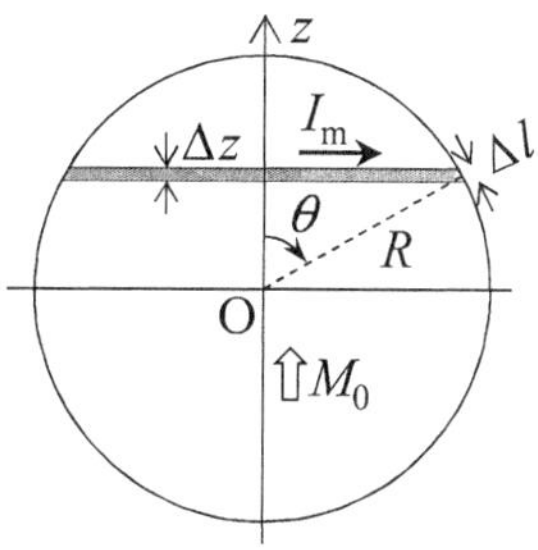

図 6.6: 球面上の磁化電流

[解]

(1) 真電流が 0 の空間に磁化した磁性体があるとする．磁性体を取り除くとともに，磁化電流密度 $\boldsymbol{i}_{\mathrm{m}}(\boldsymbol{r})$ を真電流密度 $\boldsymbol{i}_{\mathrm{r}}(\boldsymbol{r}) = \boldsymbol{i}_{\mathrm{m}}(\boldsymbol{r})$ に置き換えると，$\boldsymbol{B}$ および $\boldsymbol{H}$ で表したアンペールの法則は

$$\nabla \times \boldsymbol{B} = \mu_0 \boldsymbol{i}_{\mathrm{m}}(\boldsymbol{r}) \qquad \rightarrow \qquad \nabla \times \boldsymbol{B}(\boldsymbol{r}) = \mu_0 \boldsymbol{i}_{\mathrm{r}}(\boldsymbol{r})$$
$$\nabla \times \boldsymbol{H}(\boldsymbol{r}) = 0 \qquad \rightarrow \qquad \nabla \times \boldsymbol{H}(\boldsymbol{r}) = \boldsymbol{i}_{\mathrm{r}}(\boldsymbol{r})$$

のように書き換えられる．すなわち，$\boldsymbol{H}$ は変わるが，$\boldsymbol{B}$ は不変である．

(2) 図 6.6 で, 角度 θ における微小幅 Δl の球面上の帯状円環を流れる磁化電流に注目する．この円電流がつくる磁気双極子モーメントが，微小厚さ

Δz の円板内の磁気双極子モーメントに等しいことから，球の半径を R とすると

$$\mu_0 I_{\mathrm{m}} \Delta l \times \pi(R\sin\theta)^2 = M_0 \times \pi(R\sin\theta)^2 \times \Delta z$$

が成り立つ．$\Delta z = \Delta l \sin\theta$ であるから，以下を得る．

$$I_{\mathrm{m}} = \frac{M_0 \sin\theta}{\mu_0}$$

(3) (1) で得た結果を今の場合に当てはめると，球形コイルの電流密度を $I_{\mathrm{r}} = I_{\mathrm{m}} = M_0 \sin\theta/\mu_0$ にとれば, (6.25) より球内では $B = 2M_0/3$ の一様磁場が得られる．このとき，$H = B/\mu_0 = 2M_0/3\mu_0$ である．以上から，コイルは，角度 θ の単位角度当たりの巻き数 $f(\theta)$ が

$$f(\theta) = \frac{\mathrm{d}N(\theta)}{\mathrm{d}\theta} \propto \sin\theta$$

であればよい．ここで，$N(\theta)$ は $0 \sim \theta$ 間のコイルの巻き数である．

問 6-12 一様な磁場内の球

一様な磁束密度 $\boldsymbol{B}_0$ の空間内で, 透磁率 μ の球形の磁性体が一様に磁化したとき，磁性体内の $\boldsymbol{M}, \boldsymbol{H}, \boldsymbol{B}$ を求めよ．

[解]　球内に磁化 $\boldsymbol{M}$ が生じたとき，これに起因する磁場は (6.24) および (6.25) により，$\boldsymbol{H}' = -\boldsymbol{M}/3\mu_0$, $\boldsymbol{B}' = 2\boldsymbol{M}/3$ になる．磁性体内の磁場は，外部磁場と $\boldsymbol{H}', \boldsymbol{B}'$ との重ね合わせにより

$$\boldsymbol{H} = \frac{\boldsymbol{B}_0}{\mu_0} + \boldsymbol{H}' = \frac{1}{\mu_0}\left(\boldsymbol{B}_0 - \frac{\boldsymbol{M}}{3}\right) \qquad (6.28)$$

$$\boldsymbol{B} = \boldsymbol{B}_0 + \boldsymbol{B}' = \boldsymbol{B}_0 + \frac{2}{3}\boldsymbol{M} \qquad (6.29)$$

と表される．さらに, 磁性体内では

$$\boldsymbol{B} = \mu \boldsymbol{H} \qquad (6.30)$$

が成り立つ．(6.28)〜(6.30) を解いて以下を得る．

$$
\begin{aligned}
\boldsymbol{M} &= \frac{3(\mu-\mu_0)}{\mu+2\mu_0}\boldsymbol{B}_0 &(6.31)\\
\boldsymbol{H} &= \frac{3}{\mu+2\mu_0}\boldsymbol{B}_0 &(6.32)\\
\boldsymbol{B} &= \frac{3\mu}{\mu+2\mu_0}\boldsymbol{B}_0 &(6.33)
\end{aligned}
$$

問 6-13 円柱形の棒磁石

無限に長い円柱形の磁石が長さ方向へ一様な磁化 $\boldsymbol{M}_0$ を持つとき，ソレノイドとの形の類似性に注目して，磁石の内外における $\boldsymbol{H}, \boldsymbol{B}$ を求めよ．

[解] ソレノイドによる磁場 (5.31) を求める方法で，この磁石の内外の磁場を求める．その際，真電流は 0 であることに注意する．実際，(6.5) をソレノイドの場合と類似の積分経路 (図 5.8) に適用し，$\boldsymbol{i}=0$ とおけば，磁石の内外で

$$\boldsymbol{H}=0$$

を得る．したがって，$\boldsymbol{B}$ は以下のように求まる．

$$
\boldsymbol{B}=\begin{cases}\mu_0\boldsymbol{H}+\boldsymbol{M}_0=\boldsymbol{M}_0 & (\text{磁石の内部})\\[2ex] \mu_0\boldsymbol{H}=0 & (\text{磁石の外部})\end{cases}
$$

[別解] 磁化電流 I_{m} が (6.21) で与えられるから，アンペールの法則により磁石内部で $\boldsymbol{B}=\mu_0 I_{\mathrm{m}}\boldsymbol{e}=\boldsymbol{M}_0$($\boldsymbol{e}$ は磁石の長さ方向の単位ベクトル), 外部で $\boldsymbol{B}=0$. 以降省略.

問 6-14 板状の磁石

無限に広い板状の磁石の内外における $\boldsymbol{H}, \boldsymbol{B}$ を，磁石の磁化 $\boldsymbol{M}_0$ の方向が，(i) 板の法線方向の場合，(ii) 板面に平行な場合について求めよ．

[解] (i) 対称性により，磁場の方向は $\boldsymbol{M}_0$ の方向に一致する．磁石の内部および外部の磁束密度の大きさを B', B とすれば，境界条件は

$$B' = B$$

である．すなわち，磁束密度は磁石の内外で一様で $\boldsymbol{M}_0$ には依存しないから，磁石がなくても $(\boldsymbol{M}_0 = 0)$ 変わらない．このことから，$B' = B$ は磁石を含む空間に対して外部から加えられた磁場に相当することがわかる．したがって，ここでは $B' = B = 0$ とすべきであるから，磁石の内外で

$$\boldsymbol{B} = 0$$

と求まる．$\boldsymbol{H}$ に関しては，$\boldsymbol{H} = (\boldsymbol{B} - \boldsymbol{M}_0)/\mu_0$ の関係において，磁石の内部では $\boldsymbol{B} = 0$，磁石の外部では $\boldsymbol{B} = 0, \boldsymbol{M}_0 = 0$ とおくことで

$$\boldsymbol{H} = \begin{cases} -\dfrac{\boldsymbol{M}_0}{\mu_0} & (\text{磁石の内部}) \\ 0 & (\text{磁石の外部}) \end{cases}$$

を得る．磁石内部の $\boldsymbol{H}$ は $\boldsymbol{M}_0$ と反平行である．

(ii) 磁化の方向が板に平行な場合，境界で $\boldsymbol{H}$ が連続になること以外は (i) と同様に解けばよい．結果は，磁石の内外で $\boldsymbol{H} = 0$ であり，したがって

$$\boldsymbol{B} = \begin{cases} \mu_0 \boldsymbol{H} + \boldsymbol{M}_0 = \boldsymbol{M}_0 & (\text{磁石の内部}) \\ \mu_0 \boldsymbol{H} = 0 & (\text{磁石の外部}) \end{cases}$$

になる．

問 6-15 円環状磁石

図 6.7 のような，幅 w の薄い切れ目を持つ円環状の強磁性体に半径 R の中心軸に沿った自発磁化 $\boldsymbol{M}_0$ が発生している．円環は十分細いとして，強磁性体の内部，および切れ目の空間内の磁場の強さ $\boldsymbol{H}, \boldsymbol{H}_{\text{gap}}$ をそれぞれ求めよ．次に，$w \to 0$ とした場合を考察せよ．

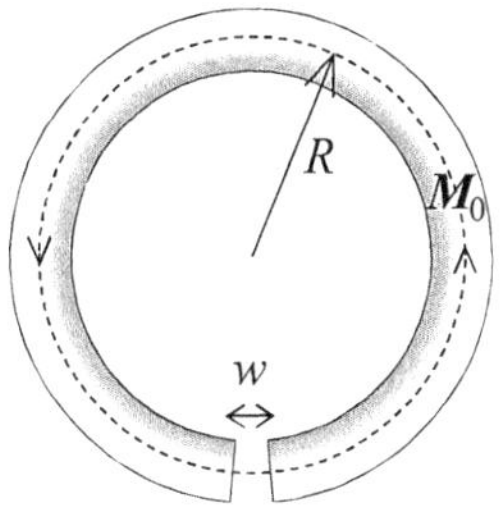

図 6.7: 切れ目のあるドーナツ状の磁石

[解] 切れ目の近傍では $\boldsymbol{M}_0, \boldsymbol{H}, \boldsymbol{H}_{\rm gap}$ は切れ目の面に垂直な方向を向く．切れ目の境界では磁束密度が連続であることから

$$\mu_0 H + M_0 = \mu_0 H_{\rm gap} \tag{6.34}$$

が成り立つ．さらに，図 6.7 の半径 R の円を積分経路としてアンペールの法則の積分形 (6.5) を用い，真電流が 0 であることに注意すると

$$(2\pi R - w)H + wH_{\rm gap} = 0 \tag{6.35}$$

が導かれる．(6.34), (6.35) から以下を得る．

$$H = -\frac{wM_0}{2\pi\mu_0 R}, \quad H_{\rm gap} = \left(1 - \frac{w}{2\pi R}\right)\frac{M_0}{\mu_0}$$

なお，$R \to \infty$ では $H = 0$ で，これは無限に長い棒磁石の場合 (**問 6-13**) に一致する．

次に，$w \to 0$ として切れ目のない円環にすると $H = 0$ となって反磁場はなくなり，円環内で $\boldsymbol{B} = \boldsymbol{M}_0$ になる．さらに，切れ目がなければ $\nabla \cdot \boldsymbol{M} = 0$ [付録 (B.16) を参照] となるから，磁化密度 (6.13) も円環のいたるところで 0 になる．このような状態は，例えば，2 個の U 字形磁石の N, S 極を互いに引っ付けて一体化した場合に相当する．

問 6-16 磁石の磁極間の引力

図6.8のように，磁化 M_0，断面積 A の長い棒磁石を，長さ方向に垂直に切れ目を入れて引き離すときに働く引力の大きさ F を以下の手順で求めよ.

(1) 自発磁化のみによる磁場の基本法則と，自発分極 (**問 3-8**) のみによる電場の基本法則の類似性から，棒磁石による磁場のエネルギー密度 $u_{\mathrm{m}}(\boldsymbol{r}) = H(\boldsymbol{r})B(\boldsymbol{r})/2$ が導かれることを示せ.

(2) 棒磁石をわずかな幅 x だけ切り離したとき，この間隙に含まれる磁場のエネルギーを求め，これより F を導け.

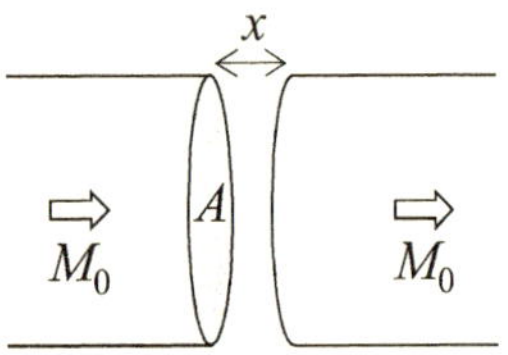

図 6.8: 棒磁石の間隙

[解]

(1) これらの2つの場合の基本法則は，それぞれ

$$\nabla \times \boldsymbol{H}(\boldsymbol{r}) = 0,\ \ \nabla \cdot \boldsymbol{B}(\boldsymbol{r}) = 0 \quad (\text{自発磁化による磁場})$$

$$\nabla \times \boldsymbol{E}(\boldsymbol{r}) = 0,\ \ \nabla \cdot \boldsymbol{D}(\boldsymbol{r}) = 0 \quad (\text{自発分極による電場})$$

である．これより，$\boldsymbol{H} \leftrightarrow \boldsymbol{E}$, $\boldsymbol{B} \leftrightarrow \boldsymbol{D}$ のように対応していることがわかる．電場のエネルギー密度が (1.28) の $u_{\mathrm{e}}(\boldsymbol{r}) = E(\boldsymbol{r})D(\boldsymbol{r})/2$ で与えられることから，上記の対応により $u_{\mathrm{m}}(\boldsymbol{r}) = H(\boldsymbol{r})B(\boldsymbol{r})/2$ が導かれる．なお，この表式は一般の磁場に対して成り立つ.

(2) 磁石内および間隙における磁場の強さをそれぞれ H, H_{gap} とする．間隙面における境界条件は $\mu_0 H + M_0 = \mu_0 H_{\mathrm{gap}}$ である．**問 6-13** より磁石内部では $H = 0$ であるから以下を得る．

$$H_{\mathrm{gap}} = \frac{M_0}{\mu_0}, \quad B_{\mathrm{gap}} = \mu_0 H_{\mathrm{gap}} = M_0$$

これより，間隙に含まれる磁場のエネルギーは

$$W = \frac{H_{\mathrm{gap}} B_{\mathrm{gap}}}{2} \times Ax = \frac{M_0^2 Ax}{2\mu_0}$$

と求まる．W の変化は，x を変えるのに要する仕事によって生じるから，F は以下のように導かれる．

$$F = \frac{\mathrm{d}W}{\mathrm{d}x} = \frac{M_0^2 A}{2\mu_0} \tag{6.36}$$

なお，**問 6-15** の磁石についても，両極間の引力は同様な計算から求められる．この場合の H_{gap} は，幅 w (ここでの x に相当) に依存するので，引力も w に依存するが，$w \to 0$ のときには (6.36) に一致する．

第7章　電磁場内の荷電粒子の運動

7.1　基礎事項

7.1.1　荷電粒子の加速

荷電粒子を加速できるのは電場のみである．磁場によるローレンツ力は荷電粒子の運動方向に対して垂直に働くので，粒子に対して仕事をせず，したがって粒子を加速できない．電荷 q, 質量 $\mathcal{M}_0$ の粒子が電圧 V で加速されたときの速度 $v\,(\geq 0)$ を与えるエネルギー保存則

$$\frac{\mathcal{M}_0 v^2}{2} = qV \tag{7.1}$$

は $v \ll c$ の場合に限って有効である．(7.1) の厳密な表式は，相対論 (特殊相対論) による

$$(\mathcal{M} - \mathcal{M}_0)c^2 = qV \tag{7.2}$$

である．ここで，$\mathcal{M}$ は相対論における粒子の質量であり

$$\mathcal{M} = \frac{\mathcal{M}_0}{\sqrt{1-(v/c)^2}} \tag{7.3}$$

で与えられる．$\mathcal{M}_0$ は $v = 0$ (あるいは $v \ll c$) のときの質量で**静止質量**，$\mathcal{M}_0 c^2$ は**静止エネルギー**と呼ばれる．明らかに，(7.2) の $v \ll c$ における近似形が (7.1) である．(7.3) によれば，粒子の速度は c 以上にはならない．

7.1.2　電場，磁場による偏向

走る荷電粒子の偏向 (方向変化) をもたらすのはローレンツ力 $\boldsymbol{F} = q(\boldsymbol{E}+\boldsymbol{v}\times\boldsymbol{B})$ である (§5.1.2)．電荷 q, 質量 m，速度 v の粒子が一様な磁束密度 B の磁場に垂直に入射するとき，粒子は円軌道を描き，その半径 R は

$$m\frac{v^2}{R} = qvB, \quad \text{すなわち} \quad R = \frac{mv}{qB} \tag{7.4}$$

で与えられる．同じ円軌道は中心力を生じる電場，例えば同軸円筒形の 2 枚の極板間の電場を用いて

$$m\frac{v^2}{R} = qE, \quad \text{すなわち} \quad R = \frac{mv^2}{qE} \tag{7.5}$$

のように得られる．磁場による偏向を決めるのが (運動量)/(電荷) であるのに対し，電場の場合は (運動エネルギー)/(電荷) である．

7.1.3　磁場中のらせん運動

一様な磁束密度 $\boldsymbol{B}$ の中で，荷電粒子が $\boldsymbol{B}$ に対して垂直方向の速度 $v_\perp$ を与えられたとする．荷電粒子の円運動の半径 R は (7.4) で表されるから，回転の角振動数

$$\omega = \frac{v_\perp}{R} = \frac{qB}{m} \tag{7.6}$$

は $v_\perp$ にも R にも依存しない定数で，**サイクロトロン角振動数**と呼ばれる．荷電粒子が，$v_\perp$ のみでなく $\boldsymbol{B}$ 方向の速度成分を与えられれば $\boldsymbol{B}$ 方向への等速運動が加わるので，粒子はらせん運動を行う．

7.1.4　直交する電場と磁場

図 7.1 に示すように，y 方向の静電場 E_y と z 方向の静磁場 B_z を共存させ，その中へ電荷 q の荷電粒子を x 軸に沿って速度 v で入射させる．電場による力

を磁場による力で打ち消すことにより，粒子が直進する条件は

$$qvB_z = qE_y, \quad \text{すなわち} \quad v = \frac{E_y}{B_z} \tag{7.7}$$

で, 粒子の質量には依存しない．このような静電磁場によって粒子の速度を選別する装置は**ウィーン・フィルタ**あるいは**E×B フィルタ**などと呼ばれる．ウィーン・フィルタと同じ原理の物理現象として，電気伝導に関する**ホール効果 (Hall effect)** がある．

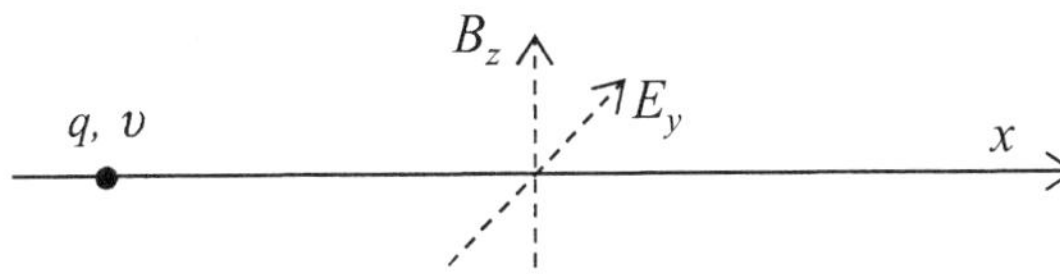

図 7.1: ウィーン・フィルタ．直交する電場と磁場により (7.7) を満たす速度 v の荷電粒子のみが直進通過する．

7.2 問題と解答

問 7-1 エネルギーと質量

電子および陽子の静止エネルギーを eV 単位で表せ．ただし，1 eV のエネルギーとは，1 V の電圧で加速された電子の運動エネルギーである．

[解] $1\text{eV} = 1.60217 \times 10^{-19}$ J であるから，付録 A1 を参照して, 電子の静止エネルギーは次のように求まる．

$$\begin{aligned} \frac{(9.10938 \times 19^{-31}) \times (2.99792 \times 10^{8})^2}{1.60217 \times 10^{-19}} &= 5.11 \times 10^5\,[\text{eV}] \\ &= 0.511\,[\text{MeV}] \end{aligned}$$

陽子の静止エネルギーは，上式で静止質量を陽子の値に置き換えればよいから，以下のように求まる．

$$0.511 \times \frac{1.67262 \times 10^{-27}}{9.10938 \times 10^{-31}} = 938\,[\mathrm{MeV}]$$

問 7-2 加速した粒子の速度

電子および陽子を電圧 100 V, 10 kV, 1 MV(=1000 kV) で加速したときの速度を相対論のエネルギー保存則から求め，v/c および m/s の単位で表せ．

[解]　(7.2) より

$$\frac{v}{c} = \frac{\sqrt{k(2+k)}}{1+k}, \quad k = \frac{qV}{\mathcal{M}_0 c^2} \tag{7.8}$$

と表される．電子も陽子も，100 V, 10 kV, 1 MV で加速したときの qV はそれぞれ 100 eV, 10 keV, 1 MeV になる．**問 7-1** で求めた静止エネルギーの値を用いて，例えば 100 eV の電子では $k = 100/(5.11 \times 10^5) = 1.96 \times 10^{-4}$, したがって $v/c = 0.0198$ になる．結果を下の表にまとめて示す．

加速電圧，粒子	v/c	v [m/s]
100 V, 電子	0.0198	5.94×10^6
10 kV, 電子	0.195	5.85×10^7
1 MV, 電子	0.941	2.82×10^8
100 V, 陽子	0.000462	1.39×10^5
10 kV, 陽子	0.00462	1.39×10^6
1 MV, 陽子	0.0461	1.38×10^7

問 7-3 電場による荷電粒子の偏向とエネルギー変化

速度 v_0 で x 方向に直進する電荷 q，質量 m の粒子が，進行方向に垂直な電場 E の中を，x 方向の距離 L だけ通過した後に直進した．$v_0 \ll c$ として，

(1) 偏向した角度 θ を求めよ．

(2) 偏向後の粒子のエネルギーは元の何倍になるか.

(3) 偏向角 θ を変えずに，偏向前後の粒子のエネルギーを不変にするには，電場の向きをどう変えればよいかを理由とともに述べよ．ただし，電場 E' の値は適切に設定できるとする.

[解]

(1) 図 7.2(a) のように，電場を y 方向にとると運動方程式

$$m\frac{\mathrm{d}v_y}{\mathrm{d}t} = qE$$

より，$v_y = qEt/m$ を得る．粒子が電場を通過する時間は L/v_0 であるから，電場を通過した後の v_y の値 $v_\perp$, したがって θ は以下のように求まる.

$$v_\perp = \frac{qEL}{mv_0}\,, \qquad \tan\theta = \frac{v_\perp}{v_0} = \frac{qEL}{2\mathcal{E}_0}$$

ただし，$\mathcal{E}_0 = mv_0^2/2$ は偏向前の粒子の運動エネルギーである.

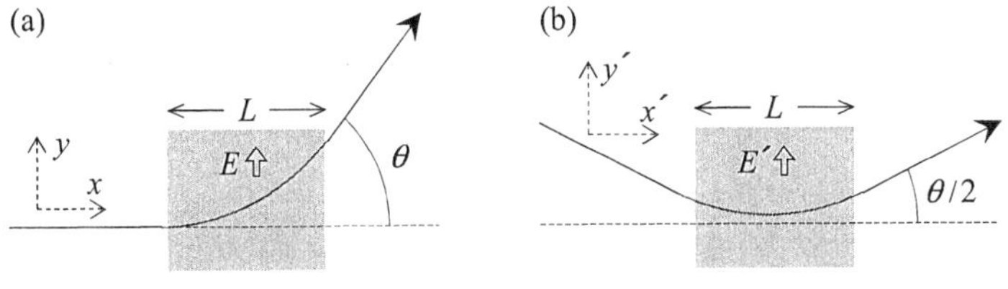

図 7.2: 電場による荷電粒子の偏向

(2) 偏向後の粒子の運動エネルギー $\mathcal{E}$ の $\mathcal{E}_0$ に対する比は, 次のように求まる.

$$\frac{\mathcal{E}}{\mathcal{E}_0} = \frac{m(v_0^2 + v_\perp^2)/2}{\mathcal{E}_0} = 1 + \tan^2\theta = 1 + \left(\frac{qEL}{2\mathcal{E}_0}\right)^2$$

(3) 図 7.2(b) のように，電場の向きを $\theta/2$ だけ傾けて偏向角が θ になるように E を設定する．この場合の電場を y' 軸方向にとれば，速度の y' 成分は

電場を通過する前後の大きさが等しく方向は逆になる．一方，速度の x' 成分は一定である．したがって，電場を通過する前後の運動エネルギーは変わらない．なお，このときの電場は $E' = 2\mathcal{E}_0 E/\sqrt{(2\mathcal{E}_0)^2 + (qEL)^2}$ であるが，導出は省略する．

問 7-4 異なる電位の境界における荷電粒子の屈折

電位が 0 の場所で静止した荷電粒子が，電位 ϕ_1 の空間まで加速されて，この空間内を一定速度 v_1 ($\ll c$) で走っている．この粒子が，図 7.3 のように，電位 ϕ_2 の空間との境界面に対して θ_1 の角度で入射した．入射後の粒子の走る角度 θ_2 と θ_1 の満たす関係を求めよ．

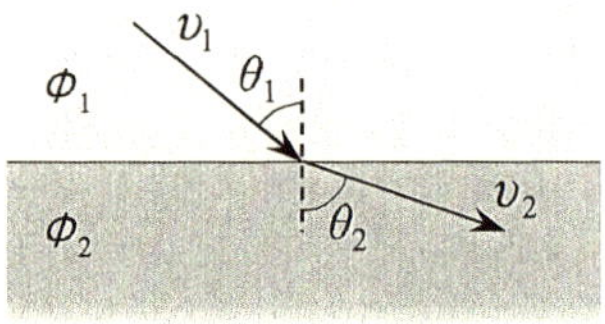

図 7.3: 電場による荷電粒子の屈折

[解]　図 7.3 の境界面の横方向を x 方向，境界面の法線方向を y 方向にとると

$$\sin\theta_1 = \frac{v_{1x}}{v_1}\,, \qquad \sin\theta_2 = \frac{v_{2x}}{v_2}$$

と表される．ここで，ϕ_2 の空間における粒子の速度を v_2 とすれば粒子の加減速は y 方向のみであるから，$v_{1x} = v_{2x}$ が成り立つ．したがって, 次の関係を得る．

$$v_1 \sin\theta_1 = v_2 \sin\theta_2 \tag{7.9}$$

一方，粒子の電荷を q, 質量を m とすれば，エネルギー保存則により

$$\frac{mv_1^2}{2} = q\phi_1\,, \qquad \frac{mv_2^2}{2} = q\phi_2 \tag{7.10}$$

が成り立つ．(7.9), (7.10) より以下の関係を得る．

$$\frac{\sin\theta_1}{\sin\theta_2} = \frac{v_2}{v_1} = \sqrt{\frac{\phi_2}{\phi_1}}$$

問 7-5 磁場内の荷電粒子の相対論による扱い

一様な磁束密度 $\boldsymbol{B}$ の空間における電荷 q, 速度 $\boldsymbol{v}$ の荷電粒子の相対論的な運動方程式は，(7.3) で与えられる $\mathcal{M}$ を用いて

$$\frac{\mathrm{d}(\mathcal{M}\boldsymbol{v})}{\mathrm{d}t} = q\boldsymbol{v} \times \boldsymbol{B} \tag{7.11}$$

で与えられる．これより，非相対論による磁場中の運動方程式における静止質量を単に $\mathcal{M}$ に置き換えれば，相対論による結果が得られることを示せ．

[解]　(7.11) と $\mathcal{M}\boldsymbol{v}$ の内積をとると，右辺は 0 になるから

$$\mathcal{M}\boldsymbol{v} \cdot \frac{\mathrm{d}(\mathcal{M}\boldsymbol{v})}{\mathrm{d}t} = \frac{1}{2}\frac{\mathrm{d}(\mathcal{M}\boldsymbol{v})^2}{\mathrm{d}t} = 0$$

を得る．これより，時間に関して

$$\mathcal{M}^2 v^2 = \frac{\mathcal{M}_0^2 v^2}{1 - v^2/c^2} = \text{一定}$$

であるから, v は不変である．したがって $\mathcal{M}$ も不変であり，運動方程式中では $\mathcal{M}$ は定数である．すなわち，非相対論の磁場中の運動方程式から得られる結果に対して，質量を単に $\mathcal{M}$ に置き換えれば相対論の結果になる．

問 7-6 磁場による荷電粒子の偏向

運動エネルギーが 100 keV(10^6 eV) の H^+(プロトン) を半径 30 cm で曲げるにはどれだけの磁束密度の磁場が必要か．次に，100 keV の電子の場合はどうか．

[解]　**問 7-2** の (7.8) を用いると，100 keV の H^+ は $v/c = 1.46 \times 10^{-2} \ll 1$, したがって，$\mathcal{M} = \mathcal{M}_0$ とおけるので (7.4) の関係 $B = Mv/eR$ より

$$B = \frac{(1.67 \times 10^{-27}) \times (1.46 \times 10^{-2}) \times (3.00 \times 10^8)}{(1.60 \times 10^{-19}) \times 0.3} = 0.152\,(\mathrm{T})$$

になる．次に．やはり (7.8) から電子では $v/c = 0.548$ となり，$\mathcal{M} = 1.20\mathcal{M}_0$ になるから相対論で扱う必要がある．それには，**問 7-5** により，静止質量を相対論の質量に置き換えればよい．したがって，電子では

$$B = \frac{(1.20 \times 9.11 \times 10^{-31}) \times 0.548 \times (3.00 \times 10^8)}{(1.60 \times 10^{-19}) \times 0.3} = 3.74 \times 10^{-3}\,[\mathrm{T}]$$

である．

問 7-7 磁場中の荷電粒子の運動

図 7.4 のように，空間の $x > 0$ の領域に z 方向の一様な磁束密度 B があるとする．x 軸に沿って速度 $v_0\,(\ll c)$ で磁場に入射した電荷 q，質量 m の粒子の運動方程式を解いて，粒子が磁場中で半円形の軌道を描くことを示せ．

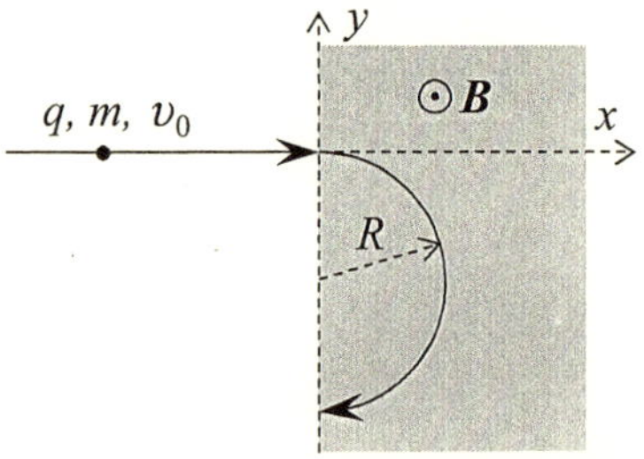

図 7.4: 一様磁場に入射した荷電粒子の軌道

[解]　$\boldsymbol{v} = (v_x, v_y, 0)$, $\boldsymbol{B} = (0, 0, B)$ より，$\boldsymbol{v} \times \boldsymbol{B} = (v_y B, -v_x B, 0)$ であるから運動方程式は

$$m\frac{\mathrm{d}v_x}{\mathrm{d}t} = qv_y B\ , \qquad m\frac{\mathrm{d}v_y}{\mathrm{d}t} = -qv_x B$$

である．この 2 式から v_y，あるいは v_x をそれぞれ消去すると

$$\frac{\mathrm{d}^2 v_x}{\mathrm{d}t^2} + \omega^2 v_x = 0, \qquad \frac{\mathrm{d}^2 v_y}{\mathrm{d}t^2} + \omega^2 v_y = 0$$

を得る．ここで，$\omega = qB/m$ である．粒子が磁場に入射した時刻を $t = 0$ とすれば，初期条件を満たす v_x, v_y は

$$v_x = v_0 \cos \omega t, \qquad v_y = -v_0 \sin \omega t$$

と表される．したがって，$v_x^2 + v_y^2 = v_0^2$ は一定で運動エネルギーは保存される．v_x, v_y を t で積分し，初期条件を考慮すれば

$$x = \frac{v_0}{\omega} \sin \omega t, \qquad y = \frac{v_0}{\omega}(\cos \omega t - 1)$$

を得る．この 2 式からから t を消去すれば，$x \geq 0$ において

$$x^2 + \left(y + \frac{mv_0}{qB} \right)^2 = \left(\frac{mv_0}{qB} \right)^2$$

となって，粒子は半径 $R = mv_0/qB$ の半円軌道を描く (図 7.4).

問 7-8 電気伝導のホール効果

図 7.5 のように，z 方向の一様な磁束密度 B_z の中に直方体形の導体が置かれ，x 方向に電流密度 i_x の定常電流が流れている．

(1) 導体の単位体積内の伝導電子数を n，伝導電子のドリフト速度を v_1 (§4.1.5) とするとき，i_x はどう表されるか．

(2) y 方向に電場が生じることを説明せよ．

(3) ホール係数 $E_y/i_x B_z$ を求め, R_{H} がキャリアの電荷の符号を反映することを示せ．

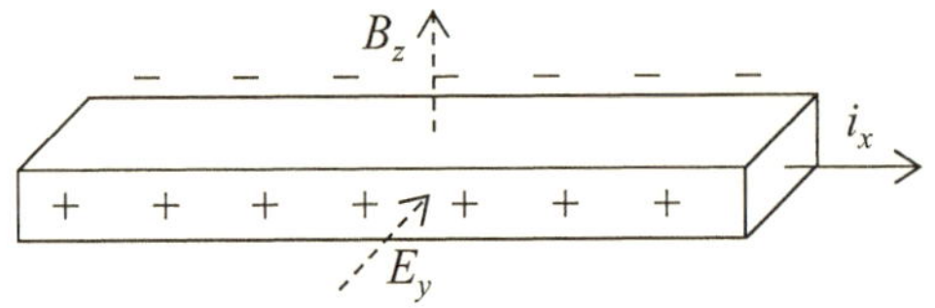

図 7.5: ホール効果．この図では，y 方向の電場 E_y は正キャリアの電流の場合を示す．キャリアが電子の場合は図中の $+, -$ 符号は逆になり，$E_y < 0$ になる．

[解]

(1) $i_x = nev_1$.

(2) 今の場合，伝導電子は $-x$ 方向に走るので，磁場で $-y$ 方向へ曲げられ，直方体の手前側の面は負，反対側の面は正に帯電する．したがって，y 方向には $E_y < 0$ の電場が生じている．

(3) 電子の速度 $(-v_1, 0, 0)$, 磁場 $(0, 0, B_z)$ のときのローレンツ力のつり合いの条件は $v_1 B_z = -E_y$ であるから

$$R_{\mathrm{H}} = \frac{E_y}{i_x B_z} = \frac{-v_1}{i_x} = -\frac{1}{ne} \tag{7.12}$$

を得る．キャリアが正電荷の場合には $E_y > 0$ であるから，$R_{\mathrm{H}} > 0$ になる．つまり，キャリアの電荷の正負は E_y の正負を通じて R_{H} の正負を決めている．

問 7-9 ウィーン・フィルタによる荷電粒子の選別

50 keV の $^{31}P^+$(質量数 31 のリンの 1 価イオン) をウィーン・フィルタで選別するには，100 kV/m の電場に対してどんな強さの磁場をかければよいか．

[解] P の速度は (7.1) より

$$v = \left[\frac{2 \times 50 \times 10^3 \times 1.60 \times 10^{-19}}{31 \times 1.67 \times 10^{-27}}\right]^{1/2} = 5.56 \times 10^5 \,[\mathrm{m/s}]$$

と求まる．ウィーン・フィルタの磁束密度として，(7.7) より

$$B_z = \frac{E_y}{v} = \frac{100 \times 10^3}{5.56 \times 10^5} = 0.180\,[\mathrm{T}]$$

を得る．

問 7-10 磁場内の電子の振動

電子が空間の平衡位置からの変位 $\boldsymbol{r}$ に比例する力 $-k\boldsymbol{r}$ $(k > 0)$ により単振動しているとする．この単振動は一様な磁束密度 $\boldsymbol{B}$ の磁場中ではどのように変わるか．なお，電子に $-k\boldsymbol{r}$ の力を及ぼす電場の例が (1.39) の $|\boldsymbol{r}| \le R$ の場合に与えられている．

[解]　電子の運動方程式は, 電子の質量 m，速度 $\boldsymbol{v}$ を用いて

$$m\frac{\mathrm{d}^2\boldsymbol{r}}{\mathrm{d}t^2} = -k\boldsymbol{r} - e\boldsymbol{v} \times \boldsymbol{B} \tag{7.13}$$

である．磁場を z 方向にとり, 磁場がないときの角振動数 $\omega_0 = \sqrt{k/m}$ により, (7.13) は次のように表される．

$$\frac{\mathrm{d}^2x}{\mathrm{d}t^2} = -\omega_0^2 x - \frac{eB}{m}\frac{\mathrm{d}y}{\mathrm{d}t} \tag{7.14}$$

$$\frac{\mathrm{d}^2y}{\mathrm{d}t^2} = -\omega_0^2 y + \frac{eB}{m}\frac{\mathrm{d}x}{\mathrm{d}t} \tag{7.15}$$

$$\frac{\mathrm{d}^2z}{\mathrm{d}t^2} = -\omega_0^2 z \tag{7.16}$$

(7.16) より，z 方向は磁場のない場合と同じ単振動である．x, y 方向に関しては，複素数

$$w = x + \mathrm{i}y \qquad (\mathrm{i} = \sqrt{-1},\ \mathrm{i}\ \text{は立体で表記})$$

を用いれば，(7.14), (7.15) は以下のようにまとめられる．

$$\frac{\mathrm{d}^2w}{\mathrm{d}t^2} - \mathrm{i}\frac{eB}{m}\frac{\mathrm{d}w}{\mathrm{d}t} + \omega_0^2 w = 0 \tag{7.17}$$

(7.17) の実数部，虚数部がそれぞれ (7.14), (7.15) である．(7.17) を解くために，まず特性方程式

$$\lambda^2 - \mathrm{i}\frac{eB}{m}\lambda + \omega_0^2 = 0 \tag{7.18}$$

の解 λ_+, λ_- を求めて

$$\lambda_\pm = \mathrm{i}\left[\frac{eB}{2m} \pm \sqrt{\omega_0^2 + \left(\frac{eB}{2m}\right)^2}\right] = \mathrm{i}\,\omega_\pm \tag{7.19}$$

のように表しておく．(7.16) の一般解は，実定数 C_1, C_2 を用いて

$$w = C_1 \mathrm{e}^{\mathrm{i}\,\omega_+ t} + C_2 \mathrm{e}^{\mathrm{i}\,\omega_- t} \tag{7.20}$$

で与えられる．これより

$$\begin{aligned} x &= C_1 \cos\omega_+ t + C_2 \cos\omega_- t \\ y &= C_1 \sin\omega_+ t + C_2 \sin\omega_- t \end{aligned}$$

を得る．x, y の振動は，ω_+, ω_- の 2 つの単振動を合成したものになる．$\omega_+ > 0, \omega_- < 0$ であるから，磁場によって単振動の角振動数 ω_0 は $\omega_+, -\omega_-$ の 2 つに分離し，分離幅は $\omega_+ - (-\omega_-) = eB/m$ であることがわかる．

第8章　電磁誘導

8.1　基礎事項

8.1.1　誘導起電力の発生

磁場中に閉じた経路 C を設定したとき，C を貫く磁束 Φ が時間 t に関して変化すれば，C には誘導起電力

$$\phi_{\mathrm{em}} = -\frac{\mathrm{d}\Phi}{\mathrm{d}t} \tag{8.1}$$

が発生する．このときの磁束の向きと ϕ_{em} とは右ネジ対応 (右手規則) で決まる．C が電気抵抗 R を含む導線回路であれば誘導電流 $I = \phi_{\mathrm{em}}/R$ が流れる．C の接線方向の単位ベクトルを $\boldsymbol{t}$ とし，C を一周する線積分により

$$\phi_{\mathrm{em}} = \oint_{\mathrm{C}} \boldsymbol{E} \cdot \boldsymbol{t}\,\mathrm{d}l \tag{8.2}$$

と表すとき，$\boldsymbol{E}$ を誘導電場という．

誘導起電力あるいは誘導電場を発生させるための基本操作として

(a) 閉回路を静磁場中で移動させることで Φ を変化させる (ローレンツ力による電磁誘導)

(b) 静止した閉回路に対して磁場を時間変化させる (ファラデーの電磁誘導)

の 2 つがある．

8.1.2　インダクタンス

電磁誘導に直結する物理量は，電流 I によって生成される空間の磁束密度 B を経路 C を縁とする曲面 S で積分して得られる磁束

$$\Phi = \int_{\mathrm{S}} \boldsymbol{B} \cdot \boldsymbol{n} \, \mathrm{d}S \tag{8.3}$$

である．ここで，$\boldsymbol{n}$ は S の表面法線である．$B \propto I$ に基づき

$$\Phi = LI \tag{8.4}$$

と表すとき，回路の形状で決まる定数 L を**インダクタンス**と呼ぶ．特に，同一の回路に関する Φ, I の関係に対して L を**自己インダクタンス**という．

空間に回路が複数あって，そのうちの 2 つの回路 K_1, K_2 に注目しよう．K_1 に電流 I_1 を流した結果，K_2 を貫く磁束 Φ_{21} が生じたとき，$\Phi_{21} = MI_1$ と表して M を**相互インダクタンス**という．$\mathrm{K}_1, \mathrm{K}_2$ を入れ替えても M は不変であり

$$\frac{\Phi_{21}}{I_1} = \frac{\Phi_{12}}{I_2} = M \tag{8.5}$$

と表される．これを**相互インダクタンスの相反定理**と呼ぶ．

8.1.3　磁場のエネルギー

空間に 1 個のコイルを置き，コイルに流れる電流を時間 t の間に 0 から $I(t)$ まで増やすとする．このとき，電源がコイルに対して行う仕事は

$$W_{\mathrm{c}} = \frac{LI(t)^2}{2} \tag{8.6}$$

であり，これがコイルに蓄えられるエネルギーである．

コイルに蓄えられたエネルギーは，コイルのつくる磁場のエネルギーとして空間に分布する．ソレノイドの場合，内部の空間における磁場のエネルギー密度は

$$u_{\mathrm{m}} = \frac{B^2}{2\mu_0} = \frac{HB}{2} \tag{8.7}$$

で与えられる．

8.2 問題と解答

問 8-1 磁場中の導体

一様な磁束密度 $\boldsymbol{B}$ の空間を導体が速度 $\boldsymbol{v}$ で走るとする．このとき，内部の自由電子には誘導電場 $\boldsymbol{E}$ による力が働くと考えて $\boldsymbol{E}$ を求めよ．

[解] 自由電子には磁場によるローレンツ力 f のみが働くので (自由電子以外の電子には原子の束縛力が働く)

$$f = -e(\boldsymbol{v} \times \boldsymbol{B}) = -e\boldsymbol{E} \tag{8.8}$$

と表される．これより $\boldsymbol{E} = \boldsymbol{v} \times \boldsymbol{B}$ を得る．

問 8-2 磁場中を走る導線

図 8.1 のように，紙面に対して上向きの一様な磁束密度 B の磁場があり，これに直交する長さ L の直線状の導線が横方向に一定速度 v で動くとき，導線の両端に生じる電位差 V を求めよ．

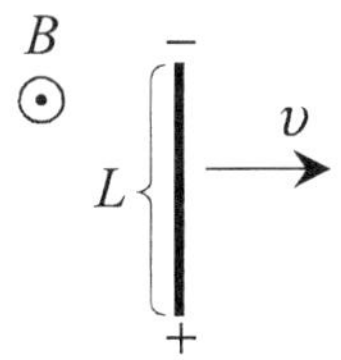

図 8.1: 磁場中を平行移動する直線状の導線

[解] **問 8-1** によれば，誘導電場は導線に沿って図の下向きに $E_{\mathrm{em}} = vB$ であるから，$V = E_{\mathrm{em}}L = vBL$ を得る．

問 8-3 磁場中を回転する導線

図 8.2 のように，前問と同じ導線が磁場に垂直な面内で片方の端を中心に角振動数 ω で回転している．このとき，導線の両端に生じる電位差 V を求めよ．

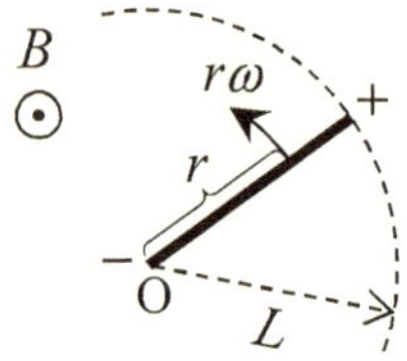

図 8.2: 磁場中を回転する直線状の導線

[解] 回転中心 O から r の距離における導線の速度 $v = r\omega$ により，誘導電場は $vB = r\omega B$ で，r に依存し O から外向きである．これより，以下を得る．

$$V = \int_0^L r\omega B \, \mathrm{d}r = \frac{\omega B L^2}{2} \tag{8.9}$$

問 8-4 電流の近くを走る導線

図 8.3 のように，長さ h の導体棒を電流 I から距離 a だけ離して立てた状態で電流と平行に速度 v で走らせたとき，導体棒に生じる誘導起電力はいくらか．$I = 10\,\mathrm{A}$, $v = 50\,\mathrm{km/h}$, $a = h = 1\,\mathrm{m}$ のときの誘導起電力を計算せよ．

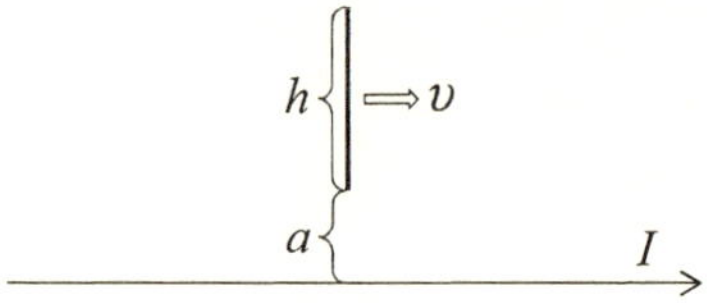

図 8.3: 電流方向に走る導体棒

[解] 電流から距離 r だけ離れた位置での磁束密度は $B = \mu_0 I/2\pi r$ であるから，誘導電場は $vB = v\mu_0 I/2\pi r$ になる．したがって，誘導起電力は

$$\phi_{\rm em} = \int_a^{a+h} \frac{v\mu_0 I}{2\pi r} = \frac{\mu_0 I v}{2\pi} \ln \frac{a+h}{a} \tag{8.10}$$

と表される．与えられた数値を代入すると $\phi_{\rm em} = 1.9 \times 10^{-5}\,{\rm V}$ を得る．

問 8-5 磁場中の導線回路

図 8.4 のように，平面上に四角形の導線回路 PQRSP が置かれている．導線の RS の部分は長さが a であり，回路につながったまま速度 v で滑っている．回路に垂直な方向に，時間 t に依存するが空間的には一様な磁束密度 $B(t)$ の磁場があるとき，回路に生じる誘導起電力はどのように表されるか．

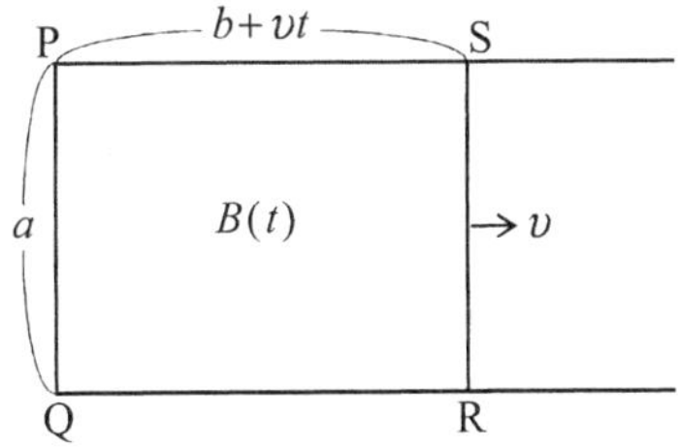

図 8.4: 磁場中の導線回路

[解] 定数 b により PS$= b + vt$ とすれば，回路を貫く磁束は $\Phi = a(b+vt)B(t)$ である．したがって，誘導起電力は

$$\phi_{\rm em} = -\frac{{\rm d}\Phi}{{\rm d}t} = -avB(t) - a(b+vt)\frac{{\rm d}B(t)}{{\rm d}t} \tag{8.11}$$

で与えられる．右辺の第 1 項は RS の部分に働くローレンツ力による効果，第 2 項は磁場の時間変化によるファラデーの電磁誘導の効果であり，§8.1.1 の基本操作 (a), (b) にそれぞれ対応する．

問 8-6 誘導起電力が一定になる条件

問 8-5 において，誘導起電力が時間に依存しない一定値 ϕ_0 になるとき，$B(t)$ は一般にどのように表されるか.

[解]　(8.11) を ϕ_0 に等しいとおき, 変数分離法により微分方程式を解いて

$$B(t) = \frac{\alpha}{b + vt} - \frac{\phi_0}{av}$$

を得る．ここで，α は任意の定数である.

問 8-7 膨らむ円形コイル

図 8.5 のように，時間 t に依存し，紙面に上向きで空間的に一様な磁束密度 $B(t)$ に対して，円形のコイルが垂直に置かれている．コイルの半径 r が時間 t に関して $r = vt$ (v は正の定数) のように変化するとき，このコイルに生じる誘導起電力 ϕ_{em} を求め，§8.1.1 の基本操作 (a), (b) との対応を明らかにせよ.

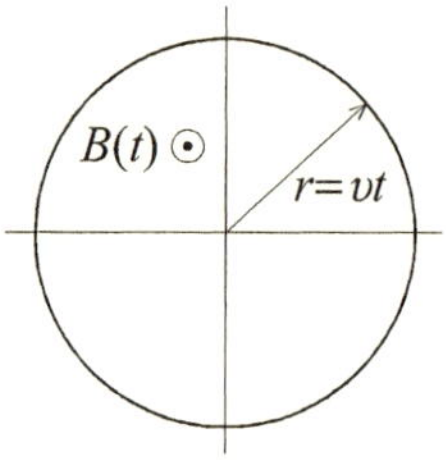

図 8.5: 膨らむ円形コイル

[解]　コイルを貫く磁束は $\Phi = \pi r^2 B(t) = \pi v^2 t^2 B(t)$ であるから

$$\phi_{\mathrm{em}} = -\frac{d\Phi}{dt} = -2\pi v^2 t B(t) - \pi v^2 t^2 \frac{\mathrm{d}B(t)}{\mathrm{d}t} \tag{8.12}$$

を得る．(8.12) の右辺第 2 項は磁場の時間変化によるファラデーの電磁誘導に他ならない．一方，右辺第 1 項はローレンツ力による電磁誘導を表すことは以

下のように説明される．まず，コイルの接線方向にはローレンツ力によって時計回りの誘導電場 $E = vB(t)$ が生じる．今の場合，B に関する右ネジ対応によって反時計回りが正符号なので，誘導起電力は

$$\int_0^{2\pi} -E\,r\,d\theta = \int_0^{2\pi} -vB(t) \times vt\,d\theta = -2\pi v^2 tB(t)$$

になる．これは (8.12) の右辺第 1 項に一致している．

問 8-8 磁場中を回転する導体棒

図 8.6 に示すように，磁束密度 B が紙面の裏から表に向いた一様な空間があり，その中に細い導線で作った半径 L の円環 (円形リング) が磁束に垂直な面内に置かれている．ここに長さ L の導体棒を持ち込み，一方の端を円環の中心 O に固定し，他の端 P をすべり接点として円環に内接させたまま一定の角振動数 ω で図に示す向きに回転させるとき，

(1) O と円環を電気抵抗 R でつないで OP を経由する回路をつくった．この回路に流れる電流 I，回路に発生するジュール熱 J をそれぞれ求めよ．

(2) 導体棒を回し続けるための単位時間当たりの仕事 W を計算し，(1) で求めたジュール熱に等しいことを示せ．

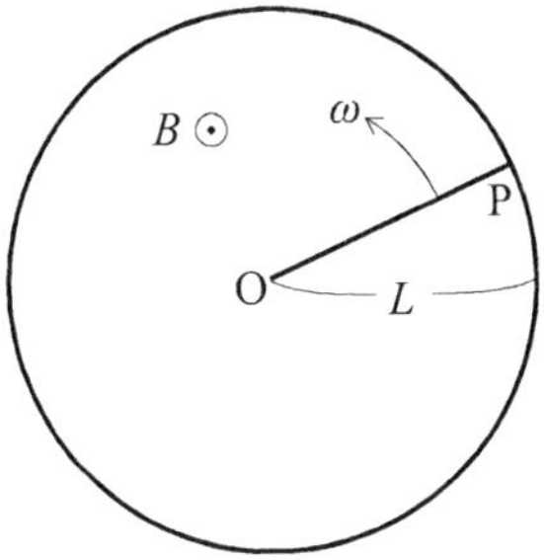

図 8.6: 磁場中を回転する導体棒

[解]

(1) OP に生じる誘導起電力は, (8.9) より $V = \omega BL^2/2$ で与えられるから

$$I = \frac{V}{R} = \frac{\omega BL^2}{2R}, \qquad J = RI^2 = \frac{(\omega BL^2)^2}{4R}$$

を得る.

(2) 電流は P→(抵抗 R)→O→P のように流れ, OP には単位長さ当たり IB の力が回転と逆向きに働く. この制動力に抗して回転を続けるための仕事は OP 上の線素片 Δr に対して $\Delta W = IBr\omega\Delta r$ で与えられる. OP 全体では

$$W = \int \mathrm{d}W = \int_0^L IBr\omega\, \mathrm{d}r = \frac{IBL^2\omega}{2} = \frac{(\omega BL^2)^2}{4R}$$

になる. これは (1) で求めたジュール熱に等しい.

問 8-9 単極誘導

図 8.7 のように, 半径 h の導体円板の中心軸を一様な磁場 B の方向に合わせて, 円板を角振動数 ω で回転させる. 細い回転軸上の点 P と円板の縁 R をすべり接点として, 閉回路 OPQRO における誘導起電力を求めよ.

次に, 回路の全抵抗を R とするとき, 回路内で単位時間に消費されるエネルギー W を求めよ.

[解] OR 上ではローレンツ力により, O→R の向きに誘導電場が生じる. 円板の中心 O と縁の間に生じる誘導起電力は (8.9) で与えられるから $\phi_{\mathrm{em}} = \omega Bh^2/2$ になる. 回路には電流 $I = \phi_{\mathrm{em}}/R$ が流れるので, このときに消費されるエネルギーは単位時間当たり $W = RI^2 = \omega^2 B^2 h^4/(4R)$ である.

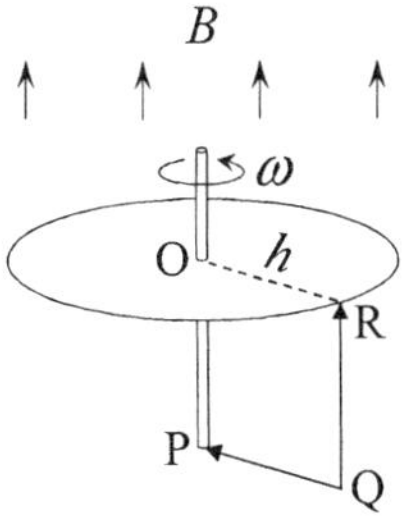

図 8.7: 磁場中で回転する導体円板

問 8-10 交流発電機とモーターの原理

図 8.8 のように，一様な静磁場 $\boldsymbol{B}_0$ の中に 2 辺の長さが a, b の長方形の導線回路 ABCDA を置き，AB および CD の中点を結ぶ直線のまわりに角振動数 ω で回転させる．$\boldsymbol{B}_0$ に垂直な方向からの回転角度を $\theta = \omega t$ として，この回路に発生する誘導起電力をローレンツ力から求めよ．次に，回路を固定して磁場を回転させた場合の誘導起電力を求め，両者が一致することを確かめよ．

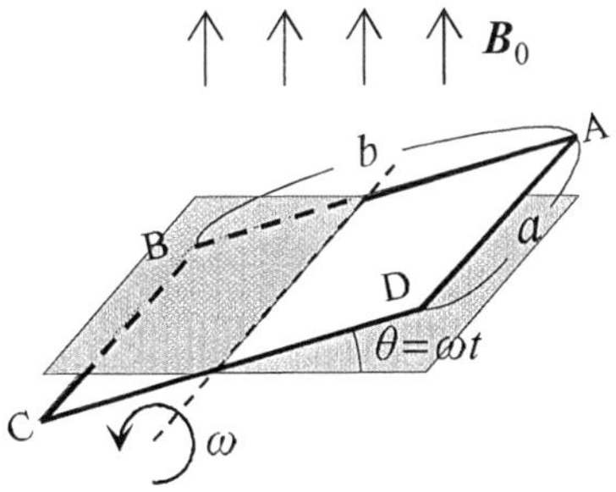

図 8.8: 磁場中を回転する導線回路

[解]　回転運動によるローレンツ力は AB, CD では導線に垂直に働くので誘導電場を生じない．BC, DA は速度 $v = b\omega/2$ で動き，回路に沿ったローレンツ

力により誘導電場を生じる．したがって

$$\phi_{\mathrm{em}} = 2 \times (\boldsymbol{v} \times \boldsymbol{B}) \times a = 2 \times \frac{b\omega}{2} B_0 \sin\omega t \times a = \Phi_0\,\omega \sin\omega t \tag{8.13}$$

を得る．ただし，$\Phi_0 = B_0 ab$ は $\theta = 0$ のときに回路を貫く磁束である．次に，回路を固定した場合に回路を貫く磁束は $\Phi_0 \cos\omega t$ であるから

$$\phi_{\mathrm{em}} = -\frac{\partial(\Phi_0 \cos\omega t)}{\partial t} = \Phi_0\,\omega \sin\omega t \tag{8.14}$$

となって，当然ながら両者は一致する．

問 8-11 電流から遠ざかるコイル

図 8.9 に示すように，x 軸上に張った細い導線に電流 I_0 を流し，一辺 a の一巻きの正方形コイル ABCDA を xy 平面内に置く．辺 AB，AD は x, y 軸にそれぞれ平行であり，AB と電流間の距離を r として，

(1) コイルを一定速度 $v = dr/dt$ で導線 (x 軸) から遠ざけるとき，コイルに生じる起電力 ϕ_{em} を求めよ．

(2) このコイルの内部抵抗が R のとき，単位時間に発生するジュール熱 J はいくらか．

(3) コイルを遠ざけるための単位時間当たりの仕事 W を求め，$W = J$ になることを示せ．

[解]

(1) 電流から距離 y の位置における磁束密度は，アンペールの法則より $B(y) = \mu_0 I_0/(2\pi y)$ であり，紙面の裏 → 表の向きである．これより，ローレンツ力によって生じる誘導電場をコイルに沿って反時計方向 (右ネジ対応) に線積分し

$$\phi_{\mathrm{em}} = \oint (\boldsymbol{v} \times \boldsymbol{B}) \cdot \boldsymbol{t}\,\mathrm{d}l = av[B(r) - B(r+a)] \tag{8.15}$$

$$= \frac{\mu_0 I_0 a v}{2\pi}\left(\frac{1}{r} - \frac{1}{r+a}\right) \tag{8.16}$$

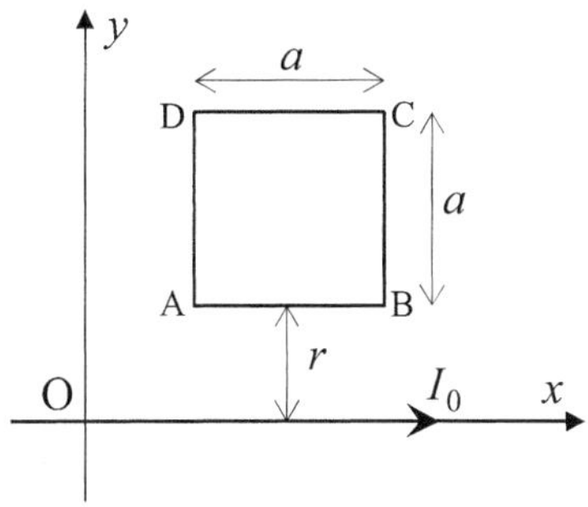

図 8.9: 直流電流近くの正方形コイル

を得る．

(1) の別解として，コイルを貫く磁束は

$$\Phi = \int_r^{r+a} \frac{\mu_0 I_0}{2\pi r} a\,dy = \frac{\mu_0 I_0 a}{2\pi} \ln \frac{r+a}{r}$$

であるから，次のように求まる．

$$\phi_{\rm em} = -\frac{d\Phi}{dt} = -\frac{d\Phi}{dr}\frac{dr}{dt} = \frac{\mu_0 I_0 a v}{2\pi}\left(\frac{1}{r} - \frac{1}{r+a}\right)$$

(2) コイルに流れる電流は $I = \phi_{\rm em}/R$ であるから

$$J = RI^2 = \frac{\phi_{\rm em}^2}{R} = \frac{1}{R}\left(\frac{\mu_0 I_0 a v}{2\pi}\right)^2 \left(\frac{1}{r} - \frac{1}{r+a}\right)^2$$

を得る．

(3) コイルが導線から遠ざかるとコイルを上向きに貫く磁束 (I_0 による) は減少するので，この変化を妨げるようにコイルの電流は A→B→C→D→A の向きへ流れる．その結果，辺 AB および CD にはそれぞれ $-y, +y$ 方向へのローレンツ力が働き，それらの合力は

$$f = -IB(r)a + IB(r+a)a = -Ia[B(r) - B(r+a)]$$

になる．ここで，$-f$ による仕事が W を与えることに注意し，(8.15) の関係を用いると，以下のように $W = J$ が導かれる．

$$W = -f \times v = \phi_{\mathrm{em}} I = RI^2$$

問 8-12 ファラデーの電磁誘導則の微分形

電磁誘導によって空間に生じる起電力 ϕ_{em} を誘導電場 $\boldsymbol{E}_{\mathrm{em}}$ で表し，ストークスの定理を用いることでファラデーの電磁誘導則の微分表現を求めよ．

[解]　図 8.10 のように，空間の線積分の経路を C とし，C の接線方向の単位ベクトルを $\boldsymbol{t}$ とする．誘導起電力をストークスの定理によって書き換えると

$$\phi_{\mathrm{em}} = \oint_{\mathrm{C}} \boldsymbol{E}_{\mathrm{em}} \cdot \boldsymbol{t}\, \mathrm{d}l = \int_{\mathrm{S}} (\nabla \times \boldsymbol{E}) \cdot \boldsymbol{n}\, \mathrm{d}S \tag{8.17}$$

を得る．この面積分は，C を縁とする任意の曲面 S に対し，その法線方向の単位ベクトルを $\boldsymbol{n}$ として計算される．次に，C を通る磁束 Φ に注目する．C が静止している場合には S に関する面積分と時間微分の順序を入れ替えることができるから次の関係を得る．

$$\frac{\mathrm{d}\Phi}{\mathrm{d}t} = \frac{\mathrm{d}}{\mathrm{d}t} \int_{\mathrm{S}} \boldsymbol{B} \cdot \boldsymbol{n}\, \mathrm{d}S = \int_{\mathrm{S}} \frac{\partial \boldsymbol{B}}{\partial t} \cdot \boldsymbol{n}\, \mathrm{d}S \tag{8.18}$$

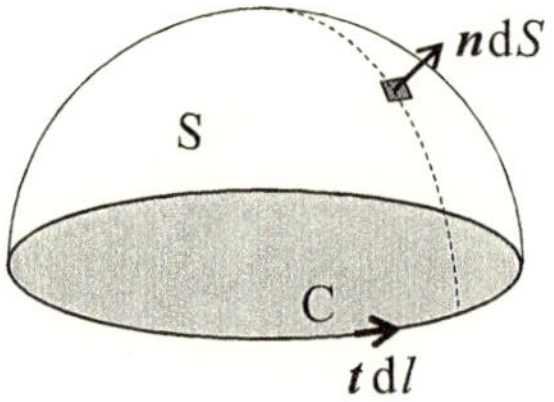

図 8.10: ストークスの定理における線積分と面積分の関係 (ドームを上方から見た図)．S は閉曲線 C を縁とする任意の曲面で，線素片 $\boldsymbol{t}\,\mathrm{d}l$ に対する $\boldsymbol{n}$ の向きは右ネジ対応で定まる．

(8.17)，(8.18) より，ファラデーの誘導則 $\phi_{\mathrm{em}} = -\mathrm{d}\Phi/\mathrm{d}t$ は

$$\int_{\mathrm{S}} \left(\nabla \times \boldsymbol{E} + \frac{\partial \boldsymbol{B}}{\partial t} \right) \cdot \boldsymbol{n}\, \mathrm{d}S = 0 \tag{8.19}$$

と表される．ここで，曲面 S のとりかたに任意性があることからファラデーの誘導則の微分形として

$$\nabla \times \boldsymbol{E} = -\frac{\partial \boldsymbol{B}}{\partial t} \tag{8.20}$$

が導かれる．

問 8-13 ソレノイドの自己インダクタンス

単位長さ当たりの巻き数 n，長さ l, 断面積 S の細長いソレノイドの自己インダクタンス L を求めよ．

[解]　ソレノイド内の磁束密度は**問 5-9** から $B = \mu_0 nI$ である．ソレノイドは，nl 個の単一閉回路が連結されて，各閉回路を磁束 BS が貫いているとみなせる．このことから，ソレノイドに巻かれた導線は $nl \times BS$ の磁束を取り囲むことになる．したがって $\Phi = nlBS = \mu_0 n^2 lSI = LI$ であるから，$L = \mu_0 n^2 lS$ を得る．

問 8-14 相互インダクタンスの相反定理

コイル C_1 に電流 I_1 を流すとき，周囲の空間に生じる磁場のベクトルポテンシャルは (5.20) より

$$\boldsymbol{A}(\boldsymbol{r}) = \frac{\mu_0 I_1}{4\pi} \int_{\mathrm{C}_1} \frac{\mathrm{d}\boldsymbol{s}_1}{|\boldsymbol{r} - \boldsymbol{r}_1|} \tag{8.21}$$

と書くことができる．ただし，積分は C_1 を経路とする線積分であり，$\boldsymbol{r}_1$ は C_1 上の位置を表す．ここで，空間内に別のコイル C_2 を置いたとき，C_1 の生成する磁束のうち C_2 を貫く磁束を求めよ．次に，ストークスの定理を利用することにより相互インダクタンスが "1" と "2" の入替えに関して不変であることを示せ．

[解]　C_1 の生成する磁束密度は $\boldsymbol{B} = \nabla \times \boldsymbol{A}$ で与えられるから，C_2 を貫く磁束は

$$\Phi_{21} = \int_{S_2} \boldsymbol{B} \cdot \boldsymbol{n} \, dS = \int_{S_2} (\nabla \times \boldsymbol{A}) \cdot \boldsymbol{n} \, dS \tag{8.22}$$

である．ここで，S_2 は C_2 を縁とする任意の曲面を表す．ストークスの定理によって (8.22) を書き直し，(8.21) を用いれば

$$\Phi_{21} = \int_{C_2} \boldsymbol{A} \cdot d\boldsymbol{s}_2 = \frac{\mu_0 I_1}{4\pi} \int_{C_2} \int_{C_1} \frac{d\boldsymbol{s}_1 \cdot d\boldsymbol{s}_2}{|\boldsymbol{r}_2 - \boldsymbol{r}_1|} \tag{8.23}$$

を得る．ただし，$\boldsymbol{r}_2$ は C_2 上の位置を表す．これより

$$M_{21} = \frac{\mu_0}{4\pi} \int_{C_2} \int_{C_1} \frac{d\boldsymbol{s}_1 \cdot d\boldsymbol{s}_2}{|\boldsymbol{r}_2 - \boldsymbol{r}_1|} \tag{8.24}$$

であることがわかる．(8.24) は “1” と “2” を入替えても変わらないから，$M_{12} = M_{21}$ という相反定理が成り立つ．

問 8-15 ソレノイドを囲むコイル

図 8.11 のように，長いソレノイドを囲むように任意の形のコイル C を置いたとき，相互インダクタンスを求めよ．ただし，ソレノイドの単位長さ当たりの巻き数を n，断面積を S とせよ．

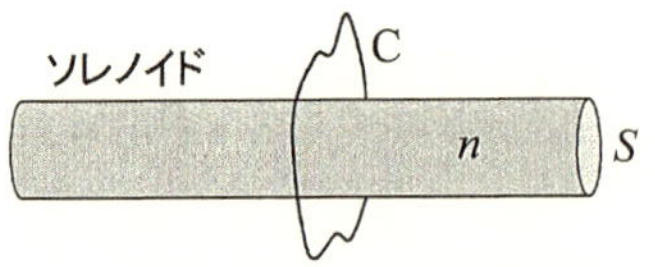

図 8.11: ソレノイドを囲む閉曲線コイル

[解]　ソレノイドに電流 I を流したとき，磁束密度はソレノイド内部で $B = \mu_0 n I$，外部で 0 あるから，C を貫く磁束は $\Phi = \mu_0 n I S$ になる．これより，相互

インダクタンス $M = \Phi/I = \mu_0 nS$ を得る．この例では，コイルに電流を流す設定で M を求めるのは容易ではないが，結果が同じになることは相反定理が保証している．

問 8-16 離れて向かい合う 2 コイル

図 8.12 のように，半径がそれぞれ a_1, a_2 の円形コイルの中心軸を一致させ，コイル間の距離が R になるように設置した．$R \gg a_1, a_2$ のとき，相互インダクタンスを求めて相反定理を確認せよ．

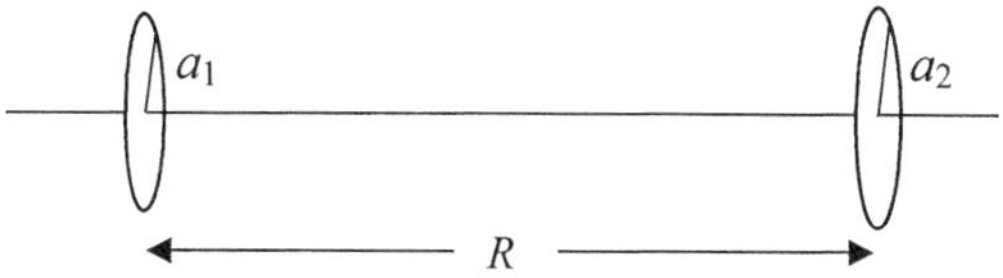

図 8.12: 離れて向かい合う 2 コイル

[解]　この場合，半径 a_1 のコイル 1 に電流 I_1 を流したとき，他方のコイル 2 の位置における磁束密度は中心軸上の値に等しいとみなせるから，(5.29) より

$$B = \frac{\mu_0 a_1^2 I_1}{2(R^2 + a_1^2)^{3/2}}$$

と表される．コイル 2 を貫く磁束 Φ_2 は

$$\Phi_2 = B \times \pi a_2^2 = \frac{\pi \mu_0 a_1^2 a_2^2}{2R^3} I_1$$

になるので，相互インダクタンスは $M_{21} = \pi\mu_0 a_1^2 a_2^2/2R^3$ である．これは “1” と “2”の入替えに関して不変であるから $M_{21} = M_{12}$ であることがわかる．

問 8-17 直線電流と四角形コイルの相互インダクタンス

図 8.13 のように，長方形のコイルが直線電流 I と同じ平面上に置かれ，コイルの一辺は電流に平行であり，電流からの距離が r である．直線電流を半径が

無限大のコイルとみなし，これらの 2 コイルの相互インダクタンスを求めよ．

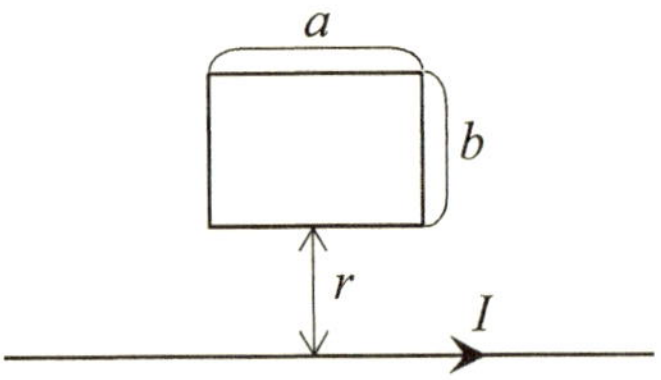

図 8.13: 平面上のコイルと直線電流

[解]　電流から距離 y の位置における磁束密度は $B(y) = \mu_0 I/(2\pi y)$ で与えられるから，コイルを貫く磁束は

$$\Phi = \int_r^{r+b} aB(y)\,\mathrm{d}y = \frac{\mu_0 a I}{2\pi} \ln \frac{r+b}{r}$$

で与えられる．これより相互インダクタンス

$$M = \frac{\Phi}{I} = \frac{\mu_0 a}{2\pi} \ln \frac{r+b}{r}$$

を得る．

問 8-18 平面上の同心コイル対

図 8.14 で，同心円状に置かれた平面上の円形コイル対 $\mathrm{C}_1, \mathrm{C}_2$ の半径が $r_1 \ll r_2$ であるとき，相互インダクタンスを実際に求めて相反定理を確認せよ．

[解]　図 8.14 の I_2 が空間につくる磁束密度から，C_1 を貫く磁束 Φ_{12} を計算する．C_1 で囲まれる円内における磁束密度は，C_2 の中心における磁束密度に等しいとみなせるから，(5.29) により

$$\Phi_{12} = \pi r_1^2 \times \frac{\mu_0 I_2}{2r_2} = \frac{\pi \mu_0 r_1^2}{2r_2} I_2$$

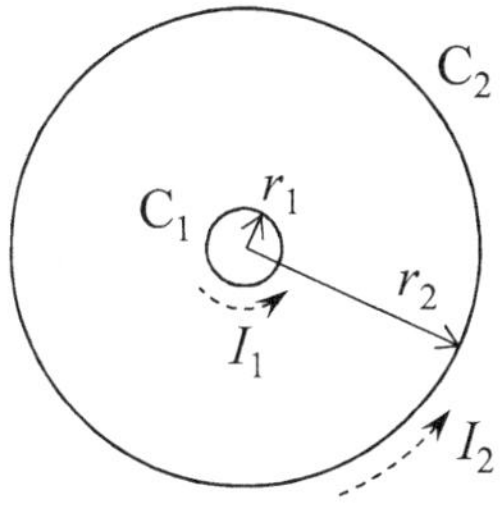

図 8.14: 平面上の同心コイル対

を得る．次に，I_1 によって生じる磁束密度から C_2 を貫く磁束 Φ_{21} を求める．**問 5-20** によれば，Φ_{21} は C_2 の外側の平面を横切る磁束の正負符号を反転させたものに等しい．C_2 の外側における磁束密度は磁気双極子場で与えられるから，(5.37) の B_z で $p_{\mathrm{m}} = \mu_0(\pi r_1^2)I_1$ とおいて

$$\Phi_{21} = -\int_{r_2}^{\infty} B_z(r, z=0)\,2\pi r\mathrm{d}r = -\int_{r_2}^{\infty} \frac{-p_{\mathrm{m}}}{4\pi r^3}\,2\pi r\,\mathrm{d}r = \frac{\pi\mu_0 r_1^2}{2r_2}I_1$$

を得る．以上から，相互インダクタンスの相反定理が次のように確認される．

$$M = \frac{\Phi_{12}}{I_2} = \frac{\Phi_{21}}{I_1} = \frac{\pi\mu_0 r_1^2}{2r_2}$$

問 8-19 平行に並べた大小の同心コイル対

円形のコイル対 C_1, C_2 の半径が $r_1 \ll r_2$ であり，図 8.15 のようにコイル面を平行に配置する．2 コイルの面間距離が z であるとき，相互インダクタンスを実際に求めて相反定理を確認せよ．

[解]　C_2 を流れる電流 I_2 が空間につくる磁束密度から，C_1 を貫く磁束 Φ_{12} を計算する．C_1 で囲まれる円内における磁束密度は，C_2 の中心軸上で中心から z の距離における磁束密度に等しいとみなせるから，(5.29) により

$$\Phi_{12} = \pi r_1^2 \times \frac{\mu_0 I_2 r_2^2}{2(z^2+r_2^2)^{3/2}} = \frac{\pi\mu_0 r_1^2 r_2^2}{2(z^2+r_2^2)^{3/2}}I_2$$

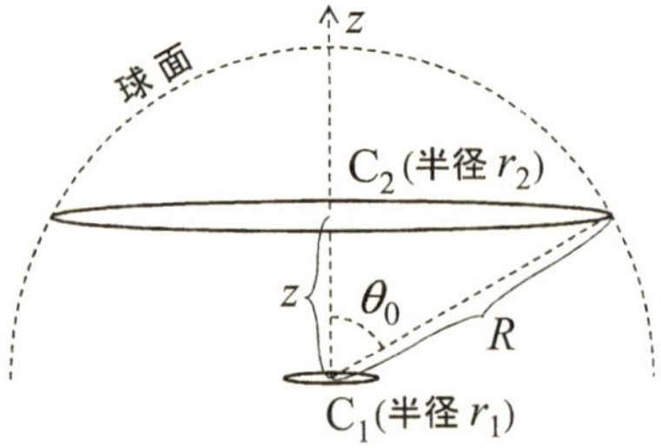

図 8.15: 平行な同心コイル対

を得る．次に，C_1 を流れる I_1 によって生じる磁束密度から C_2 を貫く磁束 Φ_{21} を求める．今の場合，I_1 による磁気双極子場 (5.38) の B_r を用いればよい．$p_m = \mu_0 \pi r_1^2 I_1$ と表し，図 8.15 のように z 軸をとった極座標を用いれば，C_2 を縁とする半径 $R = \sqrt{z^2 + r_2^2}$ の部分球面上での面積分により

$$\begin{aligned}\Phi_{21} &= \int_0^{\theta_0} B_r(\theta, r = R) \times 2\pi R^2 \sin\theta \, d\theta \\ &= \int_0^{\theta_0} \frac{p_m \cos\theta}{2\pi R^3} \times 2\pi R^2 \sin\theta \, d\theta \\ &= \frac{p_m}{R} \left[\frac{\sin^2\theta}{2} \right]_0^{\theta_0} = \frac{p_m}{R} \frac{r_2^2}{2R^2} = \frac{\pi \mu_0 r_1^2 r_2^2}{2(z^2 + r_2^2)^{3/2}} I_1\end{aligned}$$

を得る．ただし，$\sin\theta_0 = r_2/R$ の関係を用いた．以上から，相互インダクタンスは

$$M = \frac{\Phi_{12}}{I_2} = \frac{\Phi_{21}}{I_1} = \frac{\pi \mu_0 r_1^2 r_2^2}{2(z^2 + r_2^2)^{3/2}}$$

と表され，相反定理が確認された．なお，$z = 0$ の場合は**問 8-18** に相当する．

問 8-20 コイルを含む回路 (RL 回路)

図 8.16 のような自己インダクタンス L, 抵抗 R, 起電力 ϕ_0 の電気回路 (RL 回路) がある．時刻 $t = 0$ でスイッチ S を閉じた後に流れる電流 $I(t)$ および誘導起電力 $\phi_{em}(t)$ を求めよ．

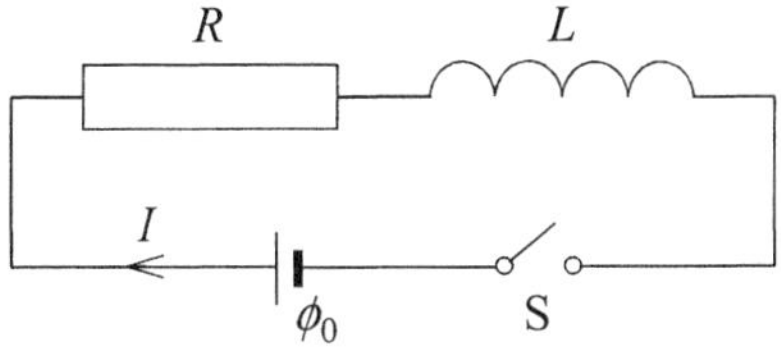

図 8.16: RL 回路

[解] 電気回路では電源電圧 (起電力) は回路を一周したときの電位差に等しい．回路を流れる電流を I とし，$\phi_{\rm em} = -L({\rm d}I/{\rm d}t)$ の関係を用いると

$$\phi_0 = RI - \phi_{\rm em} = RI + L\frac{{\rm d}I}{{\rm d}t} \tag{8.25}$$

を得る．ここで $\phi_{\rm em}$ は電流と逆向きに生じることから負符号が付くことに注意．$t = 0$ で $I = 0$ の初期条件で (8.25) を変数分離法で解けば

$$\begin{aligned} I(t) &= \frac{\phi_0}{R}\left[1 - \exp\left(-\frac{Rt}{L}\right)\right] \\ \phi_{\rm em}(t) &= -L\frac{{\rm d}I}{{\rm d}t} = -\phi_0 \exp\left(-\frac{Rt}{L}\right) \end{aligned}$$

を得る．

問 8-21 コイルを含む回路 (LC 回路)

図 8.17 に示すような自己インダクタンス L のコイル, 電気容量 C のコンデンサーを直列に接続した回路 (LC 回路) がある．コンデンサーを電荷 Q_0 に充電しておき，時刻 $t = 0$ にスイッチ S を閉じた後に流れる電流 $I(t)$ を求めよ．

[解] S を閉じるとコンデンサーの電荷は回路を電流として流れる．時刻 t において，コンデンサーに蓄えられている電荷 $q(t)$ と電流 $I(t)$ は

$$I(t) = \frac{{\rm d}q}{{\rm d}t} \tag{8.26}$$

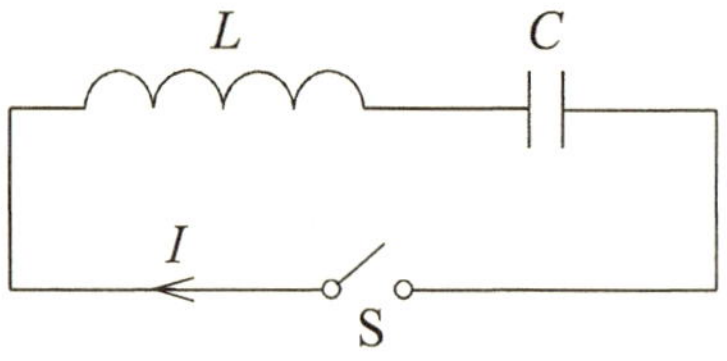

図 8.17: LC 回路

を満たす．回路を一周したときの電位差は (電源がないので) 0 になるから

$$-\phi_{\mathrm{em}} + \frac{q(t)}{C} = 0 \tag{8.27}$$

である．(8.26), (8.27), および $\phi_{\mathrm{em}} = -L(\mathrm{d}I/\mathrm{d}t)$ の関係から

$$\frac{\mathrm{d}^2 q(t)}{\mathrm{d}t^2} + \frac{q(t)}{LC} = 0 \tag{8.28}$$

が得られる．$t = 0$ で $q = Q_0$ の初期条件を満たす (8.28) の解と $I(t)$ は，単振動の角振動数を $\omega = 1/\sqrt{LC}$ として

$$q(t) = Q_0 \cos \omega t$$
$$I(t) = \frac{\mathrm{d}q}{\mathrm{d}t} = -\omega Q_0 \sin \omega t$$

で与えられる．

問 8-22 隣接する 2 コイルの蓄えるエネルギー

自己インダクタンスが L_1, L_2 の 2 つのコイル 1, 2 にそれぞれ電流 I_1, I_2 が流れている．これらのコイルの相互インダクタンスを M とするとき，2 つのコイルの系が蓄えるエネルギー W を求めよ．

[解]　まずコイル 2 の電流値が 0 のとき，磁場のエネルギーは $L_1 I_1^2/2$ である．次に，I_1 を一定に保ったままコイル 2 の電流値を 0 から I_2 まで変化させると

きに要する仕事を考える．コイル 1 を貫く磁束のうち I_2 に起因するものは

$$\Phi_{12} = MI_2 \tag{8.29}$$

である．その結果，コイル 1 には誘導起電力

$$\phi_{\mathrm{em}}^{(1)} = -\frac{\mathrm{d}\Phi_{12}}{\mathrm{d}t} = -M\frac{\mathrm{d}I_2}{\mathrm{d}t} \tag{8.30}$$

が生じる．この誘導起電力に抗してコイル 1 の電源は定電流 I_1 を流すから，そのための仕事

$$-\int \phi_{\mathrm{em}}^{(1)} I_1\,\mathrm{d}t = MI_1\int\frac{\mathrm{d}I_2}{\mathrm{d}t}\,\mathrm{d}t = MI_1I_2 \tag{8.31}$$

が磁場のエネルギーとして蓄えられる．このとき，コイル 2 では $L_2I_2^2/2$ の磁場エネルギーが生成されている．したがって，2 つのコイルがつくる磁場のエネルギーは

$$W = \frac{L_1I_1^2}{2} + \frac{L_2I_2^2}{2} + MI_1I_2 \tag{8.32}$$

になる．当然ながら，W はコイル 1, 2 の入替えに対して不変な形をしていて，I_1, I_2 に至る電流の変化の履歴には依存しない．

なお，I_1, I_2 の正負符号は右ネジ対応で決まることに注意．例えば，I_2 によって生成される磁束がコイル 1 の磁束を増加させるとき，I_2 は I_1 と同符号であるが，逆の場合は I_2 は I_1 と反対符号になる．後者では，$MI_1I_2 < 0$ となって W を減少させる効果をもたらす．

問 8-23 一体化する 2 コイル

自己インダクタンス L の 2 個の同じコイルを図 8.18 のように接近させて平行に配置する．**問 8-22** の結果を利用し，(a) 電流 $I_1 = I_2 = I$，(b)$I_1 = -I_2 = I$ のそれぞれの場合について，2 コイルの系が蓄えるエネルギーを求めよ．

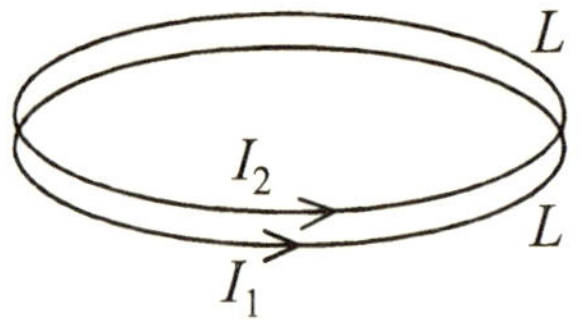

図 8.18: 接近させた 2 コイル

[解]　この場合には I_1 によって生成される磁束はすべてコイル 2 を貫いている．I_2 に関しても同様である．したがって，相互インダクタンスは $M = L$ で与えられる．(8.32) で $L_1 = L_2 = L = M$ とおいて，(a)，(b) に対してそれぞれ

$$W = \frac{LI^2}{2} + \frac{LI^2}{2} + LI^2 = 2LI^2 \, , \tag{8.33}$$

$$W = \frac{LI^2}{2} + \frac{LI^2}{2} - LI^2 = 0 \tag{8.34}$$

を得る．(8.33) はコイル 1 個に電流 $2I$ が流れる場合の $W = L(2I)^2/2$ に等しく，(8.34) は反対方向の 2 電流が打ち消しあって電流値が実質 0 の場合と等価である．

第9章　交流回路

9.1　基礎事項

9.1.1　交流と位相

発電機から得られる交流電圧を電源とする電気回路を考える．時間 t の関数としての交流電圧を

$$V(t) = V_0 \cos \omega t \tag{9.1}$$

と表す．ただし，V_0 は電圧の最大値，ω は角振動数である．回路が電気抵抗のみで構成されていれば，回路を流れる電流 $I(t)$ も同位相で変化する．回路がコンデンサーあるいはコイルを含むと，$I(t)$ は一般に電圧とは異なる位相になる．位相差を ϕ，$I(t)$ の最大値を I_0 とすれば，以下のように表される．

$$I(t) = I_0 \cos(\omega t + \phi) \tag{9.2}$$

交流では電力の表しかたは一通りではない．まず，時間に依存する $V(t)I(t)$ を**瞬時電力**という．周期 $T = 2\pi/\omega$ に関しての瞬時電力の平均値

$$\langle V(t)\, I(t) \rangle = \frac{1}{T}\int_0^T V(t)\, I(t)\, \mathrm{d}t = \frac{V_0 I_0}{2}\cos\phi = V_{\mathrm{eff}} I_{\mathrm{eff}} \cos\phi \tag{9.3}$$

を**有効電力**という．ただし

$$V_{\mathrm{eff}} = \sqrt{\langle V(t)^2 \rangle} = \frac{V_0}{\sqrt{2}} \tag{9.4}$$

$$I_{\mathrm{eff}} = \sqrt{\langle I(t)^2 \rangle} = \frac{I_0}{\sqrt{2}} \tag{9.5}$$

はそれぞれ $V(t), I(t)$ の実効値と呼ばれる．有効電力は T に比べて長い時間スケールでの消費電力を表す．実効値による $V_{\mathrm{eff}} I_{\mathrm{eff}}$ は**皮相電力**と呼ばれる．$\cos\phi$ は**力率**といい，$\phi = \pi/2$ では力率が 0 になって, 有効電力は 0 になる.

9.1.2 交流の複素数表示

回路の電源に交流電圧 $V(t)$ をかけたときの回路の電流 $I(t)$, すなわち I_0 と ϕ を求める問題を考える．(9.1), (9.2) はそれぞれ

$$V(t) = \frac{V_0}{2}\mathrm{e}^{\mathrm{i}\omega t} + \frac{V_0}{2}\mathrm{e}^{-\mathrm{i}\omega t} \tag{9.6}$$

$$I(t) = \frac{I_0}{2}\mathrm{e}^{\mathrm{i}(\omega t+\phi)} + \frac{I_0}{2}\mathrm{e}^{-\mathrm{i}(\omega t+\phi)} \tag{9.7}$$

と表されるから,[1] 次のような順序の解法が考えられる：

(1) $V(t), I(t)$ の満たすべき回路の方程式において，それらが (9.6), (9.7) の右辺の各第 1 項で与えられるとして，I_0 と ϕ を決めたとする.

(2) (9.6), (9.7) において第 2 項は第 1 項の複素共役であるから, 第 1 項が決まれば第 2 項も同時に決まる.

(3) ここで重要な条件として，$V(t)$ と $I(t)$ の間に線形の関係があれば (例えば, 線形微分方程式が成り立てば)，第 1, 2 項の和から得られる電流値 $I(t)$ は電圧 $V(t)$ に対する電流を与える.

そこで，$V(t), I(t)$ を複素数に置き換えて，交流回路を複素数表示で扱う．その際，$V(t)$ と $I(t)$ の線形性により，共通の定数を乗じることができるから

$$\dot{V}(t) = \frac{V_0}{\sqrt{2}}\,\mathrm{e}^{\mathrm{i}\omega t} = V_{\mathrm{eff}}\,\mathrm{e}^{\mathrm{i}\omega t} \tag{9.8}$$

$$\dot{I}(t) = \frac{I_0}{\sqrt{2}}\,\mathrm{e}^{\mathrm{i}(\omega t+\phi)} = I_{\mathrm{eff}}\,\mathrm{e}^{\mathrm{i}(\omega t+\phi)} \tag{9.9}$$

---

[1] 回路理論では慣例表記として $\sqrt{-1} = j$ を用いるが，本書では表記の統一のため $\sqrt{-1} = \mathrm{i}$ を使用する．なお，斜体の i は電流密度に用いる.

を用いる．これにより，有効電力の特別な場合として，直流電力を含めることができる (**問 9-4**).

こうして，交流回路の問題は，実数である電圧，電流を複素数化し，複素数の数学演算を経由して答が導かれる．また，複素数表示された量の関係は複素平面上にベクトル表示できるので，これを利用して問題を解くこともできる．

9.1.3 交流の回路要素とインピーダンス

交流回路を複素数表示で扱うとき

$$Z = \frac{\dot{V}}{\dot{I}} \tag{9.10}$$

を**インピーダンス**という．交流の回路要素である抵抗，コイル，コンデンサーの R, L, C に対応する Z はそれぞれ

$$Z_{\mathrm{R}} = R\ , \quad Z_{\mathrm{L}} = \mathrm{i}\omega L\ , \quad Z_{\mathrm{C}} = \frac{1}{\mathrm{i}\omega C}$$

である．これらを直列に接続した LRC 回路 (図 9.1) では

$$Z = R + \mathrm{i}\omega L + \frac{1}{\mathrm{i}\omega C}$$

である (**問 9-2**)．インピーダンスを実数部と虚数部に分けて

$$Z = R + \mathrm{i}X\ , \quad X = \omega L + \frac{1}{\omega C}$$

と表したとき，X を**リアクタンス**という．例えば，上述の LRC 回路では

$$X = \omega L + \frac{1}{\omega C}$$

と表される．さらに

$$\dot{I} = Y\dot{V}\ , \quad Y = \frac{1}{Z}$$

と表したとき，Y を**アドミッタンス**という．R, L, C に対応するアドミッタンスはそれぞれ次のようになる．

$$Y_{\mathrm{R}} = \frac{1}{R}\ , \quad Y_{\mathrm{L}} = \frac{1}{\mathrm{i}\omega L}\ , \quad Y_{\mathrm{C}} = \mathrm{i}\omega C$$

9.1.4　合成インピーダンスとキルヒホッフの法則

インピーダンスは直流回路における抵抗に相当するから，直流回路の場合に相当する法則が類似の方法によって導かれる．実際，インピーダンス $Z_1, Z_2, \cdots, Z_n$ を直列に接続したとき，合成インピーダンスは

$$Z = Z_1 + Z_2 + \cdots + Z_n$$

で与えられる．一方．並列に接続したときの合成インピーダンスは

$$\frac{1}{Z} = \frac{1}{Z_1} + \frac{1}{Z_2} + \cdots + \frac{1}{Z_n}$$

で与えられる．また，複素数表示での電圧，電流，インピーダンスに関してキルヒホッフの法則が成り立つことは明らかであろう．

9.2　問題と解答

問 9-1 交流と実効値

実効値 (9.4), (9.5) を求め，(9.3) を導け．

[解]　1 周期 $T = 2\pi/\omega$ に関する平均値は，例えば

$$\langle\cos^2 \omega t\rangle = \frac{1}{T}\int_0^T \cos^2 \omega t \, \mathrm{d}t = \frac{1}{T}\int_0^T \frac{1+\cos 2\omega t}{2}\,\mathrm{d}t = \frac{1}{2}$$
$$\langle\sin^2 \omega t\rangle = \langle 1 - \cos^2 \omega t\rangle = 1 - \langle\cos^2 \omega t\rangle = \frac{1}{2}$$
$$\langle\cos \omega t \, \sin \omega t\rangle = \frac{1}{2}\langle\sin 2\omega t\rangle = 0$$

であり，$\omega t \to \omega t + \phi$ に置き換えても不変である．これより，まず

$$V_{\mathrm{eff}} = \sqrt{V_0^2\langle\cos^2 \omega t\rangle} = \frac{V_0}{\sqrt{2}}, \quad I_{\mathrm{eff}} = \sqrt{I_0^2\langle\cos^2(\omega t + \phi)\rangle} = \frac{I_0}{\sqrt{2}}$$

を得る．次に，(9.3) は以下のように導かれる．

$$\begin{aligned}\langle V(t)\, I(t)\rangle &= V_0 I_0 \langle \cos\omega t\, \cos(\omega t+\phi)\rangle \\ &= 2V_{\rm eff} I_{\rm eff} \langle \cos^2\omega t\, \cos\phi - \cos\omega t\, \sin\omega t\, \sin\phi\rangle \\ &= 2V_{\rm eff} I_{\rm eff} \left(\cos\phi \langle\cos^2\omega t\rangle - \sin\phi \langle\cos\omega t\, \sin\omega t\rangle\right) \\ &= V_{\rm eff} I_{\rm eff} \cos\phi\end{aligned}$$

問 9-2 直列 LRC 回路

図 9.1 のように，直列の LRC 回路に正弦波の電圧 $V_0\cos\omega t$ がかけられたとき，

(1) 回路を流れる電流を $I(t) = I_0\cos(\omega t + \phi)$ として I_0 と ϕ を求めよ．

(2) 複素数表示を用いて，I_0 と ϕ を求めよ．

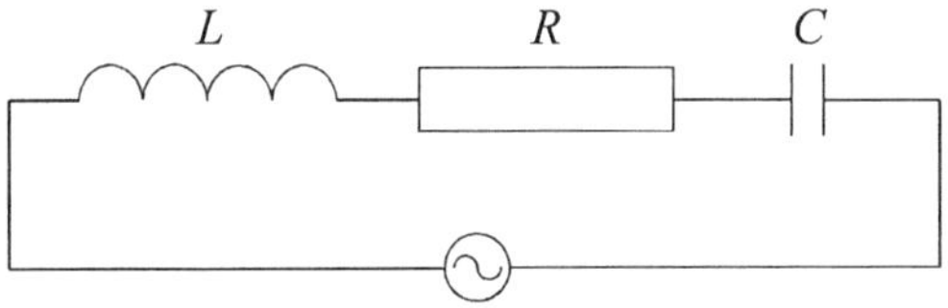

図 9.1: 交流電源に接続した直列 LRC 回路

[解]

(1) 回路に流れる電流 $I(t)$，コンデンサーに蓄えられる電荷 $q(t)$ は

$$L\frac{{\rm d}I(t)}{{\rm d}t} + RI(t) + \frac{q(t)}{C} = V_0\cos\omega t$$

を満たす．ここで $q(t) = \int I(t)\,{\rm d}t$ に注意すれば

$$\left[R\cos(\omega t+\phi) - \left(\omega L - \frac{1}{\omega C}\right)\sin(\omega t+\phi)\right] I_0 = V_0\cos\omega t$$

を得る．左辺を書き換えれば，次のように表される．

$$I_0\sqrt{R^2+\left(\omega L-\frac{1}{\omega C}\right)^2}\cos(\omega t+\phi+\theta)=V_0\cos\omega t\ ,$$

$$\text{ただし，}\ \tan\theta=\frac{\omega L-1/\omega C}{R}$$

これより，以下のように解が求まる．

$$I_0=\frac{V_0}{\sqrt{R^2+\left(\omega L-\frac{1}{\omega C}\right)^2}}\ ,\qquad \phi=-\theta=\arctan\frac{1/\omega C-\omega L}{R}$$

(2) (9.8), (9.9) を用いれば

$$\left(\mathrm{i}\omega L+R+\frac{1}{\mathrm{i}\omega C}\right)\dot{I}(t)=\dot{V}(t)$$

を得る．すなわち

$$R+\mathrm{i}\left(\omega L-\frac{1}{\omega C}\right)=\frac{V_0}{I_0}\mathrm{e}^{-\mathrm{i}\phi}$$

が成り立つ．実数部と虚数部をそれぞれ比べれば

$$R=\frac{V_0}{I_0}\cos\phi\ ,\qquad \omega L-\frac{1}{\omega C}=-\frac{V_0}{I_0}\sin\phi$$

を得る．これらの 2 式をそれぞれ 2 乗して辺々加えれば I_0, 2 式の辺々の比をとれば ϕ が求まる．結果は (1) で求めた I_0, ϕ に一致する．

問 9-3 並列 LRC 回路

図 9.2 のような並列の LRC 回路の両端 A, B に正弦波の電圧 $V_0\cos\omega t$ がかけられたとき，

(1) AB 間のアドミッタンスとインピーダンスをそれぞれ求めよ．

(2) AB 間を流れる電流 $I(t)$ を求めよ．

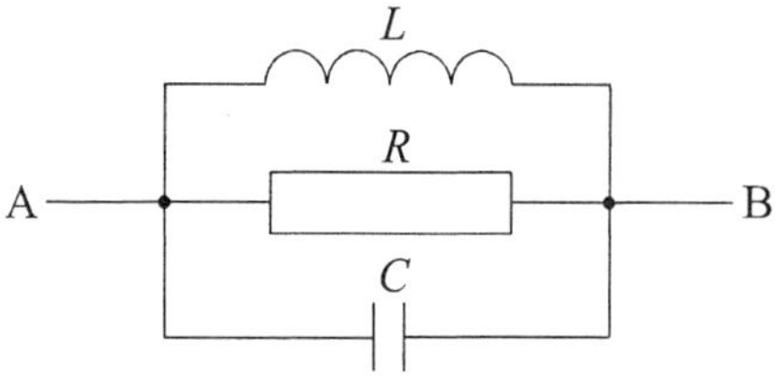

図 9.2: 並列 LRC 回路

[解]

(1) L, R, C アドミッタンスを $Y_{\rm L}, Y_{\rm R}, Y_{\rm C}$，それぞれを流れる電流を $\dot{I}_{\rm L}, \dot{I}_{\rm R}, \dot{I}_{\rm C}$ と表す．AB 間のアドミッタンスを Y，電流を $\dot{I}$ とすれば次の関係が成り立つ (電流の保存).

$$\dot{I} = \dot{I}_{\rm L} + \dot{I}_{\rm R} + \dot{I}_{\rm C} = (Y_{\rm L} + Y_{\rm R} + Y_{\rm C})\dot{V} = Y\dot{V}$$

したがって, 以下のように Y およびインピーダンス Z を得る.

$$Y = Y_{\rm L} + Y_{\rm R} + Y_{\rm C} = \frac{1}{{\rm i}\omega L} + \frac{1}{R} + {\rm i}\omega C$$
$$Z = \frac{1}{Y} = \frac{1}{\dfrac{1}{R} + {\rm i}\left(\omega C - \dfrac{1}{\omega L}\right)}$$

(2) 電流は $\dot{I}$ の実数部の $\sqrt{2}$ 倍であるから, 以下のように求まる.

$$\begin{aligned} I(t) = \sqrt{2}\,\Re\{Y\dot{V}\} &= \sqrt{2}\,\Re\left\{\left[\frac{1}{R} + {\rm i}\left(\omega C - \frac{1}{\omega L}\right)\right] V_{\rm eff}\,{\rm e}^{{\rm i}\omega t}\right\} \\ &= \frac{V_0}{R}\cos\omega t - V_0\left(\omega C - \frac{1}{\omega L}\right)\sin\omega t \\ &= V_0\sqrt{\frac{1}{R^2} + \left(\omega C - \frac{1}{\omega L}\right)^2}\cos(\omega t + \phi)\,, \\ \text{ただし，}\quad \phi &= \arctan\left[R\left(\omega C - \frac{1}{\omega L}\right)\right] \end{aligned}$$

問 9-4 インピーダンスと消費電力

インピーダンス Z の負荷に交流電流を流すとき，負荷で消費される有効電力 W は複素数表示で

$$W = \frac{Z + \bar{Z}}{2} |\dot{I}|^2 \tag{9.11}$$

になることを示せ．ただし，$\bar{Z}$ は Z の複素共役を表す．

[解]　(9.11) が (9.3) に等しいことを示せばよい．まず

$$Z = \frac{\dot{V}}{\dot{I}} = \frac{V_{\text{eff}}\, \mathrm{e}^{\mathrm{i}\omega t}}{I_{\text{eff}}\, \mathrm{e}^{\mathrm{i}(\omega t + \phi)}} = \frac{V_0}{I_0} \mathrm{e}^{-\mathrm{i}\phi} \tag{9.12}$$

と表される．$|\dot{I}| = I_0/\sqrt{2}$ であるから以下の結果を得る．

$$\frac{Z + \bar{Z}}{2} |\dot{I}^2| = \frac{V_0 \cos\phi}{I_0} \cdot \frac{I_0^2}{2} = \frac{V_0 I_0}{2} \cos\phi \tag{9.13}$$

なお，(9.11) は $Z = R$ のとき $W = RI_{\text{eff}}^2$ になって直流の場合の表式に一致する．

問 9-5 インピーダンス整合

起電力 $\dot{V} = V_{\text{eff}}\, \mathrm{e}^{\mathrm{i}\omega t}$, 内部インピーダンス Z_1 の交流電源にインピーダンス Z の負荷を接続したとき，負荷の消費電力が最大になる条件および消費電力の最大値を求めよ．

[解]　負荷に流れる電流は

$$\dot{I} = \frac{\dot{V}}{Z_1 + Z}$$

と表される．負荷の消費電力 W は (9.11) で与えられるから

$$W = \frac{Z + \bar{Z}}{2} |\dot{I}|^2 = \frac{Z + \bar{Z}}{2} \left| \frac{\dot{V}}{Z_1 + Z} \right|^2$$

を得る．ここで

$$\begin{aligned} Z &= R + \mathrm{i}X \\ Z_1 &= R_1 + \mathrm{i}X_1 \end{aligned}$$

とおけば

$$W = \frac{R V_{\mathrm{eff}}^2}{(R+R_1)^2 + (X+X_1)^2}$$

と表される．こうして，本問は 2 変数 R, X の関数 W の極値を求める問題に帰着する．実際，W は

$$R = R_1\ ,\ \ X = -X_1 \quad \text{すなわち，} Z = \bar{Z}_1$$

のときに最大値

$$W_{\max} = \frac{V_{\mathrm{eff}}^2}{4R_1}$$

をとる．このように，電源から最大電力を引き出す条件 $Z = \bar{Z}_1$ を**インピーダンス整合**という．

問 9-6 インピーダンスのベクトル表示

コンデンサーと抵抗 $R = 3\mathrm{k}\Omega$ を直列につなぎ，両端に $V_{\mathrm{eff}} = 100\mathrm{V}$, 50Hz の交流電圧をかけたところ，抵抗での消費電力は 1.2 W であった．コンデンサーの電気容量を，(i) ベクトル図から，(ii) 複素数表示の式から，それぞれ求めよ．

[解] (i) この回路は

$$\dot{V} = R\dot{I} + \frac{1}{\mathrm{i}\omega C}\dot{I} \tag{9.14}$$

を満たす．ここで，$|\dot{I}| = \sqrt{1.2/3000} = 0.02\,\mathrm{A}$ であるから，$|R\dot{I}| = 60\,\mathrm{V}$ になる．さらに $|\dot{V}| = 100\,\mathrm{V}$ であるから，複素平面上の 3 つのベクトル $\dot{V}, R\dot{I}, \dot{I}/(\mathrm{i}\omega C)$

は図 9.3 のように表される．ここで，$R\dot{I}$ と $\dot{I}/(\mathrm{i}\omega C)$ は直交することに注意せよ.[2] これより

$$\left|\frac{\dot{I}}{\mathrm{i}\omega C}\right| = \frac{|\dot{I}|}{\omega C} = \sqrt{100^2 - 60^2} = 80\,[\mathrm{V}]$$

を得る．したがって, C は以下のように求まる．

$$C = \frac{0.02}{(2\pi \times 50) \times 80} = 7.96 \times 10^{-7}\,[\mathrm{F}] = 0.796\,[\mu\mathrm{F}]$$

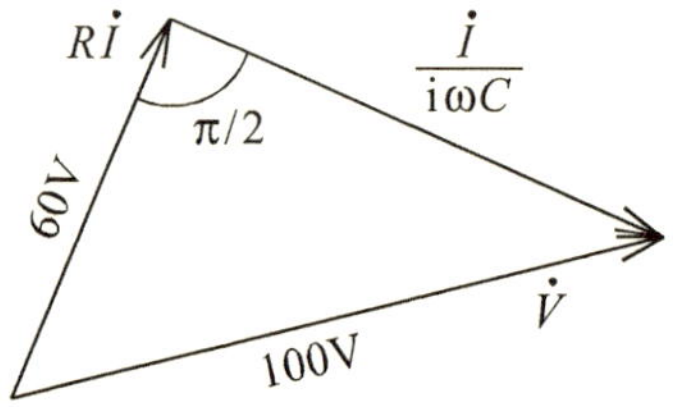

図 9.3: ベクトル図

(ii) まず，(9.14) より

$$\frac{V_{\mathrm{eff}}}{I_{\mathrm{eff}}} = \left(R - \frac{\mathrm{i}}{\omega C}\right)\mathrm{e}^{\mathrm{i}\phi}$$

を得る．両辺の実数部および虚数部の対応から

$$\begin{aligned}\frac{V_{\mathrm{eff}}}{I_{\mathrm{eff}}} &= R\cos\phi + \frac{\sin\phi}{\omega C}\\ 0 &= R\sin\phi - \frac{\cos\phi}{\omega C}\end{aligned}$$

が成り立つ．辺々を 2 乗して加えると

$$\left(\frac{V_{\mathrm{eff}}}{I_{\mathrm{eff}}}\right)^2 = R^2 + \frac{1}{\omega^2 C^2}$$

[2] C, L のインピーダンスは虚数であり，$\mathrm{i} = \mathrm{e}^{\pi\mathrm{i}/2}$ と表されるので，ベクトル表示での R に対して直交する．

を得る．$V_{\mathrm{eff}}/I_{\mathrm{eff}} = 100/0.02 = 5000\,[\Omega]$ であるから，C は

$$C = \frac{1}{(2\pi \times 50) \times \sqrt{5000^2 - 3000^2}} = \frac{1}{(2\pi \times 50) \times 4000} = 0.796\,[\mu\mathrm{F}]$$

と求まり，ベクトル図から得た結果に一致する．

問 9-7 ウィーン・ブリッジ

図 9.4 のような交流ブリッジ (Wien bridge) において，交流検出器 (D) が 0 になる条件 (平衡条件) を求めよ．

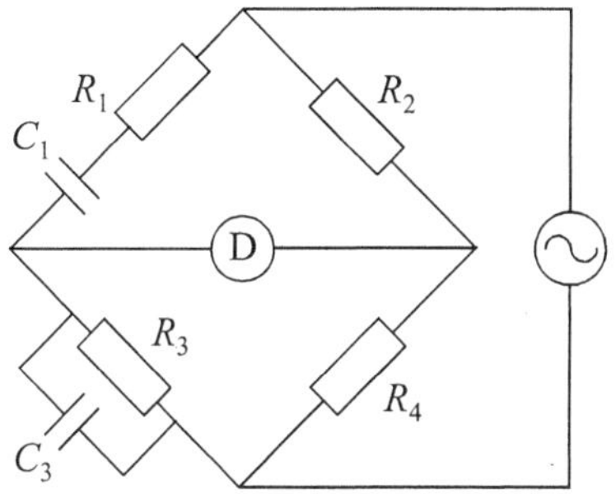

図 9.4: ウィーン・ブリッジ

[解] 直流回路のホイートストン・ブリッジ (図 4.2) における抵抗をインピーダンスに置き換えればよい．すなわち，回路の各部のインピーダンス $Z_1 \sim Z_4$ により，平衡条件は

$$\frac{Z_1}{Z_3} = \frac{Z_2}{Z_4}$$

である．これより

$$\left(R_1 + \frac{1}{\mathrm{i}\omega C_1}\right)\left(\frac{1}{R_3} + \mathrm{i}\omega C_3\right) = \frac{R_2}{R_4}$$

が成り立つ．この式の実数部および虚数部の対応から平衡条件

$$\begin{aligned} \frac{R_1}{R_3} + \frac{C_3}{C_1} &= \frac{R_2}{R_4} \\ \omega^2 R_1 R_3 C_1 C_3 &= 1 \end{aligned}$$

を得る．この関係により，例えば未知の R_3, C_3 の値を知ることができる．

第10章　マクスウェルの方程式

10.1　基礎事項

10.1.1　時間変化する電磁場

時間 t に依存する電荷密度 $\rho(\boldsymbol{r},t)$ と電流密度 $\boldsymbol{i}(\boldsymbol{r},t)$ があるとき，空間に生じる電場 $\boldsymbol{E}(\boldsymbol{r},t)$ と磁束密度 $\boldsymbol{B}(\boldsymbol{r},t)$ は**マクスウェルの方程式**

$$\nabla\cdot\boldsymbol{E}(\boldsymbol{r},t) = \frac{\rho(\boldsymbol{r},t)}{\varepsilon_0} \tag{10.1}$$

$$\nabla\cdot\boldsymbol{B}(\boldsymbol{r},t) = 0 \tag{10.2}$$

$$\nabla\times\boldsymbol{B}(\boldsymbol{r},t) - \varepsilon_0\mu_0\frac{\partial\boldsymbol{E}(\boldsymbol{r},t)}{\partial t} = \mu_0\boldsymbol{i}(\boldsymbol{r},t) \tag{10.3}$$

$$\nabla\times\boldsymbol{E}(\boldsymbol{r},t) + \frac{\partial\boldsymbol{B}(\boldsymbol{r},t)}{\partial t} = 0 \tag{10.4}$$

で与えられる．

10.1.2　変位電流

(10.3) は，静磁場のアンペールの法則 $\nabla\cdot\boldsymbol{B} = \mu_0\boldsymbol{i}$ に新たな電流密度

$$\boldsymbol{i}_{\mathrm{d}}(\boldsymbol{r},t) = \varepsilon_0\frac{\partial\boldsymbol{E}(\boldsymbol{r},t)}{\partial t} = \frac{\partial\boldsymbol{D}(\boldsymbol{r},t)}{\partial t} \tag{10.5}$$

の項が加わったものである．この電流を**変位電流**と呼び，(10.3) で表される法則を**マクスウェル–アンペールの法則**という．

10.1.3 光と電磁波

電荷も電流も存在しない真空中におけるマクスウェルの方程式は

$$\nabla \cdot \boldsymbol{E}(\boldsymbol{r},t) = 0 \tag{10.6}$$

$$\nabla \cdot \boldsymbol{B}(\boldsymbol{r},t) = 0 \tag{10.7}$$

$$\nabla \times \boldsymbol{B}(\boldsymbol{r},t) - \varepsilon_0\mu_0\frac{\partial \boldsymbol{E}(\boldsymbol{r},t)}{\partial t} = 0 \tag{10.8}$$

$$\nabla \times \boldsymbol{E}(\boldsymbol{r},t) + \frac{\partial \boldsymbol{B}(\boldsymbol{r},t)}{\partial t} = 0 \tag{10.9}$$

である．これらの式から，$\boldsymbol{E}(\boldsymbol{r},t), \boldsymbol{B}(\boldsymbol{r},t)$ は真空中を伝わる横波を表す解を持つことが示される (図 10.1)．その伝播速度は光速

$$c = \frac{1}{\sqrt{\varepsilon_0\mu_0}} \tag{10.10}$$

である．この波を**電磁波**という．

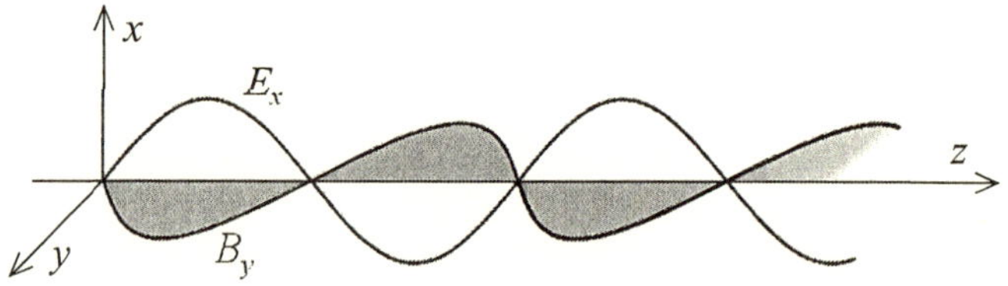

図 10.1: 空間を z 方向へ進む電磁波

10.1.4 ポインティング・ベクトル

マクスウェルの方程式から

$$\nabla \cdot (\boldsymbol{E} \times \boldsymbol{H}) = -\frac{\partial}{\partial t}\left(\frac{ED}{2} + \frac{HB}{2}\right) - \boldsymbol{E} \cdot \boldsymbol{i} \tag{10.11}$$

が導かれる (**問 10-11**)．ここで，ED, HB はそれぞれ $\boldsymbol{E} \cdot \boldsymbol{D}$, $\boldsymbol{H} \cdot \boldsymbol{B}$ と表記してもよい．(10.11) の右辺のカッコ内は，電磁場のエネルギー密度を表す．右辺

の第 2 項はジュール熱の発生を意味する．左辺の ( ) 内は電磁場のエネルギーの流れを表し，ベクトル

$$\boldsymbol{S}(\boldsymbol{r},t) = \boldsymbol{E}(\boldsymbol{r},t) \times \boldsymbol{H}(\boldsymbol{r},t) \tag{10.12}$$

は，この方向に垂直な単位面積を単位時間に通過する電磁エネルギーを表す．$\boldsymbol{S}(\boldsymbol{r},t)$ を**ポインティング・ベクトル**と呼ぶ．

10.1.5 電磁場の運動量

電磁場にはエネルギー $\mathcal{E}$ の流れと同時に運動量 p の流れがあると考えられ，それらは $p = \mathcal{E}/c$ (フォトンの運動量) により関係づけられる．これより，電磁場のエネルギー密度 $u(\boldsymbol{r},t) = \varepsilon_0 E(\boldsymbol{r},t)^2 = \mu_0 H(\boldsymbol{r},t)^2$ に対応する**電磁場の運動量密度** $\boldsymbol{g}(\boldsymbol{r},t)$ は

$$|\boldsymbol{g}(\boldsymbol{r},t))| = \frac{u(\boldsymbol{r},t)}{c} = \frac{\sqrt{\varepsilon_0\mu_0}E(\boldsymbol{r},t)H(\boldsymbol{r},t)}{c} = \frac{E(\boldsymbol{r},t)H(\boldsymbol{r},t)}{c^2} \tag{10.13}$$

と表される．$\boldsymbol{g}(\boldsymbol{r},t)$ はポインティング・ベクトルの方向に一致すべきであるから，(10.13) より，次式が成り立つ．

$$\boldsymbol{g}(\boldsymbol{r},t) = \frac{\boldsymbol{S}(\boldsymbol{r},t)}{c^2} \tag{10.14}$$

10.1.6 時間に依存する電磁場のポテンシャル

$\boldsymbol{B}(\boldsymbol{r},t)$ を与えるベクトル・ポテンシャル $\boldsymbol{A}(\boldsymbol{r},t)$ は，静磁場の場合と同じく

$$\boldsymbol{B}(\boldsymbol{r},t) = \nabla \times \boldsymbol{A}(\boldsymbol{r},t) \tag{10.15}$$

により導入される．これに対して，$\boldsymbol{E}(\boldsymbol{r},t)$ を与えるスカラー・ポテンシャル $\phi(\boldsymbol{r},t)$ は

$$\boldsymbol{E}(\boldsymbol{r},t) = -\nabla\phi(\boldsymbol{r},t) - \frac{\partial \boldsymbol{A}(\boldsymbol{r},t)}{\partial t} \tag{10.16}$$

により，静電場に対する表式にファラデーの電磁誘導を表す右辺第 2 項が加わるかたちで導入される (**問 10-5**)．

10.2 問題と解答

問 10-1 変位電流の導入

時間 t に依存する電流密度 $\boldsymbol{i}(\boldsymbol{r},t)$ があるとき，アンペールの法則を $\nabla \times \boldsymbol{B}(\boldsymbol{r},t) = \mu_0 \boldsymbol{i}(\boldsymbol{r},t)$ とすると，電荷の保存則 (4.3) が成り立たないことを示せ．次に，$\nabla \cdot \boldsymbol{E}(\boldsymbol{r},t) = \rho(\boldsymbol{r},t)/\varepsilon_0$ を用いて電荷の保存則を書き換え，$\boldsymbol{i}(\boldsymbol{r},t)$ 以外に新たな電流密度が空間に生じていると考えられることを示せ．これより，マクスウェル–アンペールの法則を導け．

[解] $\nabla \times \boldsymbol{B}(\boldsymbol{r},t) = \mu_0 \boldsymbol{i}(\boldsymbol{r},t)$ の両辺の発散 $(\nabla\cdot)$ をとり，ベクトル解析の恒等式 $\nabla \cdot (\nabla \times \boldsymbol{B}) = 0$ を用いると $\nabla \cdot \boldsymbol{i}(\boldsymbol{r},t) = 0$ になる．つまり，電荷の保存則 $\nabla \cdot \boldsymbol{i}(\boldsymbol{r},t) + \partial\rho(\boldsymbol{r},t)/\partial t = 0$ が成立しない．

次に，$\nabla \cdot \boldsymbol{E} = \rho(\boldsymbol{r},t)/\varepsilon_0$ の関係を用いると電荷の保存則は

$$\nabla \cdot \boldsymbol{i}(\boldsymbol{r},t) + \frac{\partial\rho(\boldsymbol{r},t)}{\partial t} = \nabla \cdot \left[\boldsymbol{i}(\boldsymbol{r},t) + \varepsilon_0 \frac{\partial \boldsymbol{E}(\boldsymbol{r},t)}{\partial t}\right] = 0$$

と表される．すなわち，時間変化する電場は $\boldsymbol{i}_{\mathrm{d}}(\boldsymbol{r},t) = \varepsilon_0[\partial \boldsymbol{E}(\boldsymbol{r},t)/\partial t]$ という変位電流密度を空間に誘起すると考えられる．そこで，アンペールの法則における電流密度を $\boldsymbol{i}(\boldsymbol{r},t) \to \boldsymbol{i}(\boldsymbol{r},t) + \boldsymbol{i}_{\mathrm{d}}(\boldsymbol{r},t)$ と置き換えることで，マクスウェル–アンペールの法則が導かれる．

問 10-2 平行板コンデンサー内の変位電流

図 10.2 は充電中の平行板コンデンサーを示す．コンデンサーの極板の面積を S とし，時刻 t においてコンデンサーに蓄積された電荷を $q(t)$ とするとき，コンデンサー内の変位電流 $I_{\mathrm{d}}(t)$ はコンデンサーに流れ込む電流 $I(t)$ に等しいことを示せ．

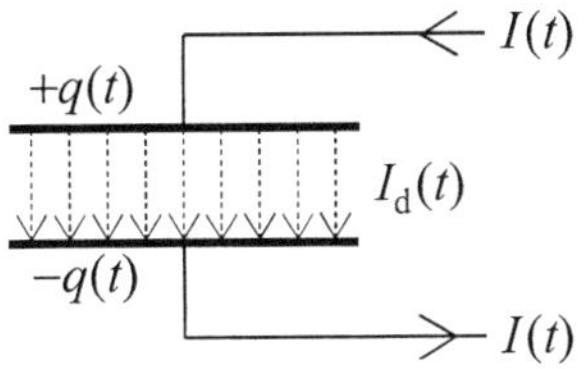

図 10.2: 平行板コンデンサー内の変位電流

[解] 極板の電荷面密度 $\sigma = q(t)/S$ により，極板間の電場は $E = \sigma/\varepsilon_0$ で与えられるから，以下の関係が得られる．

$$I_{\mathrm{d}}(t) = S \times \varepsilon_0 \frac{\partial}{\partial t}\left[\frac{q(t)}{\varepsilon_0 S}\right] = \frac{\mathrm{d}q(t)}{\mathrm{d}t} = I(t)$$

問 10-3 変位電流で生じる磁場

図 10.3 のように，半径 R の円形の平行板コンデンサーに，時間変化する電流 $I(t)$ が流れ込んでいる．コンデンサー内で 2 円板の中心を結ぶ直線から半径 $r\ (\leq R)$ の位置における磁束密度 $B(r,t)$ をマクスウェル・アンペールの法則の積分形を用いて求めよ．

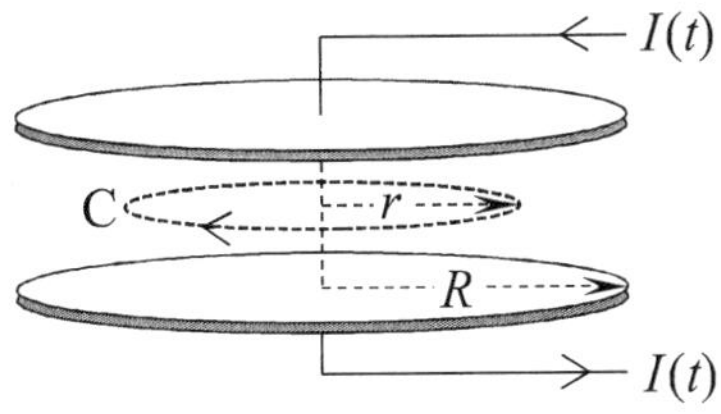

図 10.3: 平行円板コンデンサー内のマクスウェル–アンペールの積分経路 C

[解] 図 10.3 に示す半径 r の円 C に関して，マクスウェル・アンペールの法則の積分形を適用する．**問 10-2** より，コンデンサー内部の極板間には変位電流

$I_\mathrm{d}(t)=I(t)$ が均一に流れ，それによって軸対称な磁束密度が図 10.3 の C 上の矢印の方向に生じる．したがって，マクスウェル・アンペールの法則は，C の内部を流れる変位電流 $(r/R)^2 I_\mathrm{d}(t)$ に注目して

$$2\pi r B(r,t)=\mu_0\left(\frac{r}{R}\right)^2 I_\mathrm{d}(t)$$

と表される．これより次の結果を得る．

$$B(r,t)=\frac{\mu_0 r}{2\pi R^2}I_\mathrm{d}(t)=\frac{\mu_0 r}{2\pi R^2}I(t)$$

問 10-4 マクスウェルの方程式と変数の数

$\boldsymbol{E},\boldsymbol{B}$ はそれぞれ 3 成分を持つから，それらを決定するマクスウェルの方程式の解は合計 6 個のはずである．しかし，マクスウェルの方程式の数は，回転 $(\nabla\times)$ が 3 成分を持つことから実質 8 個である．したがって，$\boldsymbol{E},\boldsymbol{B}$ の一般解は 8 個のうちの 6 個で決まり，残りの 2 個は付加条件を表すことになる．実際，$\nabla\cdot\boldsymbol{E}=\rho/\varepsilon_0, \nabla\cdot\boldsymbol{B}=0$ は $\boldsymbol{E},\boldsymbol{B}$ の時間変化の初期条件を与えることを示せ．

[解]　マクスウェルの方程式におけるマクスウェル–アンペールの法則 (10.3) の発散 $(\nabla\cdot)$ をとり，$\nabla\cdot(\nabla\times\boldsymbol{B})=0$ に注意すると

$$\nabla\cdot\left[\boldsymbol{i}(\boldsymbol{r},t)+\varepsilon_0\frac{\partial\boldsymbol{E}(\boldsymbol{r},t)}{\partial t}\right]=\nabla\cdot\boldsymbol{i}(\boldsymbol{r},t)+\varepsilon_0\frac{\partial[\nabla\cdot\boldsymbol{E}(\boldsymbol{r},t)]}{\partial t}=0$$

を得る．ここで，電荷の保存則 $\nabla\cdot\boldsymbol{i}(\boldsymbol{r},t)=-\partial\rho(\boldsymbol{r},t)/\partial t$ を用いれば

$$\frac{\partial}{\partial t}\left[\nabla\cdot\boldsymbol{E}(\boldsymbol{r},t)-\frac{\rho(\boldsymbol{r},t)}{\varepsilon_0}\right]=0 \tag{10.17}$$

が導かれる．同様に，ファラデーの電磁誘導則 (10.4) の発散 $(\nabla\cdot)$ をとり，$\nabla\cdot(\nabla\times\boldsymbol{E})=0$ に注意すると

$$\frac{\partial}{\partial t}[\nabla\cdot\boldsymbol{B}(\boldsymbol{r},t)]=0 \tag{10.18}$$

が導かれる．(10.17), (10.18) より

$$\nabla\cdot\boldsymbol{E}(\boldsymbol{r},t)-\frac{\rho(\boldsymbol{r},t)}{\varepsilon_0}=f_1(\boldsymbol{r})\ ,\qquad \nabla\cdot\boldsymbol{B}(\boldsymbol{r},t)=f_2(\boldsymbol{r})$$

と表される．ただし，$f_1(\boldsymbol{r}), f_2(\boldsymbol{r})$ は位置の任意関数である．これより，マクスウェルの方程式中の $\nabla \cdot \boldsymbol{E} = \rho/\varepsilon_0, \nabla \cdot \boldsymbol{B} = 0$ は $f_1(\boldsymbol{r}) = f_2(\boldsymbol{r}) = 0$，言い換えれば時間変化の初期条件を与えていることがわかる．

問 10-5 時間変化する電磁場のスカラー・ポテンシャル

静電場と静電ポテンシャルの関係 $\boldsymbol{E}(\boldsymbol{r}) = -\nabla\phi(\boldsymbol{r})$ は，時間変化する電磁場に対しては修正が必要である．$\nabla \times \boldsymbol{B}(\boldsymbol{r}, t) = 0$ に基づくベクトル・ポテンシャル $\boldsymbol{A}(\boldsymbol{r}, t)$ を，$\boldsymbol{B} = \nabla \times \boldsymbol{A}$ により導入して，$\boldsymbol{E}(\boldsymbol{r}) = -\nabla\phi(\boldsymbol{r})$ に置き換わる式を導け．

[解]　マクスウェルの方程式における電磁誘導則は

$$\nabla \times \boldsymbol{E}(\boldsymbol{r}, t) + \frac{\partial \boldsymbol{B}(\boldsymbol{r}, t)}{\partial t} = \nabla \times \left[\boldsymbol{E}(\boldsymbol{r}, t) + \frac{\partial \boldsymbol{A}(\boldsymbol{r}, t)}{\partial t}\right] = 0$$

と表される．これより，時間変化する電磁場のスカラー・ポテンシャル $\phi(\boldsymbol{r}, t)$ は以下のように導入される．

$$\boldsymbol{E}(\boldsymbol{r}, t) + \frac{\partial \boldsymbol{A}(\boldsymbol{r}, t)}{\partial t} = -\nabla\phi(\boldsymbol{r}, t)$$

したがって，時間変化する電場を表す式は $\boldsymbol{E}(\boldsymbol{r}, t) = -\nabla\phi(\boldsymbol{r}, t) - \partial\boldsymbol{A}(\boldsymbol{r}, t)/\partial t$ と求まる．

問 10-6 放射ゲージによるマクスウェルの方程式

電荷も電流も存在しない真空中の電磁場では，ベクトル・ポテンシャル $\boldsymbol{A}(\boldsymbol{r}, t)$ とスカラー・ポテンシャル $\phi(\boldsymbol{r}, t)$ に関して

$$\nabla^2 \boldsymbol{A}(\boldsymbol{r}, t) - \varepsilon_0\mu_0 \frac{\partial^2 \boldsymbol{A}(\boldsymbol{r}, t)}{\partial t^2} = 0 \qquad (10.19)$$

$$\nabla \cdot \boldsymbol{A}(\boldsymbol{r}, t) = 0 \qquad (10.20)$$

$$\phi(\boldsymbol{r}, t) = 0 \qquad (10.21)$$

が成り立つ．これらの 3 式は，電荷も電流も存在しない真空中のマクスウェルの方程式と等価であることを確かめよ．このようなポテンシャルの設定を**放射ゲージ**という (**問 12-2** を参照).

[解]　真空中のマクスウェルの方程式を導けばよい．まず，ベクトル解析の恒等式から

$$\nabla\cdot\boldsymbol{B}(\boldsymbol{r},t)=\nabla\cdot[\nabla\times\boldsymbol{A}(\boldsymbol{r},t)]=0$$

を得る．さらに，電場を与える (10.16) と (10.20), (10.21) から

$$\nabla\cdot\boldsymbol{E}=\nabla\left(-\nabla\phi-\frac{\partial\boldsymbol{A}}{\partial t}\right)=-\frac{\partial(\nabla\cdot\boldsymbol{A})}{\partial t}=0$$

を得る．次に, マクスウェル–アンペールの法則に関して，2 重のベクトル演算 [付録 (B.12)] を用いて

$$\begin{aligned}\nabla\times\boldsymbol{B}-\varepsilon_0\mu_0\frac{\partial\boldsymbol{E}}{\partial t} &= \nabla\times(\nabla\times\boldsymbol{A})-\varepsilon_0\mu_0\frac{\partial}{\partial t}\left(-\nabla\phi-\frac{\partial\boldsymbol{A}}{\partial t}\right)\\ &= -\nabla^2\boldsymbol{A}+\nabla(\nabla\cdot\boldsymbol{A})+\varepsilon_0\mu_0\frac{\partial^2\boldsymbol{A}}{\partial t^2}\\ &= 0\end{aligned}$$

が導かれる．同様に，ファラデーの電磁誘導則に関して

$$\begin{aligned}\nabla\times\boldsymbol{E}+\frac{\partial\boldsymbol{B}}{\partial t} &= \nabla\times\left(-\nabla\phi-\frac{\partial\boldsymbol{A}}{\partial t}\right)+\frac{\partial\boldsymbol{B}}{\partial t}\\ &= -\frac{\partial(\nabla\times\boldsymbol{A})}{\partial t}+\frac{\partial\boldsymbol{B}}{\partial t}\\ &= -\frac{\partial\boldsymbol{B}}{\partial t}+\frac{\partial\boldsymbol{B}}{\partial t}\\ &= 0\end{aligned}$$

を得る．以上より，(10.19)∼(10.21) は真空中のマクスウェルの方程式と等価である．

問 10-7 電磁波の波動方程式

電荷も電流もない真空中のマクスウェルの方程式

$$\nabla \times \boldsymbol{B}(\boldsymbol{r}, t) - \varepsilon_0 \mu_0 \frac{\partial \boldsymbol{E}(\boldsymbol{r}, t)}{\partial t} = 0\,, \quad \nabla \times \boldsymbol{E}(\boldsymbol{r}, t) + \frac{\partial \boldsymbol{B}(\boldsymbol{r}, t)}{\partial t} = 0$$

の回転 $(\nabla\times)$ をそれぞれとることにより $\boldsymbol{B}, \boldsymbol{E}$ に関する波動方程式を導き，それらが光速 $c = 1/\sqrt{\varepsilon_0 \mu_0}$ で伝わる波であることを示せ．

[解]　第1式の回転 $(\nabla\times)$ をとり，ベクトル解析の関係式 $\nabla\times(\nabla\times\boldsymbol{B}) = -\nabla^2\boldsymbol{B} + \nabla(\nabla\cdot\boldsymbol{B})$，および $\nabla\cdot\boldsymbol{B} = 0$ から

$$-\nabla^2 \boldsymbol{B} - \varepsilon_0 \mu_0 \frac{\partial(\nabla \times \boldsymbol{E})}{\partial t} = 0$$

を得る．この式の左辺第2項へ $\nabla \times \boldsymbol{E} = -\partial \boldsymbol{B}/\partial t$ を代入すると，$\boldsymbol{B}$ に関する波動方程式

$$\nabla^2 \boldsymbol{B} - \varepsilon_0 \mu_0 \frac{\partial^2 \boldsymbol{B}}{\partial t^2} = 0 \qquad (10.22)$$

が導かれる．次に，第2式の回転をとり同様な計算を行うと，$\boldsymbol{E}$ に関する波動方程式

$$\nabla^2 \boldsymbol{E} - \varepsilon_0 \mu_0 \frac{\partial^2 \boldsymbol{E}}{\partial t^2} = 0 \qquad (10.23)$$

が導かれる．$\boldsymbol{B}, \boldsymbol{E}$ ともに伝播速度は $1/\sqrt{\varepsilon_0 \mu_0}$ で，これは光速 c に等しい．

問 10-8 平面波と球面波

時間変化するベクトル場 $\boldsymbol{K}(\boldsymbol{r}, t)$ が波動方程式

$$\nabla^2 \boldsymbol{K} = \frac{1}{c^2} \frac{\partial^2 \boldsymbol{K}}{\partial t^2} \qquad (10.24)$$

を満たすとする．(10.24) の代表的な2つの解は，振動方向を表す単位長さの定ベクトル $\boldsymbol{C}$ により

$$\boldsymbol{K} = \boldsymbol{C} f(\xi) \qquad (10.25)$$

$$\boldsymbol{K} = \boldsymbol{C} \frac{g(\eta)}{r} \quad (r = |\boldsymbol{r}| \neq 0) \qquad (10.26)$$

と表される．ただし，$f(\xi), g(\eta)$ は変数 $\xi = \boldsymbol{k}\cdot\boldsymbol{r} - \omega t$ または $\eta = kr - \omega t$ の任意の関数をそれぞれ表す．ここで，$\boldsymbol{k}$ は波数ベクトル，$\omega = c|\boldsymbol{k}| = ck$ は角振動数であり, $2\pi/k = \lambda$ は波長である．このとき，

(1) (10.25) および (10.26) が，$\boldsymbol{k}$ 方向に進む平面波，外向きの球面波をそれぞれ表すことを示せ．

(2) (10.25) および (10.26) が (10.24) を満たすことを示せ．

[解]

(1) (10.25) では，時刻 t における波面，すなわち ξ が一定値をとる条件は $\boldsymbol{k}\cdot\boldsymbol{r} =$ 一定である．この波面上の任意の点 $\boldsymbol{r}$ は, 図 10.4 のように $\boldsymbol{k}$ 方向への射影 $(\boldsymbol{k}\cdot\boldsymbol{r})/k$ が一定になるから，$\boldsymbol{r}$ は $\boldsymbol{k}$ に垂直な平面上にある．次に，時刻 t における波面上の位置 $\boldsymbol{r}$ が時間 Δt だけ経過した後に $\boldsymbol{r} + \Delta\boldsymbol{r}$ に移ったとすれば

$$\boldsymbol{k}\cdot(\boldsymbol{r} + \Delta\boldsymbol{r}) - \omega(t + \Delta t) = k\cdot\Delta\boldsymbol{r} - \omega\Delta t = 0$$

に置き換えれば波は逆に進むことになり，$-\boldsymbol{k}$ の方向へ進む平面波，内向きの球面波をそれぞれ表すことになる．

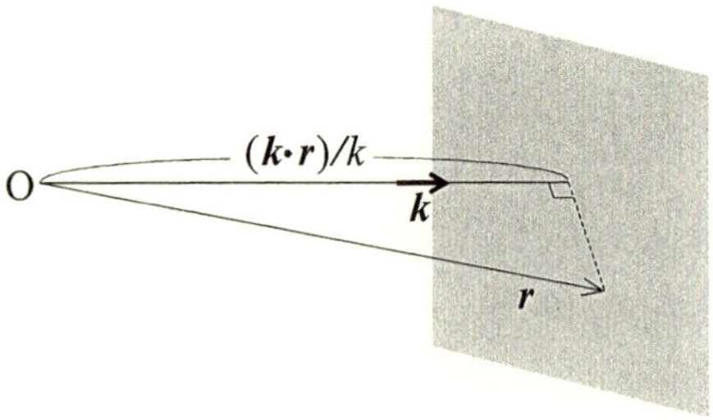

図 10.4: $\boldsymbol{k}$ 方向への射影が一定の点 $\boldsymbol{r}$ のなす平面 (波面)

(2) (10.25) に関して, デカルト座標を用いて $\boldsymbol{k}\cdot\boldsymbol{r} = k_x x + k_y y + k_z z$, $\boldsymbol{C} = (C_x, C_y, C_z)$ と表す. 偏微分の関係

$$\frac{\partial f}{\partial x} = k_x \frac{\partial f}{\partial \xi}, \quad \frac{\partial f}{\partial y} = k_y \frac{\partial f}{\partial \xi}, \quad \frac{\partial f}{\partial z} = k_z \frac{\partial f}{\partial \xi} \tag{10.27}$$

を用いて, 例えば $E_x = C_x f(\xi)$ に対して

$$\begin{aligned} \nabla^2 K_x &= \left(\frac{\partial^2}{\partial x^2} + \frac{\partial^2}{\partial y^2} + \frac{\partial^2}{\partial z^2}\right) K_x \\ &= C_x (k_x^2 + k_y^2 + k_z^2) \frac{\partial^2 f}{\partial \xi^2} \\ &= C_x \frac{\omega^2}{c^2} \frac{\partial^2 f}{\partial \xi^2} \end{aligned} \tag{10.28}$$

を得る. $\nabla^2 K_y, \nabla^2 K_z$ は, (10.28) の C_x の添え字を y, z にそれぞれ変えたものである. したがって, $(\partial/\partial\xi) = -\omega^{-1}(\partial/\partial t)$ の関係を用いれば

$$\nabla^2 \boldsymbol{K} = \boldsymbol{C} \frac{\omega^2}{c^2} \frac{\partial^2 f}{\partial \xi^2} = \boldsymbol{C} \frac{1}{c^2} \frac{\partial^2 f}{\partial t^2} = \frac{1}{c^2} \frac{\partial^2 \boldsymbol{K}}{\partial t^2}$$

となって (10.24) が満たされる.

次に, (10.26) に関しては, 極座標 (r, θ, φ) により

$$\boldsymbol{K} = (K_r, K_\theta, K_\varphi) = \frac{g(\eta)}{r} (C_r, C_\theta, C_\varphi)$$

と表す. 例えば, r 方向では, $(\partial/\partial r) = k(\partial/\partial\eta)$ の関係を用いて

$$\nabla^2 K_r = \frac{1}{r} \frac{\partial^2 (r K_r)}{\partial r^2} = C_r \frac{k^2}{r} \frac{\partial^2 g}{\partial \eta^2} \tag{10.29}$$

を得る. (10.29) の C_r を C_θ あるいは C_φ に変えれば $\nabla^2 K_\theta, \nabla^2 K_\varphi$ になる. これより $(\partial/\partial\eta) = -\omega^{-1}(\partial/\partial t)$ の関係を用いると

$$\nabla^2 \boldsymbol{K} = \boldsymbol{C} \frac{k^2}{r} \frac{\partial^2 g}{\partial \eta^2} = \boldsymbol{C} \frac{1}{r} \left(\frac{k}{\omega}\right)^2 \frac{\partial^2 g}{\partial t^2} = \frac{1}{c^2} \frac{\partial^2}{\partial t^2} \left(\boldsymbol{C} \frac{g}{r}\right) = \frac{1}{c^2} \frac{\partial^2 \boldsymbol{K}}{\partial t^2}$$

となって (10.24) が満たされる.

問 10-9 電磁波のポインティング・ベクトル

波長 λ でデカルト座標の z 方向に進む波

$$E_x = E_0 \sin[k(z - ct) + \phi], \quad E_y = E_z = 0$$

を考える．ここで，$E_0\,(>0)$ は振幅，$k = 2\pi/\lambda\,(\neq 0)$ は波数，ϕ は $z = t = 0$ における位相である．この式は xy 面に平行な波面を持つ平面波を表し，真空中の電磁波の波動方程式を満たしている．このときの $\boldsymbol{B}(\boldsymbol{r}, t)$ を求め，ポインティング・ベクトルは波の進行方向に一致することを示せ．

[解] デカルト座標でベクトル成分を表すと

$$\nabla \times \boldsymbol{E} = \left(0, \frac{\partial E_x}{\partial z}, 0\right)$$

であるから，ファラデーの電磁誘導則は

$$\frac{\partial B_x}{\partial t} = 0\,, \quad \frac{\partial E_x}{\partial z} + \frac{\partial B_y}{\partial t} = 0\,, \quad \frac{\partial B_z}{\partial t} = 0$$

と書ける．第1, 3式によれば B_x, B_z は時間変化のない静磁場であって，波動を表さないから $B_x = B_z = 0$ とおく．次に，与えられた E_x を第2式に代入すると

$$kE_0 \cos[k(z - ct) + \phi] + \frac{\partial B_y}{\partial t} = 0$$

を得る．この式を t で積分して，波動を表す解 B_y が求まる．まとめれば

$$B_y = \frac{1}{kc} \times kE_0 \sin[k(z - ct) + \phi] = \frac{E_x}{c}\,, \; B_x = B_z = 0 \tag{10.30}$$

になる．ポインティング・ベクトル $\boldsymbol{S} = \boldsymbol{E} \times \boldsymbol{B}/\mu_0$ は

$$S_x = S_y = 0\,, \quad S_z = \frac{E_x B_y}{\mu_0} = \frac{E_x^2}{c\mu_0} = \frac{E_0^2}{\mu_0 c} \sin^2[k(z - ct) + \phi] \tag{10.31}$$

と表される．$S_z > 0$ であることから $\boldsymbol{S}$ は z 方向を向き，波の進行方向に一致することがわかる．

問 10-10 横波の条件

平面波 (10.25) および球面波 (10.26) に関して，$\nabla \cdot \boldsymbol{K}(\boldsymbol{r}, t) = 0$ がすべての $\boldsymbol{r}, t$ において成り立てば，これらの波動は横波であることを示せ．このことから，自由空間 (物質を含まない空間) 中の電磁波が横波であることは何に由来するかを述べよ．

[解] 平面波では, (10.27) により

$$
\begin{aligned}
\nabla \cdot \boldsymbol{K} &= C_x \frac{\partial f}{\partial x} + C_y \frac{\partial f}{\partial y} + C_z \frac{\partial f}{\partial z} \\
&= C_x k_x \frac{\partial f}{\partial \xi} + C_y k_y \frac{\partial f}{\partial \xi} + C_z k_z \frac{\partial f}{\partial \xi} \\
&= (\boldsymbol{C} \cdot \boldsymbol{k}) \frac{\partial f}{\partial \xi}
\end{aligned}
$$

と表される．すべての $\boldsymbol{r}, t$ において $\nabla \cdot \boldsymbol{K} = 0$ であれば，$\boldsymbol{C} \cdot \boldsymbol{k} = 0$，すなわち $\boldsymbol{C} \perp \boldsymbol{k}$ であり，これは横波を意味する．

次に，球面波の振幅 (10.26) を簡単のため関数 $h(r, t)$ により

$$
\boldsymbol{K} = \boldsymbol{C} \frac{g(\eta)}{r} = \boldsymbol{C} h(r, t)
$$

と表す． $r = \sqrt{x^2 + y^2 + z^2}$ より得られる偏微分の関係

$$
\frac{\partial h}{\partial x} = \frac{x}{r} \frac{\partial h}{\partial r}, \quad \frac{\partial h}{\partial y} = \frac{y}{r} \frac{\partial h}{\partial r}, \quad \frac{\partial h}{\partial z} = \frac{z}{r} \frac{\partial h}{\partial r} \tag{10.32}
$$

を用いれば

$$
\begin{aligned}
\nabla \cdot \boldsymbol{K} &= C_x \frac{\partial h}{\partial x} + C_y \frac{\partial h}{\partial y} + C_z \frac{\partial h}{\partial z} \\
&= (C_x x + C_y y + C_z z) \frac{1}{r} \frac{\partial h}{\partial r} \\
&= (\boldsymbol{C} \cdot \boldsymbol{r}) \frac{1}{r} \frac{\partial h}{\partial r}
\end{aligned}
$$

を得る．すべての $\boldsymbol{r}, t$ において $\nabla \cdot \boldsymbol{K} = 0$ であれば，$\boldsymbol{C} \cdot \boldsymbol{r} = 0$，すなわち $\boldsymbol{C} \perp \boldsymbol{r}$ が成り立つ．これが横波を意味することは，$\boldsymbol{r}$ が球面波の進む方向 (波面に垂直な方向) であることから明らかである．

以上から，自由空間中の電磁波が横波であることはマクスウェルの方程式 $\nabla \cdot \boldsymbol{E} = 0, \nabla \cdot \boldsymbol{B} = 0$ に由来することがわかる．これに対し，例えば導体で囲まれた空間を伝わる電磁波は縦波成分を持つ (**問 11-14, 11-15**).

問 10-11 電磁場のエネルギーの保存式

マクスウェルの方程式のうち

$$\nabla \times \boldsymbol{H}(\boldsymbol{r},t) - \frac{\partial \boldsymbol{D}(\boldsymbol{r},t)}{\partial t} = \boldsymbol{i}(\boldsymbol{r},t)\,, \quad \nabla \times \boldsymbol{E}(\boldsymbol{r},t) + \frac{\partial \boldsymbol{B}(\boldsymbol{r},t)}{\partial t} = 0$$

について，$\boldsymbol{E}$ と第一式, $\boldsymbol{H}$ と第二式の内積をそれぞれとることにより電磁場のエネルギーの関係式 (10.11) を導け．その際，一般のベクトル場 $\boldsymbol{F}(\boldsymbol{r}), \boldsymbol{G}(\boldsymbol{r})$ の関係式 $\nabla \cdot (\boldsymbol{F} \times \boldsymbol{G}) = \boldsymbol{G} \cdot (\nabla \times \boldsymbol{F}) - \boldsymbol{F} \cdot (\nabla \times \boldsymbol{G})$ を利用せよ．

[解] $\boldsymbol{E}$ と第1式の内積, $\boldsymbol{H}$ と第2式の内積をとって辺々を引き算すると

$$\boldsymbol{E} \cdot (\nabla \times \boldsymbol{H}) - \boldsymbol{H} \cdot (\nabla \times \boldsymbol{E}) - \boldsymbol{H} \cdot \frac{\partial \boldsymbol{B}}{\partial t} - \boldsymbol{E} \cdot \frac{\partial \boldsymbol{D}}{\partial t} = \boldsymbol{E} \cdot \boldsymbol{i}$$

を得る．ここで左辺の第1, 2項に対してベクトル場の関係式を適用し，さらに第3, 4項を, 例えば

$$\boldsymbol{H} \cdot \frac{\partial \boldsymbol{B}}{\partial t} = \frac{\boldsymbol{B}}{\mu_0} \cdot \frac{\partial \boldsymbol{B}}{\partial t} = \frac{1}{2\mu_0} \frac{\partial (\boldsymbol{B} \cdot \boldsymbol{B})}{\partial t} = \frac{1}{2} \frac{\partial (\boldsymbol{H} \cdot \boldsymbol{B})}{\partial t}$$

のように書き直すと

$$\nabla \cdot (\boldsymbol{E} \times \boldsymbol{H}) = -\frac{\partial}{\partial t}\left(\frac{\boldsymbol{E} \cdot \boldsymbol{D}}{2} + \frac{\boldsymbol{H} \cdot \boldsymbol{B}}{2}\right) - \boldsymbol{E} \cdot \boldsymbol{i}$$

が導かれる．

問 10-12 電流の流れる導線とポインティング・ベクトル

図 10.5 のような，長さ L，半径 r_0 の円柱形の導線があり，両端に電圧 V をかけたときの電流を I とする．導線の側面におけるポインティング・ベクトルを求め，単位時間内に導線の側面から内部に流れ込むエネルギーを導け．さらに，内部に流れ込んだエネルギーはその後どうなるかを説明せよ．

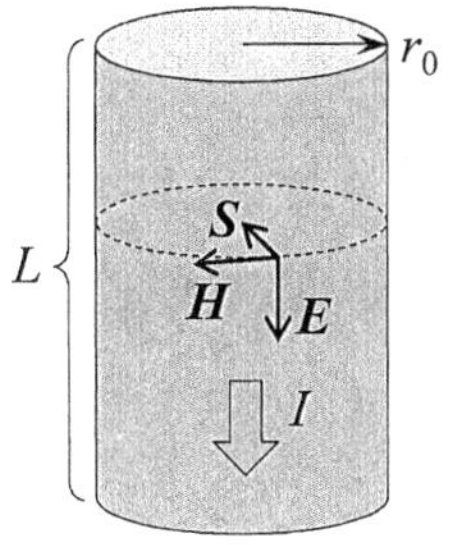

図 10.5: 導体円柱の表面におけるポインティング・ベクトル

[解]　導線内の電場 $\boldsymbol{E}$ は電流の方向を向き，大きさは V/L である．導線側面における磁場の強さ $\boldsymbol{H} = \boldsymbol{B}/\mu_0$ は円柱断面の円の接線方向を向き，大きさはアンペールの法則より

$$2\pi r_0 H = I\ , \quad \text{すなわち} \quad H = \frac{I}{2\pi r_0}$$

になる．$\boldsymbol{E}$ と $\boldsymbol{H}$ は直交するので，側面におけるポインティング・ベクトルは大きさが

$$S = EH = \frac{VI}{2\pi r_0 L}$$

であり，円柱の中心線へ向かう．単位時間に導線の側面から内部に流れ込むエネルギーは

$$S \times 2\pi r_0 L = VI$$

と求まる．導線の電気抵抗 $R = V/I$ を用いれば $VI = RI^2$ であるから，導線に流れ込んだエネルギーは導線内でジュール熱に変わる．

問 10-13 電磁波の振幅の関係

平面電磁波の電場が (10.25) のように $\boldsymbol{E} = \boldsymbol{C}f(\xi)$ (ただし $\xi = \boldsymbol{k}\cdot\boldsymbol{r} - \omega t$) で与えられるとき，磁束密度 $\boldsymbol{B}$ と $\boldsymbol{E}$ の関係を求めよ．その際，**問 10-10** により $\boldsymbol{C} \perp \boldsymbol{k}$ であることを用いよ．

[解] ファラデーの電磁誘導則 $\nabla \times \boldsymbol{E} = -\partial \boldsymbol{B}/\partial t$ の x 成分は，(10.27) により

$$\frac{\partial E_z}{\partial y} - \frac{\partial E_y}{\partial z} = (C_z k_y - C_y k_z)\frac{\partial f}{\partial \xi} = -\frac{\partial B_x}{\partial t}$$

と表される．$(\partial/\partial\xi) = -\omega^{-1}(\partial/\partial t)$ の関係を用いると

$$\omega^{-1}(C_z k_y - C_y k_z)\frac{\partial f}{\partial t} = \frac{\partial B_x}{\partial t}$$

と書ける．t に関して積分し, 積分定数は振動を表さないから 0 とおけば

$$B_x = \omega^{-1}(C_z k_y - C_y k_z)f = \omega^{-1}(\boldsymbol{k} \times \boldsymbol{C})_x f = \omega^{-1}(\boldsymbol{k} \times \boldsymbol{E})_x$$

を得る．B_y, B_z も同様であるから

$$\boldsymbol{B}(\boldsymbol{r}, t) = \omega^{-1}[\boldsymbol{k} \times \boldsymbol{E}(\boldsymbol{r}, t)]$$

が導かれる．$\boldsymbol{C} \perp \boldsymbol{k}$ すなわち $\boldsymbol{E} \perp \boldsymbol{k}$ であるから，$\boldsymbol{k}, \boldsymbol{E}, \boldsymbol{B}$ はこの順に右手系をなす．また，振幅の大きさ $E(\boldsymbol{r}, t), B(\boldsymbol{r}, t)$ に関して

$$B(\boldsymbol{r}, t) = \frac{kE(\boldsymbol{r}, t)}{\omega} = \frac{E(\boldsymbol{r}, t)}{c}$$

が得られる．なお，等価な結果 (10.30) は $f = \sin\xi$ という特別な場合に対するものであったが，ここでは一般の場合に導かれた．

問 10-14 電磁波のエネルギー密度

平面電磁波のエネルギー密度を $u(\boldsymbol{r}, t)$ と表すとき，

(1) 電場および磁場のエネルギー密度はそれぞれ $u(\boldsymbol{r}, t)/2$ であることを示せ．

(2) ポインティング・ベクトルの大きさは $cu(\boldsymbol{r}, t)$ であることを示せ．

[解]

(1) **問 10-13** により，平面電磁波では $B(\boldsymbol{r},t) = E(\boldsymbol{r},t)/c$ であるから

$$\frac{\varepsilon_0 E(\boldsymbol{r},t)^2}{2} = \frac{\varepsilon_0 c^2 B(\boldsymbol{r},t)^2}{2} = \frac{B(\boldsymbol{r},t)^2}{2\mu_0}$$

となって，任意の $(\boldsymbol{r},t)$ で電場と磁場のエネルギー密度は等しい．両者の合計より，$u(\boldsymbol{r},t) = \varepsilon_0 E(\boldsymbol{r},t)^2 = B(\boldsymbol{r},t)^2/\mu_0$ であるから，電場および磁場のエネルギー密度はそれぞれ $u(\boldsymbol{r},t)/2$ に等しい．

(2) 再び $B(\boldsymbol{r},t) = E(\boldsymbol{r},t)/c$ を用いると, 以下が示される．

$$S(\boldsymbol{r},t) = \frac{E(\boldsymbol{r},t)B(\boldsymbol{r},t)}{\mu_0} = \frac{E(\boldsymbol{r},t)^2}{c\mu_0} = c\varepsilon_0 E(\boldsymbol{r},t)^2 = cu(\boldsymbol{r},t)$$

問 10-15 遠方における球面電磁波

球面電磁波の電場が (10.26) のように

$$\boldsymbol{E} = \boldsymbol{C}\frac{g(\eta)}{r}, \quad \text{ただし } \eta = kr - \omega t$$

と表されるとき，球の中心 $r = 0$ から十分遠方における電磁場は，平面電磁波と同じく $B(\boldsymbol{r},t) = E(\boldsymbol{r},t)/c$ であり，$\boldsymbol{r}, \boldsymbol{E}, \boldsymbol{B}$ はこの順に右手系をなすことを示せ．その際，**問 10-10** により $\boldsymbol{E} \perp \boldsymbol{r}$ であることを用いよ．また，この場合の電磁エネルギーの流れはどうなるか．

[解] 電場を関数 $h(r,t)$ により

$$\boldsymbol{E} = \boldsymbol{C}\frac{g(\eta)}{r} = \boldsymbol{C}h(r,t)$$

と書くことにする．ファラデーの電磁誘導則 $\nabla \times \boldsymbol{E} = -\partial \boldsymbol{B}/\partial t$ の x 成分は

$$\frac{\partial E_z}{\partial y} - \frac{\partial E_y}{\partial z} = (C_z y - C_y z)\frac{1}{r}\frac{\partial h}{\partial r} = (\boldsymbol{r} \times \boldsymbol{C})_x \frac{1}{r}\frac{\partial h}{\partial r} = -\frac{\partial B_x}{\partial t}$$

と表される．ただし，(10.32) を用いた．y, z 成分も同様に表されるから

$$(\boldsymbol{r} \times \boldsymbol{C})\frac{1}{r}\frac{\partial h}{\partial r} = -\frac{\partial \boldsymbol{B}}{\partial t} \tag{10.33}$$

を得る．ここで

$$\frac{\partial h}{\partial r}=\frac{\partial}{\partial r}\frac{g(\eta)}{r}=\frac{-g(\eta)+kr[\mathrm{d}g(\eta)/\mathrm{d}\eta]}{r^2}$$

は独立変数 r,η の関数であることに注意すると，$kr=2\pi r/\lambda\gg 1$，すなわち球の中心からの距離が波長に比べて十分長い場所では，右辺の分子の第1項は第2項に比べて無視することができる.[1] したがって，(10.33) は

$$(\boldsymbol{r}\times\boldsymbol{C})\frac{k}{r^2}\frac{\partial g}{\partial\eta}=-(\boldsymbol{r}\times\boldsymbol{C})\frac{k}{\omega r^2}\frac{\partial g}{\partial t}=-\frac{\partial\boldsymbol{B}}{\partial t} \tag{10.34}$$

と書ける．ただし，偏微分の関係 $(\partial/\partial\eta)=-\omega^{-1}(\partial/\partial t)$ を用いた．(10.34) を t に関して積分し，積分定数は振動を表さないので 0 とおけば

$$\boldsymbol{B}(r,t)=\frac{k}{\omega}\left(\frac{\boldsymbol{r}}{r}\right)\times\left(\frac{\boldsymbol{C}g}{r}\right)=\frac{1}{c}\left(\frac{\boldsymbol{r}}{r}\right)\times\boldsymbol{E}(r,t) \tag{10.35}$$

を得る．**問 10-10** より $\boldsymbol{E}\perp\boldsymbol{r}$ であるから，$\boldsymbol{r},\boldsymbol{E},\boldsymbol{B}$ はこの順に右手系をなす.

次に，振幅の大きさに関して, (10.35) より

$$B(r,t)=\frac{E(r,t)}{c} \tag{10.36}$$

が得られる．さらに，**問 10-14** の場合と同じ手順により，(10.36) の関係から電場と磁場のエネルギー密度が等しいこと，およびポインティング・ベクトルの大きさ

$$S(r,t)=c\varepsilon_0E(r,t)^2=cu(r,t) \tag{10.37}$$

が導かれる.

以上の結果が平面電磁波の場合と同じになったのは，$r\gg\lambda$ であれば波面は平面とみなせるからである.

問 10-16 レーザー光のエネルギーと運動量

レーザーは 1 方向に強い単色光を放射する装置である．出力 0.5 ワット (時間に関する平均値) のレーザーから放射された直径 0.1mm の光について,

[1]球面電磁波の位相 η を一定のまま $r\to\infty$ に相当.

(1) ポインティング・ベクトル，エネルギー密度，および運動量密度の大きさの時間平均 $\langle S\rangle$, $\langle u\rangle$, $\langle g\rangle$ をそれぞれ求めよ．

(2) 電場および磁束密度の振幅 E_0, B_0 はそれぞれいくらか．

[解]

(1) このレーザー光は単位時間当たり 0.5 J のエネルギーを運ぶから

$$\langle S\rangle = \frac{0.5}{\pi \times (5 \times 10^{-5})^2} = 6.37 \times 10^7\ [\mathrm{J/(m^2 \cdot s)}]$$

である．エネルギー密度は

$$\langle u\rangle = \frac{\langle S\rangle}{c} = \frac{6.37 \times 10^7}{3.00 \times 10^8} = 0.212\ [\mathrm{J/m^3}]$$

になる．運動量密度 $\langle S\rangle/c^2$ は以下のようになる．

$$\begin{aligned} g = \frac{6.37 \times 10^7}{(3.00 \times 10^8)^2} &= 7.07 \times 10^{-10}\ [\mathrm{J \cdot m^{-4} \cdot s}] \\ &= 7.07 \times 10^{-10}\ [(\mathrm{kg \cdot m \cdot s^{-1}})/\mathrm{m^3}] \end{aligned}$$

(2) $E(\boldsymbol{r}, t) = E_0 \sin(\boldsymbol{k} \cdot \boldsymbol{r} - \omega t)$ として $u(\boldsymbol{r}, t) = \varepsilon_0 E(\boldsymbol{r}, t)^2$ に関して時間平均をとると (**問 9-1** を参照), $\langle u\rangle = \varepsilon_0 E_0^2/2$ になるから

$$E_0 = \sqrt{\frac{2\langle u\rangle}{\varepsilon_0}} = \sqrt{\frac{2 \times 0.212}{8.854 \times 10^{-12}}} = 2.19 \times 10^5\ [\mathrm{V/m}]$$

さらに, $B_0 = E_0/c$ が次のように求まる．

$$B_0 = \frac{2.19 \times 10^5}{3.00 \times 10^8} = 7.30 \times 10^{-4}\ [\mathrm{T}]$$

第11章　電磁波と物質

11.1　基礎事項

11.1.1　振動電場による物質の分極

振動電場 $\boldsymbol{E}(t)$ による物質内の電子の変位を $\boldsymbol{u}(t)$ とする．電子には $\boldsymbol{u}(t)$ に比例する復元力のほかに，変位速度 $\mathrm{d}\boldsymbol{u}/\mathrm{d}t$ に比例する抵抗力 (摩擦力) が働くと仮定する．電子の運動方程式は

$$m\frac{\mathrm{d}^2\boldsymbol{u}}{\mathrm{d}t^2} = -\xi\boldsymbol{u} - m\gamma\frac{\mathrm{d}\boldsymbol{u}}{\mathrm{d}t} - e\boldsymbol{E}(t) \tag{11.1}$$

と表される．ここで，m は電子の質量，ξ は定数，γ は §4.1.5 で導入された定数である．角振動数 ω で振動する電場に対して，電子は追随運動を行う結果，同じ角振動数 ω で時間変化する電気双極子モーメント $\boldsymbol{p}_\mathrm{e}(t)$ を誘起する．$\boldsymbol{E}(t), \boldsymbol{u}(t)$ を複素数表示することにより

$$\boldsymbol{p}_\mathrm{e}(t) = -e\boldsymbol{u}(t) = \frac{e^2}{m(\omega_0^2 - \omega^2 + \mathrm{i}\gamma\omega)}\boldsymbol{E}(t) \tag{11.2}$$

が導かれる (**問 11-1**)．ただし，$\omega_0 = \sqrt{\xi/m}$ である．これより，振動電場に対する原子の分極率 α が ω の関数として以下のように与えられる．

$$\alpha(\omega) = \frac{e^2}{m(\omega_0^2 - \omega^2 + \mathrm{i}\gamma\omega)} \tag{11.3}$$

物質中で (11.2) の分極を起こす電子の密度を N_0 とすれば，時間に依存する分極ベクトルは

$$\boldsymbol{P}(t) = N_0\alpha(\omega)\boldsymbol{E}(t) \tag{11.4}$$

と表される．

11.1.2　誘電体中の電磁波

誘電体に入射した電磁波の振舞いは，分極電荷 $\rho_{\mathrm{p}}(\boldsymbol{r},t) = -\nabla \cdot \boldsymbol{P}(\boldsymbol{r},t)$ (**問 3-3**) のみが存在する空間におけるマクスウェルの方程式から導かれる．この場合，分極電流密度

$$\boldsymbol{i}_{\mathrm{p}}(\boldsymbol{r},t) = -eN_0\frac{\partial \boldsymbol{u}}{\partial t} = \frac{\partial(-eN_0\boldsymbol{u})}{\partial t} = \frac{\partial \boldsymbol{P}}{\partial t} \tag{11.5}$$

が生じることに注意すると，マクスウェルの方程式は

$$\nabla \cdot \boldsymbol{E}(\boldsymbol{r},t) = -\frac{\nabla \cdot \boldsymbol{P}(\boldsymbol{r},t)}{\varepsilon_0} \tag{11.6}$$

$$\nabla \cdot \boldsymbol{B}(\boldsymbol{r},t) = 0 \tag{11.7}$$

$$\nabla \times \boldsymbol{B}(\boldsymbol{r},t) = \frac{1}{c^2}\frac{\partial}{\partial t}\left[\boldsymbol{E}(\boldsymbol{r},t) + \frac{\boldsymbol{P}}{\varepsilon_0}\right] \tag{11.8}$$

$$\nabla \times \boldsymbol{E}(\boldsymbol{r},t) = -\frac{\partial \boldsymbol{B}(\boldsymbol{r},t)}{\partial t} \tag{11.9}$$

と表される．これより，誘電体の満たすべき下記の方程式が得られる．

$$\nabla^2\boldsymbol{E} - \frac{1}{c^2}\frac{\partial^2 \boldsymbol{E}}{\partial t^2} = -\frac{1}{\varepsilon_0}\nabla(\nabla \cdot \boldsymbol{P}) + \frac{1}{\varepsilon_0 c^2}\frac{\partial^2 \boldsymbol{P}}{\partial t^2} \tag{11.10}$$

以降では等方的な誘電体を考える．したがって，$\boldsymbol{P}$ は $\boldsymbol{E}$ と同じ方向になる．平面電磁波が z 方向に伝わるとし，$\boldsymbol{E}$ の向きは x 方向であるとする．(11.10) が線形微分方程式であることから，§9.1.2 で述べた複素数表示を用いて

$$E_x = E_0\mathrm{e}^{\mathrm{i}(\omega t - kz)}, \quad E_y = E_z = 0 \tag{11.11}$$

と表す．この場合，(11.10) を満たすような波数 k と振動数 ω の関係は次の式で与えられる (**問 11-3**)．

$$k^2 = \frac{\omega^2}{c^2}\left[1 + \frac{N_0\alpha(\omega)}{\varepsilon_0}\right] = \frac{\omega^2}{c^2}\left[1 + \frac{N_0 e^2}{m\varepsilon_0(\omega_0^2 - \omega^2 + \mathrm{i}\gamma\omega)}\right] \tag{11.12}$$

(11.12) の関係は，(真空中の光速)/(物質中の光の位相速度) で定義される**複素屈折率** n を用いて表すことができる．実際，(11.11) の波の位相速度は

$$\frac{\omega}{k} = \frac{c}{n} \tag{11.13}$$

で与えられるから，(11.12) は次のように表される (**問 11-4**).

$$n^2 = \frac{c^2k^2}{\omega^2} = 1 + \frac{N_0e^2}{m\varepsilon_0(\omega_0^2 - \omega^2 + \mathrm{i}\gamma\omega)} \tag{11.14}$$

ここで，静電場における $\varepsilon\boldsymbol{E} = \varepsilon_0\boldsymbol{E} + \boldsymbol{P}$ の関係を今の場合に拡張すると

$$\varepsilon(\omega) = \varepsilon_0 + \frac{N_0e^2}{m(\omega_0^2 - \omega^2 + \mathrm{i}\gamma\omega)} = \varepsilon_0 n^2 \tag{11.15}$$

を得る．$\varepsilon(\omega)$ は光と物質の相互作用の議論に広く用いられ，**誘電関数**と呼ばれる．

$\varepsilon(0)$ は静電場に対する (3.15) の誘電率 ε に等しいから，可視光の含まれる低周波領域 (§11.1.4 を参照) では $n = \sqrt{\varepsilon/\varepsilon_0}$ とみなせる．これに対応して，誘電体中の光の速度は $c/n = 1/\sqrt{\varepsilon\mu_0}$ と表される．さらに，透磁率に関しても同様に $\mu_0 \to \mu$ の置き換えにより，物質中の光の速度は次のように与えられる．

$$c' = \frac{1}{\sqrt{\varepsilon\mu}} \tag{11.16}$$

11.1.3 複素屈折率と電磁波の吸収

複素屈折率 n を実数部と虚数部に分けて

$$n = n_\mathrm{r} - n_\mathrm{i}\mathrm{i} \tag{11.17}$$

と表す．まず，(11.14) と (11.17) から $n_\mathrm{i} > 0$ になることが導かれる．次に，$\omega/k = v_\mathrm{p} = c/n$ であるから，(11.11) および (11.9) より

$$E_x = E_0 \exp\left[\mathrm{i}\omega\left(t - \frac{n_\mathrm{r}}{c}z\right) - \frac{n_\mathrm{i}\omega}{c}z\right], \quad E_y = E_z = 0 \tag{11.18}$$

$$B_y = \frac{k}{\omega}E_x = \frac{n}{c}E_x, \quad B_z = B_x = 0 \tag{11.19}$$

を得る．(11.18), (11.19) より，物質中の光の位相速度は c/n_r で与えられる．さらに，n_i は z に関する減衰項 $\mathrm{e}^{-n_\mathrm{i}\omega z/c}$ を生じさせる．振幅の 2 乗が光の強度を与えるので，強度の減衰の指標としての $2n_\mathrm{i}\omega/c$ を**吸収係数**と呼ぶ．

電磁波の 1 周期 $T = 2\pi/\omega$ に比べて長い時間スケールで，誘電体中での電磁波のエネルギー移行を見るには，ポインティング・ベクトルの T に関する平均値 $\langle S \rangle$ を求めればよい．結果は

$$\langle S \rangle = \frac{n_{\mathrm{r}} E_0^2}{2\mu_0 c} \exp\left(-2n_{\mathrm{i}}\omega z/c\right) \tag{11.20}$$

になる．単位時間内に電磁波から誘電体の単位体積へ移行するエネルギーは $\langle S \rangle$ の空間変化率 $|\mathrm{d}\langle S \rangle/\mathrm{d}z|$ で与えられる，導体であれば，このエネルギーはジュール熱として消費される (**問 11-6**).

11.1.4　導体中の電磁波

導体に分類される物質中での電磁波の振る舞いは，誘電体の特別な場合として扱うことができる．金属中の自由電子や半導体のキャリアに対しては復元力が働かないので，(11.1) で $\xi = 0$ すなわち $\omega_0 = 0$ になる．このとき，(11.14) は

$$n^2 = 1 + \frac{N_0 e^2}{m\varepsilon_0(-\omega^2 + \mathrm{i}\gamma\omega)} \tag{11.21}$$

と表される．$\omega \to 0$ として静電場に漸近させると $n \to \infty$ ($\varepsilon \to \infty$)，したがって導体中の光の速度は $c/n \to 0$ になる．これは導体中に静電場が存在しないことに対応する．

導体中の電気伝導については (4.12)，(4.14) が成り立つので，γ は電気伝導度 σ, 伝導電子と原子の衝突の平均時間間隔 τ との間に

$$\gamma = \frac{2}{\tau} = \frac{N_0 e^2}{m\sigma} \tag{11.22}$$

の関係がある．これより，(11.21) は，例えば σ と τ で書けば

$$n^2 = 1 + \frac{2\sigma}{\varepsilon_0} \frac{1}{\mathrm{i}\omega\left(2 + \mathrm{i}\omega\tau\right)} \tag{11.23}$$

になる．

低周波領域 (11.23) で $\omega \simeq 0$, あるいは正確には $\omega \ll \sigma/\varepsilon_0$ かつ $\omega \ll 1/\tau$ であれば

$$n^2 = -\frac{\mathrm{i}\sigma}{\varepsilon_0\omega} \tag{11.24}$$

と表される．$-\mathrm{i} = \mathrm{e}^{-\mathrm{i}\pi/2}$ より $\sqrt{-\mathrm{i}} = \mathrm{e}^{-\mathrm{i}\pi/4} = (1-\mathrm{i})/\sqrt{2}$ と書けるから

$$n = (1-\mathrm{i})\sqrt{\frac{\sigma}{2\varepsilon_0\omega}}\,,\ \text{すなわち},\ n_{\mathrm{r}} = n_{\mathrm{i}} = \sqrt{\frac{\sigma}{2\varepsilon_0\omega}} \tag{11.25}$$

を得る．これより，(11.18) は

$$E_x = E_0 \exp\left[\mathrm{i}\left(\omega t - \frac{z}{\delta}\right) - \frac{z}{\delta}\right] \tag{11.26}$$

と表される．ただし

$$\delta = \sqrt{\frac{2}{\sigma\omega\mu_0}} \tag{11.27}$$

である．(11.26) において，$1/\delta$ が波数に相当するから E_x の波長は $\lambda = 2\pi\delta$ である．さらに，E_x の z に関する減衰も δ で決まる．$\boldsymbol{B}$ も同様の振る舞いをする (**問 11-7**)．δ は電磁波が導体中で減衰する距離の目安であり，**表皮厚さ**と呼ばれる．

なお，強磁性体以外の等方性物質については電磁波による磁化の効果をとり入れて，表皮厚さを

$$\delta_1 = \sqrt{\frac{2}{\sigma\omega\mu}} \tag{11.28}$$

と表すことができる．δ_1 の適用対象である反磁性，常磁性物質では $\mu \simeq \mu_0$ であるから (§6.1.4)，δ との違いは少なくとも実際上は問題にならない．物質中における電磁波の振舞いは電磁波の変動電場が誘起する分極の効果によってほぼ決定される．

低周波近似の条件のうち，$\omega \ll \sigma/\varepsilon_0$ は導体中の変位電流を無視できる条件である．次に，$\omega \ll 1/\tau$ の条件は，(11.22) から電気伝導度の値を利用して数値的に表される．例えば銅では $\omega \ll 10^{13}\mathrm{s}^{-1}$ である．$\omega = 10^{13}\mathrm{s}^{-1}$ はマイクロ波

の振動数の上限付近に位置する．低周波近似は長波からマイクロ波に至る無線用電波の広い周波数領域に対して適用できる．マイクロ波に対して，Cu, Ag, Au, Al 等の金属の δ は μm$\,(10^{-3}$mm) のオーダーである (**問 11-8**).

高周波領域　(11.23) で $\omega \to \infty$, あるいは $\omega \gg 1/\tau$ とすれば

$$n^2 = 1 - \frac{2\sigma}{\varepsilon_0 \tau \omega^2} = 1 - \frac{\omega_\mathrm{p}^2}{\omega^2} \tag{11.29}$$

と表される．ここで, 角振動数 ω_p は

$$\omega_\mathrm{p} = \sqrt{\frac{2\sigma}{\varepsilon_0 \tau}} = \sqrt{\frac{N_0 e^2}{\varepsilon_0 m}} \tag{11.30}$$

で与えられる．ただし，(11.22) の関係を用いた．$\omega > \omega_\mathrm{p}$ のとき n は虚数項を含まないから，電磁波は減衰せずに導体を透過する．$\omega = \omega_\mathrm{p}$ は，これより高周波側の電磁波に対して導体が透明化する条件である．ω_p は伝導電子が集団で振動する際の**プラズマ角振動数**である (**問 11-9**).

11.1.5　導体中の交流電流

導体に交流電圧をかけた場合のマクスウェルの方程式は, (11.6)~(11.9) のうち，(11.8) に真電流の項 $\mu_0 \boldsymbol{i} = \mu_0 \sigma \boldsymbol{E}$ を加えて

$$\nabla \times \boldsymbol{B}(\boldsymbol{r}, t) \;=\; \frac{1}{c^2}\frac{\partial}{\partial t}\left[\boldsymbol{E}(\boldsymbol{r}, t) + \frac{\boldsymbol{P}}{\varepsilon_0}\right] + \mu_0 \sigma \boldsymbol{E} \tag{11.31}$$

とすればよい．その結果，(11.10) は

$$\nabla^2 \boldsymbol{E} - \frac{1}{c^2}\frac{\partial^2 \boldsymbol{E}}{\partial t^2} = -\frac{1}{\varepsilon_0}\nabla(\nabla \cdot \boldsymbol{P}) + \frac{1}{\varepsilon_0 c^2}\frac{\partial^2 \boldsymbol{P}}{\partial t^2} + \mu_0 \sigma \frac{\partial \boldsymbol{E}}{\partial t} \tag{11.32}$$

に置き換わる．

11.1.6 光の反射・屈折・透過

光の反射，屈折，透過に関する幾何光学の諸法則はマクスウェルの方程式 (11.6)~(11.9) から導かれる．物質の境界面上で電磁波の満たすべき条件は，静電場 (§3.1.7) と静磁場 (§6.1.5) に関して求めた境界条件を並立させたものになる．すなわち，境界面上に真電荷も真電流もなければ

- $\boldsymbol{D}, \boldsymbol{B}$ の法線成分は連続
- $\boldsymbol{E}, \boldsymbol{H}$ の接線成分 (境界面に平行な成分) は連続

が境界条件である．

電磁波が物質の境界面で反射されるとき

$$\mathcal{R} = \frac{(\text{反射波のエネルギー流量の時間平均})}{(\text{入射波のエネルギー流量の時間平均})}$$

を**反射率**という．$\mathcal{T} = 1 - \mathcal{R}$ を**透過率**という．ここで，エネルギー流量はポインティング・ベクトルから求められる．入射平面波および反射平面波の電場の振幅をそれぞれ E_0, E_0' とし，物質に対して真空側から電磁波が入射する場合を考えると，対応するポインティング・ベクトルの振幅は (10.31) により

$$S_{\text{inc}} = \frac{E_0^2}{c\mu_0} = E_0^2\sqrt{\frac{\varepsilon_0}{\mu_0}}\,, \qquad S_{\text{ref}} = \frac{{E_0'}^2}{c\mu_0} = {E_0'}^2\sqrt{\frac{\varepsilon_0}{\mu_0}} \tag{11.33}$$

と表される．正弦波では $S_{\text{inc}}/2, S_{\text{ref}}/2$ がポインティング・ベクトルの時間平均になる (**問 11-6**)．エネルギー流量は波の進行方向と境界面の法線とのなす角度に依存するが, 入射角と反射角は等しいから，次の関係が得られる．

$$\mathcal{R} = \frac{S_{\text{ref}}/2}{S_{\text{inc}}/2} = \left(\frac{E_0'}{E_0}\right)^2 \tag{11.34}$$

なお，入射側が真空でなく ε, μ の物質の場合は (11.33) で $(\varepsilon_0, \mu_0) \to (\varepsilon, \mu)$ に置き換わる，したがって，(11.34) はこの場合にも適用できる．

11.2　問題と解答

問 11-1 交流電場の誘起する電気双極子モーメント

物質中の電子の運動方程式 (11.1) で $\boldsymbol{E}(t)$, および $\boldsymbol{u}(t)$ を複素数表示することにより電気双極子モーメント (11.2) を導け.

[解]　電場と変位の $t=0$ における位相を，それぞれ ϕ, ϕ' として

$$\boldsymbol{E}(t) = \boldsymbol{E}_0 \mathrm{e}^{\,\mathrm{i}(\omega t+\phi)} \tag{11.35}$$

$$\boldsymbol{u}(t) = \boldsymbol{u}_0 \mathrm{e}^{\,\mathrm{i}(\omega t+\phi')} \tag{11.36}$$

のように複素数表示する．(11.35), (11.36) を (11.1) に代入して，この振動系の固有振動数

$$\omega_0 = \sqrt{\xi/m}$$

を用いれば

$$\boldsymbol{u}(t) = \frac{-e\boldsymbol{E}(t)}{m(\omega_0^2 - \omega^2 + \mathrm{i}\gamma\omega)}$$

を得る．これより，この物質中に生じる電気双極子モーメントは

$$\boldsymbol{p}_{\mathrm{e}}(t) = -e\boldsymbol{u}(t) = \frac{e^2}{m(\omega_0^2 - \omega^2 + \mathrm{i}\gamma\omega)}\boldsymbol{E}(t)$$

と求まる.

問 11-2 誘電体中の電磁波の方程式

誘電体中のマクスウェルの方程式 (11.6) ~ (11.9) から (11.10) を導け.

[解] (11.8) を t で偏微分し，(11.9) を用いて $\boldsymbol{B}(\boldsymbol{r},t)$ を消去すると

$$-\nabla\times(\nabla\times\boldsymbol{E}) = \frac{1}{c^2}\frac{\partial^2}{\partial t^2}\left[\boldsymbol{E}(\boldsymbol{r},t)+\frac{\boldsymbol{P}}{\varepsilon_0}\right]$$

になる．左辺を付録 (B.12) により変形して (11.6) を用いると

$$\nabla^2\boldsymbol{E} - \frac{1}{c^2}\frac{\partial^2\boldsymbol{E}}{\partial t^2} = -\frac{1}{\varepsilon_0}\nabla(\nabla\cdot\boldsymbol{P}) + \frac{1}{\varepsilon_0 c^2}\frac{\partial^2\boldsymbol{P}}{\partial t^2}$$

が導かれる．

問 11-3 誘電体中の k と ω の関係

k と ω の関係 (11.12) を導け．

[解] (11.4) より

$$P_x = N_0\alpha(\omega)E_x \tag{11.37}$$

と表される．(11.11), (11.37) を (11.10) の x 成分の式に代入して整理すると

$$k^2 = \frac{\omega^2}{c^2}\left[1+\frac{N_0\alpha(\omega)}{\varepsilon_0}\right] = \frac{\omega^2}{c^2}\left[1+\frac{N_0e^2}{m\varepsilon_0(\omega_0^2-\omega^2+\mathrm{i}\gamma\omega)}\right]$$

を得る．

問 11-4 複素屈折率

物質の屈折率は，(真空中の光速)/(物質中の光の位相速度) で与えられることから．(11.12) より複素屈折率を与ええる式 (11.14) を導け．

[解] (11.11) の波の位相速度は

$$v_{\mathrm{p}} = \frac{\omega}{k}$$

で与えられる．これより，n^2 は次のように求まる．

$$n^2 = \left(\frac{c}{v_{\mathrm{p}}}\right)^2 = \frac{c^2k^2}{\omega^2} = 1+\frac{N_0e^2}{m\varepsilon_0(\omega_0^2-\omega^2+\mathrm{i}\gamma\omega)}$$

問 11-5 誘電関数の $\omega \to 0$ 極限

電子の運動方程式 (11.1) から，静電場に対する ε を求め，それが $\omega = 0$ のときの誘電関数 (11.15) に一致することを示せ．

[解] 電子の運動方程式 (11.1) において，静電場では $\boldsymbol{u}$ は時間に依存しないので次のように表される．

$$\boldsymbol{u} = -\frac{e}{\xi}\boldsymbol{E} = -\frac{e\boldsymbol{E}}{m\omega_0^2}$$

物質に生じる電気双極子モーメントは $-e\boldsymbol{u}$ であるから分極ベクトルは

$$\boldsymbol{P} = N_0 \times (-e\boldsymbol{u}) = \frac{N_0 e^2}{m\omega_0^2}\boldsymbol{E}$$

になる．したがって

$$\varepsilon = \varepsilon_0 + \frac{N_0 e^2}{m\omega_0^2}$$

を得る．これは $\omega = 0$ のときの (11.15) に一致する．

問 11-6 物質による電磁波の吸収

物質中の電磁波について，(11.18), (11.19) より，

(1) ポインティング・ベクトルの大きさ S を計算せよ．

(2) 電磁波の 1 周期に関する平均値 $\langle S \rangle$ を求めよ．

(3) 導体では，$\mathrm{d}\langle S \rangle/\mathrm{d}z$ はジュール熱になることを示せ．

[解]

(1) $E_x, H_y = B_y/\mu_0$ の実数部分は，$\theta = \omega t - n_\mathrm{r}\omega z/c$ とおくことにより，それぞれ

$$\begin{aligned} \Re(E_x) &= E_0 \exp\left(-n_\mathrm{i}\omega z/c\right)\cos\theta \\ \Re(H_y) &= \frac{E_0 \exp\left(-n_\mathrm{i}\omega z/c\right)}{\mu_0 c}(n_\mathrm{r}\cos\theta + n_\mathrm{i}\sin\theta) \end{aligned}$$

と表される．したがって

$$S = \Re(E_x)\Re(H_y) = \frac{E_0^2 \exp\left(-2n_\mathrm{i}\omega z/c\right)}{\mu_0 c}(n_\mathrm{r}\cos^2\theta + n_\mathrm{i}\sin\theta\cos\theta)$$

と求まる．[1]

(2) **問 9-1** の場合と同様に，1 周期の平均値は

$$\langle\cos^2\theta\rangle = \langle\sin^2\theta\rangle = \frac{1}{2}\,,\quad \langle\cos\theta\sin\theta\rangle = 0$$

である．したがって，$\langle S\rangle$ は以下のように求まる．

$$\begin{aligned}\langle S\rangle &= \frac{E_0^2 \exp\left(-2n_\mathrm{i}\omega z/c\right)}{\mu_0 c}(n_\mathrm{r}\langle\cos^2\theta\rangle + n_\mathrm{i}\langle\cos\theta\sin\theta\rangle)\\ &= \frac{n_\mathrm{r}E_0^2}{2\mu_0 c}\exp\left(-2n_\mathrm{i}\omega z/c\right)\end{aligned}$$

(3) まず，(2) で求めた $\langle S\rangle$ より

$$\frac{\mathrm{d}\langle S\rangle}{\mathrm{d}z} = \frac{-n_\mathrm{r}n_\mathrm{i}\omega E_0^2}{\mu_0 c^2}\exp\left(-2n_\mathrm{i}\omega z/c\right) \tag{11.38}$$

を得る．(11.25) の $n_\mathrm{r} = n_\mathrm{i} = \sqrt{\sigma/(2\varepsilon_0\omega)}$ を (11.38) に代入し，指数部の $n_\mathrm{i}\omega/c = 1/\delta$ に注意すると

$$\frac{\mathrm{d}\langle S\rangle}{\mathrm{d}z} = -\frac{\sigma E_0^2}{2}\mathrm{e}^{-2z/\delta}$$

になる．一方，(4.17) で表されるジュール熱の 1 周期の平均値は

$$\langle\sigma\left[\Re(E_x)\right]^2\rangle = \sigma E_0^2\mathrm{e}^{-2z/\delta}\langle\cos^2\theta\rangle = \frac{\sigma E_0^2}{2}\mathrm{e}^{-2z/\delta}$$

と求まる．つまり，ポインティング・ベクトルのかたちで失なわれた電磁波のエネルギーは，物質中でジュール熱に変わる．

---

[1] $S \propto E_x$ であって線形の関係ではないから複素数のままでは扱えないことに注意．実際，複素数 Z に対して一般に $[\Re(Z)]^2 \neq \Re(Z^2)$ である．

問 11-7 導体中の低周波数の電磁波

導体中の低周波数の電磁波では，B_y と E_x との振動の位相差が $-\pi/4$ であることを，複素屈折率 (11.25) より示せ．

[解]　(11.25) より

$$n = \sqrt{\frac{\sigma}{\varepsilon_0 \omega}}\mathrm{e}^{-\mathrm{i}\pi/4}$$

と表される．したがって，(11.18)，(11.19) により

$$B_y = \frac{n}{c}E_x = E_x\sqrt{\frac{\sigma\mu_0}{\omega}}\mathrm{e}^{-\mathrm{i}\pi/4}$$

と表される．すなわち，B_y の E_x に対する位相差は $-\pi/4$ である．なお，z に関する減衰のしかたは明らかに E_x と同じである．

問 11-8 表皮厚さの数値例

振動数が 10 kHz (長波), 10 MHz (短波), 10 GHz (マイクロ波) の電磁波に対して，アルミニウムおよび銅の表皮厚さ δ を求めよ．ただし，アルミニウムおよび銅の電気伝導度 (室温) はそれぞれ $4.00 \times 10^7\,(\Omega\,\mathrm{m})^{-1}$，$6.45 \times 10^7\,(\Omega\,\mathrm{m})^{-1}$ である．

[解]　(11.27) に $\mu_0 = 4\pi \times 10^{-7}[\mathrm{N \cdot A^{-2}}]$ および電気伝導度の数値を入れると，振動数 $\nu = \omega/2\pi\,[\mathrm{s}^{-1}]$ に対して，Al では $\delta = 7.96 \times 10^{-2}/\sqrt{\nu}$ [m]，Cu では $\delta = 6.27 \times 10^{-2}/\sqrt{\nu}$ [m] と表される．計算結果を下表にまとめる．なお，$\mu_0 \to \mu$ に置き換えても結果は変わらない．

振動数 ν	δ(Al)	δ(Cu)
10 kHz (10^4Hz)	0.80 mm	0.63 mm
10 MHz (10^7Hz)	0.025 mm	0.020 mm
10 GHz (10^{10}Hz)	0.80 μm	0.63 μm

問 11-9 電子のプラズマ振動

伝導電子の密度が N_0 の導体があり,. 図 11.1 に示すように, 板状の領域内の伝導電子が板面に垂直な y 方向に $\boldsymbol{u}$ だけ変位したとする. その後, 電子はどのような運動をするか.

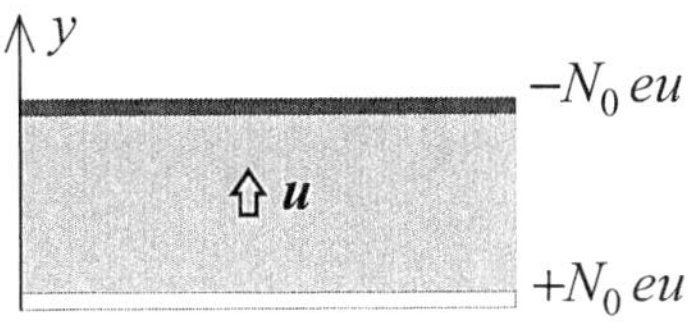

図 11.1: 伝導電子の変位と分極電荷

[解] 変位によって, 板の上下面にはそれぞれ $\mp N_0 eu$ の分極電荷密度が生じる. そのため, 領域内には y 方向に

$$\boldsymbol{E} = \frac{N_0 e \boldsymbol{u}}{\varepsilon_0}$$

の電場が誘起される. 電子の運動方程式は

$$m\frac{\mathrm{d}^2\boldsymbol{u}}{\mathrm{d}t^2} = -e\boldsymbol{E} = -\frac{N_0 e^2 \boldsymbol{u}}{\varepsilon_0}$$

であるから, 伝導電子は

$$\omega_{\mathrm{p}} = \sqrt{\frac{N_0 e^2}{\varepsilon_0 m}}$$

の角振動数 (プラズマ角振動数) で同位相の単振動をすることがわかる. 荷電粒子のこのような集団運動を**プラズマ振動**という.

問 11-10 電磁波に対する物質の透明化

電磁波が固体の Li および Al 中を減衰せずに通過するために, 波長 λ の満たすべき透明化の条件を求めよ. なお, 実験によれば, 固体の Li および Al のプラズマ振動のエネルギー $\hbar\omega_{\rm p}$ はそれぞれ 7.12 eV, 15.3 eV である．

[解]　電磁波に対する導体の透明化は，プラズマ角振動数 (11.30) 以上の角振動数領域で起きる．すなわち，電磁波の波長が

$$\lambda \leq \lambda_{\rm p} = 2\pi c/\omega_{\rm p} = hc/\hbar\omega_{\rm p} \tag{11.39}$$

を満たすことが透明化の条件である．与えられた $\hbar\omega_{\rm p}$ の値を (11.39) に代入すると，Li では $\lambda \leq \lambda_{\rm p} = 174\,{\rm nm}$ (1nm$= 10^{-9}$m), Al では $\lambda \leq \lambda_{\rm p} = 81\,{\rm nm}$ が透明化の条件である．なお，これらの $\lambda_{\rm p}$ の値は可視光 (波長 400~800 nm) より短波長の紫外光に相当する．

問 11-11 導体を流れる交流電流

図 11.2 のように，$y \geq 0$ は電気伝導度 σ の導体であり角振動数 ω の交流電流が電流密度 $\boldsymbol{i}$ で z 軸に平行に流れている．導体内には電場 $\boldsymbol{E} = \boldsymbol{i}/\sigma$ が生じている．導体は等方的であり，$\boldsymbol{E}$ と同じ向きに $\boldsymbol{P}$ が誘起されるとする．したがって，これら 3 つのベクトルの z 成分 i_z, E_z, P_z は空間的には y のみに依存するであろう．そこで

$$\frac{i_z(y,t)}{\sigma} = E_z(y,t) = \mathcal{E}(y)\,{\rm e}^{{\rm i}\omega t}\ , \quad \mathcal{E}(0) = \mathcal{E}_0 \tag{11.40}$$

と表すことにする．このとき，

(1) $\mathcal{E}(y)$ の満たす方程式を求めよ．

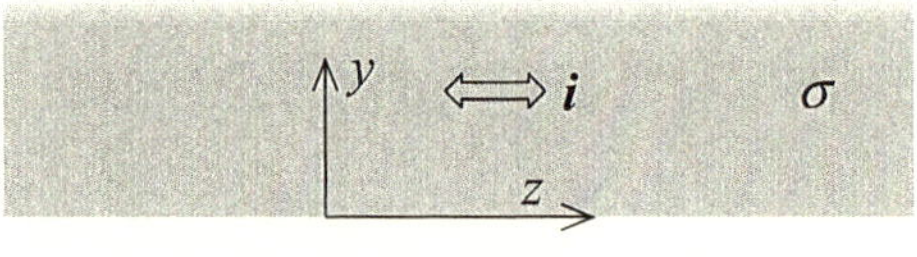

図 11.2: 導体中の交流電流．外部 ($y < 0$) は真空である．

(2) 低周波に対して，$\mathcal{E}(y)$ を求め $i_z(y,t)$ を導け．

(3) 高周波に対して，$\mathcal{E}(y)$ を求め $i_z(y,t)$ を導け．

[解]

(1) 導体中のマクスウェルの方程式から導かれた (11.32) を利用する．まず，$E_x = E_y = 0$ および (11.40) を (11.6) の左辺に代入すると $\nabla \cdot \boldsymbol{E} = 0$，したがって $\nabla \cdot \boldsymbol{P} = 0$ であることがわかる．次に，(11.3) で $\omega_0 = 0$ (導体の条件) とおいて，(11.4) より

$$P_z(y,t) = \frac{-N_0 e^2}{m(\omega^2 - \mathrm{i}\gamma\omega)} E_z(y,t) = \frac{-\varepsilon_0 \omega_\mathrm{p}^2}{\omega^2 - \mathrm{i}\gamma\omega} E_z(y,t) \tag{11.41}$$

を得る．(11.32) の z 成分に (11.40)，(11.41) を代入して整理すると

$$\frac{\mathrm{d}^2 \mathcal{E}(y)}{\mathrm{d}y^2} + \left[\frac{\omega^2}{c^2}\left(1 - \frac{\omega_\mathrm{p}^2}{\omega^2 - \mathrm{i}\gamma\omega}\right) - \mathrm{i}\sigma\omega\mu_0\right] \mathcal{E}(y) = 0 \tag{11.42}$$

という微分方程式が求まる．

(2) (11.42) の左辺第 2 項の $\mathcal{E}(y)$ の係数を

$$\sigma\omega\mu_0 \left[\frac{\omega}{\sigma/\varepsilon_0}\left(1 - \frac{\omega_\mathrm{p}^2}{\omega^2(1 - \mathrm{i}\gamma/\omega)}\right) - \mathrm{i}\right] \tag{11.43}$$

と書き直せば，低周波近似の条件 $\omega \ll \sigma/\varepsilon_0, \omega \ll 1/\tau\,(\omega \ll \gamma)$ が使える．[ ] 内の最初の項は無視できて，(11.42) は

$$\frac{\mathrm{d}^2 \mathcal{E}(y)}{\mathrm{d}y^2} - \mathrm{i}\sigma\omega\mu_0 \mathcal{E}(y) = 0 \tag{11.44}$$

になる．$y > 0$ で発散しないような (11.44) の解は

$$\mathcal{E}(y) = \mathcal{E}_0 \exp\left[-\sqrt{\sigma\omega\mu_0/2}\,(1+\mathrm{i})y\right] = \mathcal{E}_0 \mathrm{e}^{-(1+\mathrm{i})y/\delta} \tag{11.45}$$

である．ただし，(11.27) の関係を用いた．(11.40) を用いれば，次の結果が導かれる．

$$i_z(y,t) = \sigma\mathcal{E}(y)\,\mathrm{e}^{\mathrm{i}\omega t} = \sigma\mathcal{E}_0 \exp\left[\mathrm{i}\left(\omega t - \frac{y}{\delta}\right) - \frac{y}{\delta}\right] \tag{11.46}$$

(11.46) によれば，$i_z(y,t), E_z(y,t)$ は波長 $\lambda = 2\pi\delta$ で y 方向へ伝わる横波の減衰波である．(11.46) が (11.26) と同じ形になるのは，両者が導体中の交流電場を表すから当然といえる．なお，この導体中に生じる磁場 B_x が $\nabla \times \boldsymbol{E} = -\partial \boldsymbol{B}/\partial t$ と (11.46) より導かれる．実際，B_x の E_z に対する大きさ，および位相差はすでに**問 11-7** に示したとおりである．

(3) 高周波では (11.42) は

$$\frac{\mathrm{d}^2\mathcal{E}(y)}{\mathrm{d}y^2} + \frac{\omega^2}{c^2}\mathcal{E}(y) = 0 \tag{11.47}$$

であり，今の場合の解は $\mathcal{E}(y) = \mathcal{E}_0 \mathrm{e}^{-\mathrm{i}\omega y/c}$ である．これより

$$i_z(y,t) = \sigma\mathcal{E}_0 \exp\left[\mathrm{i}\omega\left(t - \frac{y}{c}\right)\right] \tag{11.48}$$

になる．つまり，高周波では $i_z(y,t)$ は真空中の電磁波のように振る舞う．これは前節 §11.1.4 で述べた導体の透明化に対応する．

問 11-12 電磁波の反射と透過

図 11.3 のように，屈折率 n_1, n_2 の等方的な物質 “1”, “2”が $x = 0$ の面を境界として接している．ここで，x 方向の波数ベクトル $\boldsymbol{k}$ の平面電磁波が “1”から “2”へ垂直入射し，$-x$ 方向の波数ベクトル $\boldsymbol{k}'$ の反射波と x 方向の波数ベクトル $\boldsymbol{k}''$ の透過波が生じている．電場の振動方向を y 方向として，入射波，反射波，透過波の電場をそれぞれ

$$E_{\mathrm{inc}} = E_0 \mathrm{e}^{\mathrm{i}(\omega t - kx)} \tag{11.49}$$

$$E_{\mathrm{ref}} = E_0' \mathrm{e}^{\mathrm{i}(\omega' t + k'x)} \tag{11.50}$$

$$E_{\mathrm{tra}} = E_0'' \mathrm{e}^{\mathrm{i}(\omega'' t - k''x)} \tag{11.51}$$

と表すとき，

(1) $\omega = \omega' = \omega''$ になることを示し，さらに k', k'' を k で表せ．

(2) "1", "2"の誘電率，透磁率をそれぞれ $\varepsilon_1, \mu_1, \varepsilon_2, \mu_2$ として，電磁波の反射率 $\mathcal{R}$ と透過率 $\mathcal{T}$ を求めよ．

(3) 平面電磁波が "2"から "1"へ垂直入射したときの反射率および透過率は，"1"から "2"への垂直入射の場合と同じであることを示せ．

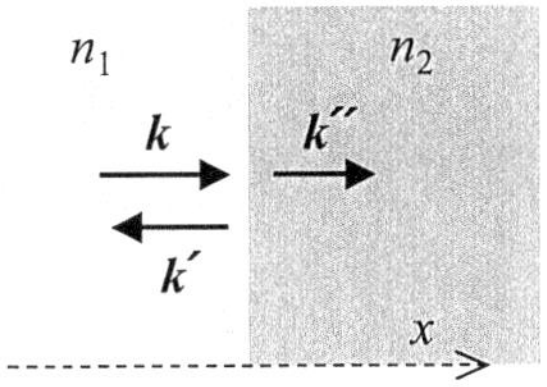

図 11.3: 物質の境界における電磁波の透過と反射

[解] 今の場合，$\boldsymbol{D}, \boldsymbol{B}$ の法線成分は 0 であるから，境界条件としては $\boldsymbol{E}, \boldsymbol{H}$ の接線成分の連続性のみを考えればよい．

(1) 境界面の "1"側では，入射波と反射波を重ね合わせた波に対して境界条件が適用されることに注意すれば，境界面 $x = a$ において

$$E_0 e^{i(\omega t - ka)} + E_0' e^{i(\omega' t + k' a)} = E_0'' e^{i(\omega'' t - k'' a)} \tag{11.52}$$

を得る．(11.52) が任意の t に対して成り立つためには，$t \to t + \tau$ の変化に対して入射波，反射波，透過波の位相変化は同じ，つまり因子 $e^{i\omega\tau}$, $e^{i\omega'\tau}, e^{i\omega''\tau}$ は等しくなければならない．したがって

$$\omega = \omega' = \omega''$$

が成り立つ．ここで，(11.13) の関係 $\omega^2/c^2 = k^2/n^2$ を用いると

$$\frac{k^2}{n_1^2} = \frac{k'^2}{n_1^2} = \frac{k''^2}{n_2^2}$$

を得る．これより，波数が次のように決まる．

$$k' = k\,, \qquad k'' = \frac{n_2}{n_1}k$$

(2) (11.49)~(11.51) に対応する磁束密度を (11.9) より求めると，それぞれ

$$B_{\rm inc} = \frac{k}{\omega}E_{\rm inc}$$
$$B_{\rm ref} = \frac{k'}{\omega'}E_{\rm ref} = \frac{-k}{\omega}E_{\rm ref}$$
$$B_{\rm tra} = \frac{k''}{\omega''}E_{\rm tra} = \frac{n_2 k}{n_1\omega}E_{\rm tra}$$

になる．境界条件 $E_{\rm inc} + E_{\rm ref} = E_{\rm tra}$, $H_{\rm inc} + H_{\rm ref} = H_{\rm tra}$ は

$$\mathcal{E}_{\rm inc} = E_0 {\rm e}^{-ika}\,, \qquad \mathcal{E}_{\rm ref} = E_0' {\rm e}^{ika}\,, \qquad \mathcal{E}_{\rm tra} = E_0'' {\rm e}^{-in_2 ka/n_1}$$

を用いて，それぞれ

$$\mathcal{E}_{\rm inc} + \mathcal{E}_{\rm ref} = \mathcal{E}_{\rm tra} \tag{11.53}$$
$$\mathcal{E}_{\rm inc} - \mathcal{E}_{\rm ref} = \eta\,\mathcal{E}_{\rm tra} \tag{11.54}$$

と表される．ここで，η は $c/n_j = 1/\sqrt{\varepsilon_j\mu_j}$ $(j=1,2)$ の関係により

$$\eta = \frac{n_2\mu_1}{n_1\mu_2} = \sqrt{\frac{\varepsilon_2\mu_1}{\varepsilon_1\mu_2}} \tag{11.55}$$

で与えられる．(11.53), (11.54) より，反射率と透過率は次のように求まる．

$$\mathcal{R} = \left(\frac{E_0'}{E_0}\right)^2 = \left|\frac{\mathcal{E}_{\rm ref}}{\mathcal{E}_{\rm inc}}\right|^2 = \left(\frac{1-\eta}{1+\eta}\right)^2$$
$$\mathcal{T} = 1 - \mathcal{R} = \frac{4\eta}{(1+\eta)^2}$$

(3) "2"から "1"への入射の場合には，$(\varepsilon_1, \mu_1) \leftrightarrow (\varepsilon_2, \mu_2)$ の入れ換えにより，(11.55) に相当する変数は

$$\eta' = \sqrt{\frac{\varepsilon_1\mu_2}{\varepsilon_2\mu_1}} = \frac{1}{\eta}$$

と表される．したがって，この場合の反射率と透過率はそれぞれ

$$\mathcal{R}' = \left(\frac{1-\eta'}{1+\eta'}\right)^2 = \left(\frac{1-\eta}{1+\eta}\right)^2 = \mathcal{R}$$
$$\mathcal{T}' = 1 - \mathcal{R}' = \mathcal{T}$$

となって，“1”から “2”への入射の場合に等しい．

問 11-13 光の圧力

真空中を z 方向に進む光

$$E_x = E_0 \sin\left[k(z-ct)+\phi\right]\,, \quad E_y = E_z = 0$$

が，電気伝導度 $\sigma = \infty$ の理想的な導体の平面に垂直入射したとする．導体表面を $z=0$ として，

(1) 導体表面の受ける圧力 $\mathcal{P}$ を電磁場の運動量密度 (10.14) から導け．

(2) $\mathcal{P}$ の時間平均 $\langle \mathcal{P} \rangle$ は光のエネルギー密度の時間平均 $\langle u \rangle$ の 2 倍に等しいことを示せ．さらに，$\langle \mathcal{P} \rangle$ を**問 10-16** のレーザー光の場合について計算し，大気圧に対する比を求めよ．

(3) 光が垂直入射ではなく，導体表面の法線に対して角度 θ で入射したときの圧力 $\langle \mathcal{P}' \rangle$ はどう表されるか．

[解]

(1) ポインティング・ベクトルは，すでに求めた (10.31) により

$$S_x = S_y = 0\,, \quad S_z = \frac{E_x^2}{\mu_0 c} = \frac{E_0^2}{\mu_0 c}\sin^2\left[k(z-ct)+\phi\right]$$

である．Δt の時間内に導体表面の面積 A に光が運び込む運動量 ΔK は，運動量密度が $[S_z/c^2]_{z=0}$ であることから以下のように表される．

$$\Delta K = \frac{[S_z]_{z=0}}{c^2} \times (c\Delta t) \times A = \varepsilon_0 A\,\Delta t\,E_0^2 \sin^2\left(-kct+\phi\right)$$

$\sigma = \infty$ であれば，導体の表皮厚さは 0 になるので，入射した光は導体内部に入ることなく表面で全反射される．したがって，面積 A で全反射された後には，光の運動量変化は $2\Delta K$ になる．A に働く力を F とすれば力積は

$$F\Delta t = 2\Delta K = 2\varepsilon_0 A\,\Delta t\,E_0^2 \sin^2(-kct + \phi)$$

と表される．これより，光の圧力は次のように求まる．

$$\mathcal{P} = \frac{F}{A} = 2\varepsilon_0 E_0^2 \sin^2(-kct + \phi)$$

(2) $\mathcal{P}$ の時間平均 (**問 9-1** を参照) は以下のようになる．

$$\langle \mathcal{P} \rangle = 2\varepsilon_0 E_0^2 \langle \sin^2(\omega t - \phi) \rangle = \varepsilon_0 E_0^2$$

一方，光のエネルギー密度 $u(z,t) = \varepsilon_0 E_x^2$ の時間平均をとると

$$\langle u \rangle = \frac{\varepsilon_0 E_0^2}{2}$$

であるから，$\langle \mathcal{P} \rangle = 2\langle u \rangle$ を得る．**問 10-16** のレーザー光では $\langle u \rangle = 0.212\,\mathrm{J/m^3}$ と求められた．単位に関して $[\mathrm{J/m^3}]=[\mathrm{N/m^2}]=[\mathrm{Pa}]$ であるから, 大気圧 $\mathcal{P}_0 = 1.013 \times 10^5\,\mathrm{Pa}$ に対する比は次のようになる．

$$\frac{\langle \mathcal{P} \rangle}{p_0} = \frac{2 \times 0.212}{1.013 \times 10^5} = 4.19 \times 10^{-6}$$

(3) 表面に垂直な運動量成分のみが圧力を生じる．そこで，斜入射では $S \to S\cos\theta$ に置き換えるとともに，運動量の移動速度を $c \to c\cos\theta$ に置き換える．その結果，光が z 方向に運び込む運動量は，(1) の ΔK の代わりに

$$\Delta K' = \frac{[S_z]_{z=0}\cos\theta}{c^2} \times (c\cos\theta\,\Delta t) \times A = \Delta K\,\cos^2\theta$$

になり，因子 $\cos^2\theta$ が付くことになる．したがって，斜入射の場合の光の圧力は以下のように表される．

$$\langle \mathcal{P}' \rangle = \langle \mathcal{P} \rangle \cos^2\theta = \varepsilon_0 E_0^2 \cos^2\theta$$

問 11-14 平行な導体板の間を伝わる電磁波

図 11.4 のように，真空中で $y=0,b$ の位置に電気伝導度が ∞ の薄くて広い 2 枚の導体板を平行に置く．導体板間を完全反射を繰返しながら z 方向へ進む電磁波は，yz 面内を進む方向が z 軸に関して $\pm\theta\ (\neq 0)$ であるような，自由空間の電磁波の重ね合わせで表される．

(1) この電磁波は縦波成分を持つことを定性的に説明せよ．

(2) 自由空間の電磁波の変数部分を波数ベクトル $\boldsymbol{k}$, 角振動数 ω により

$$\mathrm{e}^{\mathrm{i}(\boldsymbol{k}\cdot\boldsymbol{r}-\omega t)}, \quad \omega = ck$$

と表すとき，導体板間を z 方向へ進む電磁波の電場の縦波成分 E_z を求めよ．

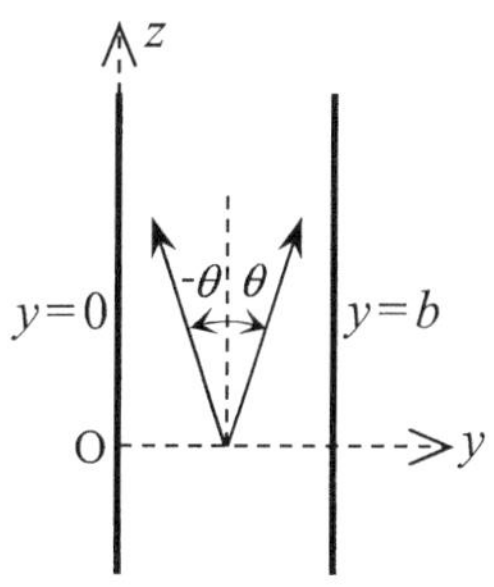

図 11.4: 平行な導体板間を伝わる電磁波

[解]

(1) $\pm\theta$ の方向に進む自由空間の 2 つの電磁波は，それぞれに関して横波 $\boldsymbol{E},\boldsymbol{B}$ が直交している．したがって，$\pm\theta$ の電磁波を重ね合わせると，電場または磁場の z 成分は 0 でなくなり，縦波が生じる．

(2) θ 方向へ進む波は $\boldsymbol{k} = (0, k\sin\theta, k\cos\theta)$ より，$\boldsymbol{k}\cdot\boldsymbol{r} = k(y\sin\theta + z\cos\theta)$ と表される．これより，$\pm\theta$ の波の重ね合わせで，まず $y = 0$ において境界条件 $E_z = 0$ を満たす波は, 任意定数 C を用いて次のように表される.

$$
\begin{aligned}
E_z &= C[\mathrm{e}^{\mathrm{i}k(y\sin\theta + z\cos\theta)} - \mathrm{e}^{\mathrm{i}k(-y\sin\theta + z\cos\theta)}]\mathrm{e}^{-\mathrm{i}\omega t} \\
&= 2\mathrm{i}C\mathrm{e}^{\mathrm{i}(kz\cos\theta - \omega t)}\sin(ky\sin\theta) \qquad (11.56)
\end{aligned}
$$

なお，これは波の位相速度 $v' = \omega/k\cos\theta = c/\cos\theta \geq c$ を意味する．次に，$y = b$ において $E_z = 0$ の境界条件から

$$
kb\sin\theta = n\pi \quad (n = 1, 2\cdots) \qquad (11.57)
$$

を得る．したがって, 任意定数 $E_0 = 2\mathrm{i}C$ を用いて

$$
E_z = E_0\mathrm{e}^{\mathrm{i}(\xi_n z - \omega t)}\sin\frac{n\pi y}{b} \qquad (11.58)
$$

と求まる．ただし，波数 ξ_n は

$$
\xi_n = k\cos\theta = k\sqrt{1 - \left(\frac{n\pi}{kb}\right)^2} = \sqrt{\frac{\omega^2}{c^2} - \left(\frac{n\pi}{b}\right)^2} \qquad (11.59)
$$

と表され，離散的な波数の E_z のみが導体板間を伝わることができる.

本問は導波管 (**問 11-15**) を伝わる電磁波の基本的な性質 (縦波成分の存在，離散的な波数) を明らかにしている．例えば，(11.59) は (11.83) に対応している.

問 11-15 導波管内を伝わる電磁波

図 11.5 のように，$0 \leq x \leq a, 0 \leq y \leq b$ の真空の空間が電気伝導度 ∞ の導体で囲まれている．この空間内を z 方向へ伝わる角振動数 ω の電磁波の電場と磁束密度を，空間の対称性を考えてそれぞれ

$$
\boldsymbol{E}_0(\boldsymbol{r}) = \boldsymbol{E}(x, y)\mathrm{e}^{\mathrm{i}(\xi z - \omega t)}\,, \quad \boldsymbol{B}_0(\boldsymbol{r}) = \boldsymbol{B}(x, y)\mathrm{e}^{\mathrm{i}(\xi z - \omega t)} \qquad (11.60)
$$

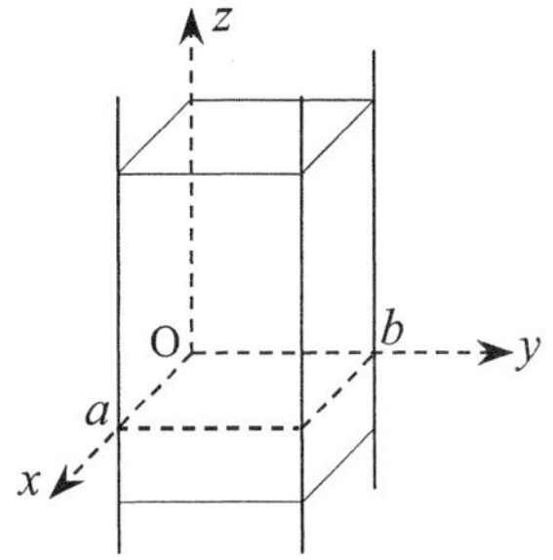

図 11.5: 断面が長方形の導波管 (z 方向へ電磁波が伝わる)

と表す．ここで，波数に相当する定数 $\xi > 0$ を適切に決めることができれば，伝播の可能な電磁波が求められたことになる．これはマイクロ波等の伝送に用いられる**導波管**の原理である．(11.60) の電磁場に関して，

(1) 横波の電磁波は z 方向へ伝わらないことを示せ.

(2) 真空中の電磁波が満たす波動方程式はどのように書き換えられるか.

(3) 横波がないことから，電磁波の振動の基本形として

(i) TE 波: $E_z = 0, B_z \neq 0$,

(ii) TM 波: $E_z \neq 0, B_z = 0$

を考える (TE, TM 波の重ね合わせが一般解)．(2) の結果を用いて (i), (ii) の場合の電磁場をそれぞれ求めよ.

[解]

(1) 真空中のマクスウェルの方程式 $\nabla\times\boldsymbol{E}_0 = -\partial\boldsymbol{B}_0/\partial t, \nabla\times\boldsymbol{B}_0 = c^{-2}\partial\boldsymbol{E}_0/\partial t$

に (11.60) を代入すると以下の 6 式を得る．

$$\frac{\partial E_z}{\partial y} - \mathrm{i}\xi E_y = \mathrm{i}\omega B_x \tag{11.61}$$

$$\mathrm{i}\xi E_x - \frac{\partial E_z}{\partial x} = \mathrm{i}\omega B_y \tag{11.62}$$

$$\frac{\partial E_y}{\partial x} - \frac{\partial E_x}{\partial y} = \mathrm{i}\omega B_z \tag{11.63}$$

$$\frac{\partial B_z}{\partial y} - \mathrm{i}\xi B_y = \frac{-\mathrm{i}\omega}{c^2} E_x \tag{11.64}$$

$$\mathrm{i}\xi B_x - \frac{\partial B_z}{\partial x} = \frac{-\mathrm{i}\omega}{c^2} E_y \tag{11.65}$$

$$\frac{\partial B_y}{\partial x} - \frac{\partial B_x}{\partial y} = \frac{-\mathrm{i}\omega}{c^2} E_z \tag{11.66}$$

ここで，(11.61), (11.62), (11.64), (11.65) は E_x, E_y, B_x, B_y の連立 1 次連立方程式であり，その解は以下のように与えられる．

$$-\mathrm{i}\gamma^2 E_x = \omega \frac{\partial B_z}{\partial y} + \xi \frac{\partial E_z}{\partial x} \tag{11.67}$$

$$-\mathrm{i}\gamma^2 E_y = -\omega \frac{\partial B_z}{\partial x} + \xi \frac{\partial E_z}{\partial y} \tag{11.68}$$

$$-\mathrm{i}\gamma^2 B_x = -\frac{\omega}{c^2} \frac{\partial E_z}{\partial y} + \xi \frac{\partial B_z}{\partial x} \tag{11.69}$$

$$-\mathrm{i}\gamma^2 B_y = \frac{\omega}{c^2} \frac{\partial E_z}{\partial x} + \xi \frac{\partial B_z}{\partial y} \tag{11.70}$$

ただし, γ^2 は次の式で表される．

$$\gamma^2 = \frac{\omega^2}{c^2} - \xi^2 \tag{11.71}$$

まず，$\xi \neq \omega/c\,(\gamma \neq 0)$ の場合には, 横波の解は存在しない．なぜなら横波 $E_z = B_z = 0$ であれば，(11.67)～ (11.70) の右辺は 0 であり，したがって $E_x = E_y = B_x = B_y = 0$ になるからである．

次に，$\xi = \omega/c\,(\gamma = 0)$ の場合には (11.67)～ (11.70) の左辺は 0 になり，(11.67) と (11.68) から B_z を消去してラプラス方程式

$$\frac{\partial^2 E_z}{\partial x^2} + \frac{\partial^2 E_z}{\partial y^2} = 0 \tag{11.72}$$

が得られる．したがって，E_z は導波管の任意の (x, y) 断面内で極大値も極小値もとらない (§1.1.9, **問 1-20**)．その一方で，導波管の内壁面では $E_z = 0$ であるから，結局のところ導波管内では $E_z = 0$ になることがわかる．このとき，(11.67) と (11.68) から $B_z = 0$ が導かれる．さらに，マクスウェルの方程式 $\nabla \cdot \boldsymbol{E}(\boldsymbol{r}) = 0$ は次のように表される．

$$\frac{\partial E_x}{\partial x} + \frac{\partial E_y}{\partial y} = 0 \tag{11.73}$$

(11.63) と (11.73) からラプラス方程式

$$\frac{\partial^2 E_x}{\partial x^2} + \frac{\partial^2 E_x}{\partial y^2} = 0$$

が得られる．(11.72) の場合と同じ議論により，導波管内では $E_x = 0$, したがって，(11.61), (11.62), (11.64), (11.65) より，$E_x = E_y = B_x = B_y = 0$ が導かれる．こうして，$\xi = \omega/c$ の場合にも横波の解は存在しないことがわかる．

(2) (11.60) と $\boldsymbol{E}, \boldsymbol{B}$ の波動方程式 (10.23), (10.22) から，以下を得る．

$$\frac{\partial^2 \boldsymbol{E}}{\partial x^2} + \frac{\partial^2 \boldsymbol{E}}{\partial y^2} + \gamma^2 \boldsymbol{E} = 0 \tag{11.74}$$

$$\frac{\partial^2 \boldsymbol{B}}{\partial x^2} + \frac{\partial^2 \boldsymbol{B}}{\partial y^2} + \gamma^2 \boldsymbol{B} = 0 \tag{11.75}$$

(3) (i) TE 波の場合，(11.75) の z 成分に関する式を変数分離法で解く．まず $B_z(x, y) = X(x)\,Y(y)$ とおいて，下記の式を得る．

$$\frac{\partial^2 X}{\partial x^2} = -K_x X \,, \quad \frac{\partial^2 Y}{\partial y^2} = -K_y Y$$

ただし，定数 K_x, K_y は次の関係を満たす．

$$K_x + K_y = \gamma^2 = \frac{\omega^2}{c^2} - \xi^2 \,, \quad K_x > 0 \,, \quad K_y > 0$$

これより, 任意定数 X_1, Y_1, ϕ_x, ϕ_y を用いて

$$X(x) = X_1 \cos\left(\sqrt{K_x}\, x + \phi_x\right) \,, \quad Y(y) = Y_1 \cos\left(\sqrt{K_y}\, y + \phi_y\right)$$

と表される．したがって，$X_1Y_1 = B_1$ とおいて

$$B_z = B_1 \cos\left(\sqrt{K_x}\, x + \phi_x\right) \cos\left(\sqrt{K_y}\, y + \phi_y\right)$$

を得る．これを (11.67)〜(11.70) に代入すると

$$E_x = \frac{-\mathrm{i}\omega\sqrt{K_y}\,B_1}{\gamma^2} \cos\left(\sqrt{K_x}\, x + \phi_x\right) \sin\left(\sqrt{K_y}\, y + \phi_y\right) \tag{11.76}$$

$$E_y = \frac{\mathrm{i}\omega\sqrt{K_x}\,B_1}{\gamma^2} \sin\left(\sqrt{K_x}\, x + \phi_x\right) \cos\left(\sqrt{K_y}\, y + \phi_y\right) \tag{11.77}$$

$$B_x = \frac{-\mathrm{i}\xi\sqrt{K_x}\,B_1}{\gamma^2} \sin\left(\sqrt{K_x}\, x + \phi_x\right) \cos\left(\sqrt{K_y}\, y + \phi_y\right) \tag{11.78}$$

$$B_y = \frac{-\mathrm{i}\xi\sqrt{K_y}\,B_1}{\gamma^2} \cos\left(\sqrt{K_x}\, x + \phi_x\right) \sin\left(\sqrt{K_y}\, y + \phi_y\right) \tag{11.79}$$

になる．境界条件：$x = 0, a$ で $E_y = 0$，$x = 0, b$ で $E_x = 0$ より

$$\phi_x = \phi_y = 0 \tag{11.80}$$

$$\sqrt{K_x}\, a = m\pi \quad (m = 0, 1, 2, \cdots) \tag{11.81}$$

$$\sqrt{K_y}\, b = n\pi \quad (n = 0, 1, 2, \cdots) \tag{11.82}$$

$$\gamma^2 = \frac{\omega^2}{c^2} - \xi^2 = \left(\frac{m\pi}{a}\right)^2 + \left(\frac{n\pi}{b}\right)^2 \tag{11.83}$$

が導かれる．ただし，$m = n = 0\,(\gamma = 0)$ は (1) で議論したとおり，解がないので除く．まとめれば，TE 波の $\boldsymbol{E}(x, y), \boldsymbol{B}(x, y)$ は離散的な変数 m, n の関数として，$\mathcal{A}_{mn} = -\mathrm{i}\omega B_1/\gamma^2$ を用いて次のように求まる．

$$E_x = \frac{n\pi}{b}\mathcal{A}_{mn} \cos\frac{m\pi x}{a}\, \sin\frac{n\pi y}{b} \tag{11.84}$$

$$E_y = -\frac{m\pi}{a}\mathcal{A}_{mn} \sin\frac{m\pi x}{a}\, \cos\frac{n\pi y}{b} \tag{11.85}$$

$$E_z = 0 \tag{11.86}$$

$$B_x = \frac{\xi_{mn}}{\omega}\frac{m\pi}{a}\mathcal{A}_{mn} \sin\frac{m\pi x}{a}\, \cos\frac{n\pi y}{b} \tag{11.87}$$

$$B_y = \frac{\xi_{mn}}{\omega}\frac{n\pi}{b}\mathcal{A}_{mn} \cos\frac{m\pi x}{a}\, \sin\frac{n\pi y}{b} \tag{11.88}$$

$$B_z = B_1 \cos\frac{m\pi x}{a}\, \cos\frac{n\pi y}{b} \tag{11.89}$$

ただし，(11.83) より $\xi = \xi_{mn} = \sqrt{(\omega/c)^2 - (m\pi/a)^2 - (n\pi/b)^2}$ と表した．

(ii) TM 波の場合，(11.74) の z 成分に関する式を変数分離法で解き，導波管の内壁面で $E_z = 0$ の条件から，E_1 を任意定数として

$$E_z = E_1 \sin\frac{m\pi x}{a} \sin\frac{n\pi y}{b}$$

と表される．(11.67)～(11.70) より，TM 波の $\boldsymbol{E}(x,y)$, $\boldsymbol{B}(x,y)$ は $\mathcal{C}_{mn} = -\mathrm{i}\omega E_1/\gamma^2$ を用いて以下のようにまとめられる．

$$E_x = -\frac{\xi_{mn}}{\omega}\frac{m\pi}{a}\mathcal{C}_{mn} \cos\frac{m\pi x}{a} \sin\frac{n\pi y}{b} \tag{11.90}$$

$$E_y = -\frac{\xi_{mn}}{\omega}\frac{n\pi}{b}\mathcal{C}_{mn} \sin\frac{m\pi x}{a} \cos\frac{n\pi y}{b} \tag{11.91}$$

$$E_z = E_1 \sin\frac{m\pi x}{a} \sin\frac{n\pi y}{b} \tag{11.92}$$

$$B_x = \frac{1}{c^2}\frac{n\pi}{b}\mathcal{C}_{mn} \sin\frac{m\pi x}{a} \cos\frac{n\pi y}{b} \tag{11.93}$$

$$B_y = -\frac{1}{c^2}\frac{m\pi}{a}\mathcal{C}_{mn} \cos\frac{m\pi x}{a} \sin\frac{n\pi y}{b} \tag{11.94}$$

$$B_z = 0 \tag{11.95}$$

ただし，m, n のいずれかが 0 であると $\boldsymbol{E}(x,y) = \boldsymbol{B}(x,y) = 0$ になるので，$m = 1, 2, \cdots, n = 1, 2, \cdots$ である．

第12章　電磁ポテンシャルと電磁波の放射

12.1　基礎事項

12.1.1　電磁ポテンシャルとゲージ

時間に依存するマクスウェルの方程式 (10.1)~(10.4) をポテンシャルで表現することを考える．まず，(10.2) の $\nabla \cdot \boldsymbol{B}(\boldsymbol{r},t)=0$ から静磁場の場合と同じように

$$\boldsymbol{B}(\boldsymbol{r},t)=\nabla \times \boldsymbol{A}(\boldsymbol{r},t) \tag{12.1}$$

によりベクトル・ポテンシャルが導入されることはすでに述べた (§10.1.6)．さらに (10.4) と (12.1) から，スカラー・ポテンシャル $\phi(\boldsymbol{r},t)$ が

$$\nabla\phi(\boldsymbol{r},t)=-\boldsymbol{E}(\boldsymbol{r},t)-\frac{\partial \boldsymbol{A}(\boldsymbol{r},t)}{\partial t} \tag{12.2}$$

により導入される (**問 10-5**)．ポテンシャルの組 $(\boldsymbol{A},\phi)$ を**電磁ポテンシャル**という．マクスウェルの方程式の残りの (10.3), (10.1) を電磁ポテンシャルで書くとそれぞれ

$$\nabla^2\boldsymbol{A}-\frac{1}{c^2}\frac{\partial^2\boldsymbol{A}}{\partial t^2}-\nabla\left[\nabla\cdot\boldsymbol{A}+\frac{1}{c^2}\frac{\partial\phi}{\partial t}\right] = -\mu_0\boldsymbol{i} \tag{12.3}$$

$$\nabla^2\phi+\frac{\partial\,(\nabla\cdot\boldsymbol{A})}{\partial t} = -\frac{\rho}{\varepsilon_0} \tag{12.4}$$

になる．

$\boldsymbol{A}(\boldsymbol{r},t),\phi(\boldsymbol{r},t)$ の関数形は任意性を持ち，同じ $\boldsymbol{E},\boldsymbol{B}$ を与える電磁ポテンシャルは無限に多く存在する．そこで，電磁ポテンシャルに付加条件を加えて電磁

ポテンシャルを利用目的に合った表式にできる．電磁ポテンシャルの表式は，それに付随する付加条件により**ゲージ**で区別され，例えばローレンツ・ゲージ，クーロン・ゲージなどと呼ばれる．同じ電磁場 $\boldsymbol{E}, \boldsymbol{B}$ を与える電磁ポテンシャルの間の変換 $(\boldsymbol{A}, \phi) \to (\boldsymbol{A}', \phi')$ を**ゲージ変換**という．

電磁ポテンシャルに対して**ローレンツ条件**

$$\nabla \cdot \boldsymbol{A} + \frac{1}{c^2}\frac{\partial \phi}{\partial t} = 0 \tag{12.5}$$

を課せば，(12.3), (12.4) はそれぞれ

$$\nabla^2 \boldsymbol{A} - \frac{1}{c^2}\frac{\partial^2 \boldsymbol{A}}{\partial t^2} = -\mu_0 \boldsymbol{i} \tag{12.6}$$

$$\nabla^2 \phi - \frac{1}{c^2}\frac{\partial^2 \phi}{\partial t^2} = -\frac{\rho}{\varepsilon_0} \tag{12.7}$$

になって，$\boldsymbol{A}$ と ϕ の波動方程式に分離される．これが**ローレンツ・ゲージ** であり，電磁ポテンシャルは (12.5)~(12.7) の実質 5 式を満たす．

12.1.2　電磁場の伝わりと遅延効果

ローレンツ・ゲージ (12.5)~(12.7) の解は次のように表される．

$$\boldsymbol{A}(\boldsymbol{r}, t) = \frac{\mu_0}{4\pi}\int \frac{\boldsymbol{i}(\boldsymbol{r}', t - |\boldsymbol{r} - \boldsymbol{r}'|/c)\,\mathrm{d}V'}{|\boldsymbol{r} - \boldsymbol{r}'|} \tag{12.8}$$

$$\phi(\boldsymbol{r}, t) = \frac{1}{4\pi\varepsilon_0}\int \frac{\rho(\boldsymbol{r}', t - |\boldsymbol{r} - \boldsymbol{r}'|/c)\,\mathrm{d}V'}{|\boldsymbol{r} - \boldsymbol{r}'|} \tag{12.9}$$

ただし，$\boldsymbol{i}, \rho$ は有限な空間内に分布することが仮定されている．静電場に対しては，$\boldsymbol{A}(\boldsymbol{r}), \phi(\boldsymbol{r})$ はポアソン方程式の解として (5.19), (1.14) で与えられた．それらとの違いは $(\boldsymbol{r}, t)$ におけるポテンシャルが，光の伝わる時間だけ遡った過去の時間における電流あるいは電荷の値で決定されることである．そのため，(12.8), (12.9) を**遅延ポテンシャル**という．

12.1.3 時間変化する電磁場の双極子近似

電荷の総和が 0 であるような正負の点電荷群が有限な空間 V_0 の内部に分布しているとする．点電荷の電荷密度 ρ が時間変化すると電流が生じるので，電荷によるスカラー・ポテンシャルのみでなく，ベクトル・ポテンシャルも誘起される．このとき，V_0 から十分遠い位置 $\boldsymbol{r}$ における電磁ポテンシャルは

$$\boldsymbol{A}(\boldsymbol{r},t) = \frac{\mu_0}{4\pi}\frac{\dot{\boldsymbol{p}}(t-r/c)}{r} \tag{12.10}$$

$$\phi(\boldsymbol{r},t) = \frac{1}{4\pi\varepsilon_0}\left[\frac{\boldsymbol{r}\cdot\boldsymbol{p}(t-r/c)}{r^3}+\frac{\boldsymbol{r}\cdot\dot{\boldsymbol{p}}(t-r/c)}{cr^2}\right] \tag{12.11}$$

と表される．ただし

$$\boldsymbol{p}(\tau) = \int_{\mathrm{V}_0}\boldsymbol{r}'\rho(\boldsymbol{r}',\tau)\,\mathrm{d}V' \tag{12.12}$$

は時刻 τ における V_0 内の電気双極子モーメントである．時間変化のない双極子場 (§1.1.6) と同じく，$\boldsymbol{p}(\tau)$ は座標原点のとり方に依存せず，点電荷の相互の空間配置で決まる．(12.10), (12.11) は時間変化する電気双極子モーメント $\boldsymbol{p}$ による電磁場を表すことから，上記の近似方法を**双極子近似**という．

12.1.4 リエナール – ウィーヘルト・ポテンシャル

運動する点電荷 q によって空間に生じる電磁ポテンシャルを (12.8), (12.9) により求めることができる．実際，点電荷が $\boldsymbol{r}'$ の位置を任意の速度 $\boldsymbol{v}(t)$ で運動するとき，$(\boldsymbol{r},t)$ における電磁ポテンシャルは，$\boldsymbol{R}=\boldsymbol{r}-\boldsymbol{r}', \tau=t-R/c$ を用いて

$$\boldsymbol{A}(\boldsymbol{r},t) = \frac{\mu_0 q\boldsymbol{v}(\tau)}{4\pi[R-(\boldsymbol{v}\cdot\boldsymbol{R})/c]_{t=\tau}} \tag{12.13}$$

$$\phi(\boldsymbol{r},t) = \frac{q}{4\pi\varepsilon_0[R-(\boldsymbol{v}\cdot\boldsymbol{R})/c]_{t=\tau}} \tag{12.14}$$

と表される．点電荷に対する上記の電磁ポテンシャルを**リエナール – ウィーヘルト・ポテンシャル**という．

12.1.5 電気双極子放射

図12.1のように，z 軸上で時間変化する電気双極子モーメント $\boldsymbol{p}(t)$ があり，その大きさを複素数表示で以下のように表す．

$$p(t) = p_0 \mathrm{e}^{-\mathrm{i}\omega t} \tag{12.15}$$

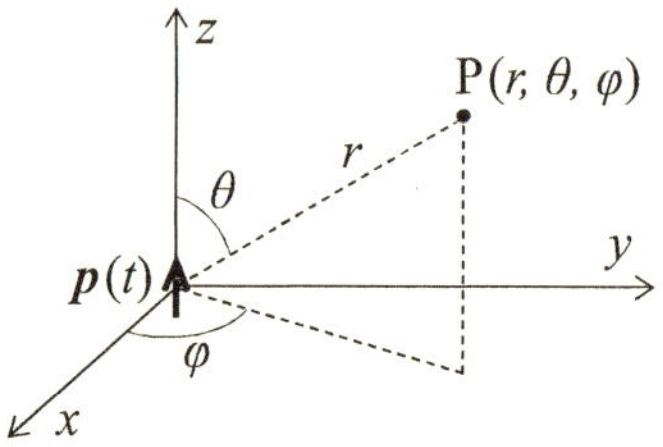

図 12.1: 時間変化する電気双極子

電気双極子から遠方の点Pにおける電磁ポテンシャルは (12.10)，(12.11) で与えられるが，図12.1の極座標の変数を用いると

$$A_x = A_y = 0\ ,\quad A_z = \frac{\mu_0}{4\pi}\frac{\dot{p}(t-c/r)}{r} \tag{12.16}$$

$$\phi(\boldsymbol{r},t) = \frac{1}{4\pi\varepsilon_0}\left[\frac{p(t-r/c)}{r^2} + \frac{\dot{p}(t-r/c)}{cr}\right]\cos\theta \tag{12.17}$$

と表される．ここで，波数 $k=\omega/c$ を用いて $t-r/c = t-kr/\omega$ と書き，(12.15) を用いると

$$A_z = -\mathrm{i}\,\frac{\mu_0}{4\pi}\frac{p_0\omega}{r}\mathrm{e}^{-\mathrm{i}(\omega t-kr)} \tag{12.18}$$

$$\phi(\boldsymbol{r},t) = \frac{p_0}{4\pi\varepsilon_0}\left(\frac{1}{r^2} - \frac{\mathrm{i}k}{r}\right)\mathrm{e}^{-\mathrm{i}(\omega t-kr)}\cos\theta \tag{12.19}$$

を得る．$\boldsymbol{A}$ を極座標で表すと

$$A_r = A_z \cos\theta = -\mathrm{i}\,\frac{\mu_0}{4\pi}\frac{p_0\omega}{r}\mathrm{e}^{-\mathrm{i}(\omega t - kr)}\cos\theta \tag{12.20}$$

$$A_\theta = -A_z \sin\theta = \mathrm{i}\,\frac{\mu_0}{4\pi}\frac{p_0\omega}{r}\mathrm{e}^{-\mathrm{i}(\omega t - kr)}\sin\theta \tag{12.21}$$

$$A_\varphi = 0 \tag{12.22}$$

になる．

上記の電磁ポテンシャルから電気双極子の $\boldsymbol{E}(\boldsymbol{r},t), \boldsymbol{H}(\boldsymbol{r},t)$ が導かれるから，ポインティング・ベクトルを求めることができる．ポインティング・ベクトルから，電気双極子の放射するエネルギーの方向依存性，あるいは放射エネルギーの総量が得られる．

12.1.6 運動する点電荷からの放射

図 12.2 に示すように，点電荷 q が位置 $\boldsymbol{r}'(x', y', z')$ を速度 $\boldsymbol{v}(t)$ で走っているとする．このときの $\boldsymbol{r}(x, y, z)$ における電磁ポテンシャルは，リエナール–ウィーヘルト・ポテンシャル (12.13), (12.14) から導くことができる．これより，$\boldsymbol{r}(x, y, z)$ における電磁場が $\boldsymbol{v}, \dot{\boldsymbol{v}} = \mathrm{d}\boldsymbol{v}/\mathrm{d}t, \boldsymbol{R} = \boldsymbol{r} - \boldsymbol{r}', \tau = t - R/c$ の関数として求まる．結果は次のようになる．

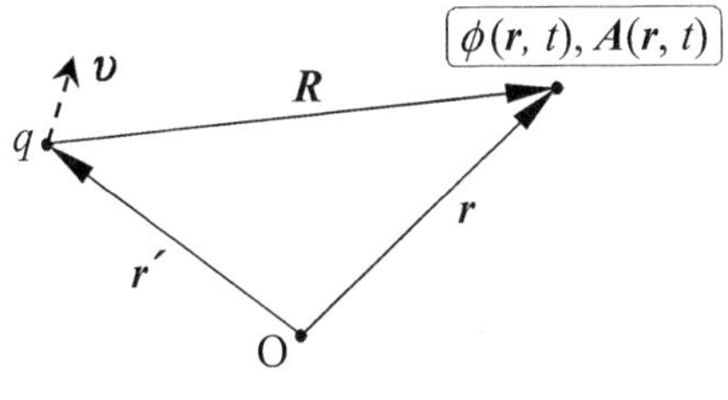

図 12.2: 点電荷と関連座標

$$\boldsymbol{E}(\boldsymbol{r},t) = \frac{qR}{4\pi\varepsilon_0 R_1^3}\left[\left(\frac{R_1}{R} - \frac{v_1}{c}\right)\boldsymbol{h} - \frac{R_1}{c^2}\dot{\boldsymbol{v}}\right] \tag{12.23}$$

$$\boldsymbol{B}(\boldsymbol{r},t) = \frac{q}{4\pi\varepsilon_0 R_1^3 c}\left[\left(\frac{R_1}{R} - \frac{v_1}{c}\right)(\boldsymbol{R}\times\boldsymbol{h}) - \frac{R_1(\boldsymbol{R}\times\dot{\boldsymbol{v}})}{c^2}\right] \tag{12.24}$$

ただし，$\boldsymbol{v}, \dot{\boldsymbol{v}}, \boldsymbol{R}, R$ は遅延時刻 τ における値であり，以下のような表記を用いた．

$$R_1 = R - \frac{\boldsymbol{v}\cdot\boldsymbol{R}}{c}$$

$$v_1 = -\frac{\boldsymbol{v}\cdot\boldsymbol{R}}{R} + \frac{v^2 - \dot{\boldsymbol{v}}\cdot\boldsymbol{R}}{c}$$

$$\boldsymbol{h} = \frac{\boldsymbol{R}}{R} - \frac{\boldsymbol{v}}{c}$$

(12.23), (12.24) を比べると，運動する点電荷による電磁場は次の関係を満たすことがわかる．

$$\boldsymbol{B} = \frac{1}{c}\left(\frac{\boldsymbol{R}}{R}\times\boldsymbol{E}\right) \tag{12.25}$$

すなわち，図 12.2 において，$\boldsymbol{R}$ の方向に対して $\boldsymbol{B}(\boldsymbol{r},t)$ は直交し，$\boldsymbol{B}(\boldsymbol{r},t)$ に対して $\boldsymbol{E}(\boldsymbol{r},t)$ は直交している．しかし，$\boldsymbol{R}$ の方向に対して $\boldsymbol{E}(\boldsymbol{r},t)$ は一般には直交しない．

12.1.7 制動放射

加速度を与えられた点電荷は周囲に電磁波のかたちでエネルギーを放出する．この現象を**制動放射**という．制動放射による放出エネルギーの量はポインティング・ベクトルから求められる．

$R_1 \propto R$ であることに注意して (12.23) と (12.24) を見ると，$\dot{\boldsymbol{v}}$ を含む項は R^{-1} に比例するのに対して，それ以外の項は R^{-2} に比例している．したがって，点電荷から十分離れた位置では

$$\boldsymbol{E}(\boldsymbol{r},t) = \frac{qR}{4\pi\varepsilon_0 R_1^3 c^2}\left[(\dot{\boldsymbol{v}}\cdot\boldsymbol{R})\left(\frac{\boldsymbol{R}}{R} - \frac{\boldsymbol{v}}{c}\right) - R_1\dot{\boldsymbol{v}}\right] \tag{12.26}$$

$$\boldsymbol{B}(\boldsymbol{r},t) = \frac{q}{4\pi\varepsilon_0 R_1^3 c^3}\left[-\frac{(\dot{\boldsymbol{v}}\cdot\boldsymbol{R})}{c}(\boldsymbol{R}\times\boldsymbol{v}) - R_1(\boldsymbol{R}\times\dot{\boldsymbol{v}})\right] \tag{12.27}$$

と表される．ただし，$\boldsymbol{v}, \dot{\boldsymbol{v}}, \boldsymbol{R}, R$ は遅延時刻 τ における値である．なお，この近似においても (12.25) の関係 $\boldsymbol{B} = \boldsymbol{R} \times \boldsymbol{E}/(cR)$ は満たされることがわかる．(12.26) と (12.27) から，加速度を持つ点電荷の遠方で観測される電磁場は自由空間の球面電磁波の性質を持つことが導かれる (**問 12-12**)．

単位時間の間に特定の方向へ放射されるエネルギーを求めるには，まずポインティング・ベクトル $\boldsymbol{S}(\boldsymbol{r}, t)$ から空間のエネルギー密度 $u(\boldsymbol{r}, t) = |\boldsymbol{S}(\boldsymbol{r}, t)/c|$ を導く．次に，単位遅延時間内に放出されたエネルギーが分布する空間を (電荷を中心とする) 単位立体角で切り取り，内部に含まれるエネルギーを $u(\boldsymbol{r}, t)$ を用いて求めればよい．点電荷から見る立体角を Ω として，結果は次のように表される．

$$\begin{aligned}\frac{\partial^2 W}{\partial\Omega\,\partial t} &= c\varepsilon_0 R R_1 E^2 \\ &= \frac{q^2}{16\pi^2\varepsilon_0 c^3}\left(\frac{R}{R_1}\right)^3 \\ &\quad\times\left[\dot{v}^2 - \frac{(\dot{\boldsymbol{v}}\cdot\boldsymbol{R})^2}{R_1^2}\left(1 - \frac{v^2}{c^2}\right) + \frac{2(\boldsymbol{v}\cdot\dot{\boldsymbol{v}})(\dot{\boldsymbol{v}}\cdot\boldsymbol{R})}{cR_1}\right]\end{aligned} \tag{12.28}$$

ただし，$|\mathrm{d}\boldsymbol{v}/\mathrm{d}t|^2 = \dot{v}^2$ と表記した．

次に，(12.28) を全立体角に関して積分すれば点電荷から単位時間に全方向に放射されるエネルギーが得られる．結果は

$$\frac{\mathrm{d}W}{\mathrm{d}t} = \frac{q^2}{6\pi\varepsilon_0 c^3}\left[\frac{\dot{v}^2}{(1 - v^2/c^2)^2} + \frac{(\boldsymbol{v}\cdot\dot{\boldsymbol{v}})^2}{c^2(1 - v^2/c^2)^3}\right] \tag{12.29}$$

で与えられる．特に $v \ll c$ の場合は

$$\frac{\mathrm{d}W}{\mathrm{d}t} = \frac{q^2\dot{v}^2}{6\pi\varepsilon_0 c^3} \tag{12.30}$$

と表される．(12.30) を**ラーモアの公式**という．

12.1.8 物質による電磁波の散乱

電磁波が物質に入射すると，物質内の原子を構成する原子核と電子に振動電磁場によるローレンツ力が働く．この場合，質量の大きい原子核はほとんど動

かず，運動を始めるのは小質量の電子である．物質中のほとんどの電子の速度は光速に比べて遅いため，電磁波の電場の効果が重要である．電子は電場によって加速度を生じ，その結果として電磁波が放出される．この過程は入射電磁波の散乱現象とみることができる．

物質中の自由電子による電磁波の散乱を**トムソン散乱**という．制動放射の放出エネルギーを与える関係式において，荷電粒子の加速度として電磁波による電子の加速度を用いれば散乱電磁波の強度分布が得られる．これを入射エネルギー量で規格化すれば微分散乱断面積が得られる．ここで，電磁波の偏りの方向 (横波 $\boldsymbol{E}$ の振動方向) は任意性があるから，通常は偏りの方向に関する平均化を行う．こうして求めたトムソン散乱の微分散乱断面積は，入射電磁波の方向に対する散乱角を θ_s として以下のように表される (**問 12-17**).

$$\left(\frac{\mathrm{d}\sigma}{\mathrm{d}\Omega}\right)_\mathrm{T} = \left(\frac{e^2}{4\pi\varepsilon_0 mc^2}\right)^2 \left(1 + \frac{\cos^2\theta_\mathrm{s}}{2}\right) \tag{12.31}$$

一方，物質中の束縛電子による電磁波の散乱を**レイリー散乱**という．この場合の微分散乱断面積はトムソン散乱の微分散乱断面積を用いて

$$\left(\frac{\mathrm{d}\sigma}{\mathrm{d}\Omega}\right)_\mathrm{R} = \left(\frac{\mathrm{d}\sigma}{\mathrm{d}\Omega}\right)_\mathrm{T} \frac{\omega^4}{(\omega_0^2 - \omega^2)^2} \tag{12.32}$$

と表される (**問 12-18**)．ここで，ω_0 は束縛電子の角振動数の代表値であり紫外線の領域内にある．

12.2 問題と解答

問 12-1 電磁ポテンシャルの任意性

電磁場 $\boldsymbol{E}(\boldsymbol{r},t), \boldsymbol{B}(\boldsymbol{r},t)$ があるとき，これらを与える電磁ポテンシャル $\boldsymbol{A}(\boldsymbol{r},t)$, $\phi(\boldsymbol{r},t)$ は無限に多く存在することを示せ．

[解] ベクトル解析の恒等式 (B.11) を用いると，$\boldsymbol{A}(\boldsymbol{r},t)$ に任意のスカラー関数 $\mathcal{G}(\boldsymbol{r},t)$ の勾配を加えた

$$\boldsymbol{A}'(\boldsymbol{r},t) = \boldsymbol{A}(\boldsymbol{r},t) + \nabla\mathcal{G}(\boldsymbol{r},t) \tag{12.33}$$

は $\nabla \times \boldsymbol{A}'(\boldsymbol{r},t) = \nabla \times \boldsymbol{A}(\boldsymbol{r},t) = \boldsymbol{B}(\boldsymbol{r},t)$ となって同じ $\boldsymbol{B}(\boldsymbol{r},t)$ を与える．同時に，(12.2) で $\phi(\boldsymbol{r},t)$ に代えて

$$\phi'(\boldsymbol{r},t) = \phi(\boldsymbol{r},t) - \frac{\partial \mathcal{G}(\boldsymbol{r},t)}{\partial t} \tag{12.34}$$

を用いると同じ $\boldsymbol{E}(\boldsymbol{r},t)$ が得られる．$\mathcal{G}(\boldsymbol{r},t)$ の任意性により，同一の電磁場を与える電磁ポテンシャルは無限に多く存在する．

問 12-2 放射ゲージ

$\boldsymbol{i}(\boldsymbol{r},t) = 0$, $\rho(\boldsymbol{r},t) = 0$ の場合の電磁場は，ローレンツ・ゲージ (12.5)~(12.7) から新たなローレンツ・ゲージへのゲージ変換により

$$\begin{aligned} \nabla^2 \boldsymbol{A}(\boldsymbol{r},t) - \frac{1}{c^2}\frac{\partial^2 \boldsymbol{A}(\boldsymbol{r},t)}{\partial t^2} &= 0 \\ \nabla \cdot \boldsymbol{A}(\boldsymbol{r},t) &= 0 \\ \phi(\boldsymbol{r},t) &= 0 \end{aligned}$$

の 3 式で表されることを示せ．

[解]　$\boldsymbol{i}(\boldsymbol{r},t) = 0$, $\rho(\boldsymbol{r},t) = 0$ の条件のもとで，新たなローレンツ・ゲージの表式 (12.33), (12.34) に移るとする．まず，ローレンツ条件を満たすために

$$\nabla \cdot \boldsymbol{A}' + \frac{1}{c^2}\frac{\partial \phi'}{\partial t} = \nabla^2 \mathcal{G} - \frac{1}{c^2}\frac{\partial^2 \mathcal{G}}{\partial t^2} = 0$$

を得る．これより，$\boldsymbol{A}'$ に関して

$$\begin{aligned} &\nabla^2 \boldsymbol{A}'(\boldsymbol{r},t) - \frac{1}{c^2}\frac{\partial^2 \boldsymbol{A}'(\boldsymbol{r},t)}{\partial t^2} \\ &= \left[\nabla^2 \boldsymbol{A}(\boldsymbol{r},t) - \frac{1}{c^2}\frac{\partial^2 \boldsymbol{A}(\boldsymbol{r},t)}{\partial t^2}\right] + \nabla\left[\nabla^2 \mathcal{G} - \frac{1}{c^2}\frac{\partial^2 \mathcal{G}}{\partial t^2}\right] \\ &= 0 + 0 = 0 \end{aligned}$$

が成り立つ．次に，$\mathcal{G}$ の任意性を利用して，(12.34) を

$$\phi'(\boldsymbol{r},t) = \phi(\boldsymbol{r},t) - \frac{\partial \mathcal{G}(\boldsymbol{r},t)}{\partial t} = 0$$

にとる．したがって，変換後の ϕ' の方程式

$$\nabla^2\phi' - \frac{1}{c^2}\frac{\partial^2\phi'}{\partial t^2} = 0$$

は恒等的に満たされる．新たなローレンツ条件は

$$\nabla\cdot\boldsymbol{A}' + \frac{1}{c^2}\frac{\partial\phi'}{\partial t} = \nabla\cdot\boldsymbol{A}' = 0$$

と表される．

以上を ($'$ をとって) まとめると，$\boldsymbol{i}(\boldsymbol{r},t)=0$, $\rho(\boldsymbol{r},t)=0$ のときの電磁場は

$$\nabla^2\boldsymbol{A}(\boldsymbol{r},t) - \frac{1}{c^2}\frac{\partial^2\boldsymbol{A}(\boldsymbol{r},t)}{\partial t^2} = 0 \tag{12.35}$$

$$\nabla\cdot\boldsymbol{A}(\boldsymbol{r},t) = 0 \tag{12.36}$$

$$\phi(\boldsymbol{r},t) = 0 \tag{12.37}$$

によって決まる．これを**放射ゲージ** という (**問 10-6** を参照)．

問 12-3 放射ゲージによる真空電磁場の解

放射ゲージにより，真空中の電磁波の解 (§10.1.3) を導け．

[解] (12.35) を満たす波動を, 振幅 A_0，波数ベクトル $\boldsymbol{k}$, 振動方向の単位ベクトル $\boldsymbol{e}$ により

$$\boldsymbol{A}(\boldsymbol{r},t) = A_0\boldsymbol{e}\sin(\boldsymbol{k}\cdot\boldsymbol{r}-\omega t) \tag{12.38}$$

と表す．これを (12.35) に代入すると

$$A_0\boldsymbol{e}\left(-k^2+\frac{\omega^2}{c^2}\right)\sin(\boldsymbol{k}\cdot\boldsymbol{r}-\omega t) = 0 \tag{12.39}$$

になるから

$$k = \frac{\omega}{c} \tag{12.40}$$

の関係を得る．さらに，$\nabla \cdot \boldsymbol{A}(\boldsymbol{r}, t) = 0$ により

$$\nabla \cdot \boldsymbol{A} = A_0(\boldsymbol{e} \cdot \boldsymbol{k}) \sin(\boldsymbol{k} \cdot \boldsymbol{r} - \omega t) = 0 \tag{12.41}$$

になる．これより $\boldsymbol{e} \perp \boldsymbol{k}$ となって，$\boldsymbol{A}$ は横波であることがわかる．$\boldsymbol{E}, \boldsymbol{B}$ はそれぞれ (12.2)，(12.1) にしたがって

$$\boldsymbol{E} = -\frac{\partial \boldsymbol{A}}{\partial t} = A_0 \omega\, \boldsymbol{e} \cos(\boldsymbol{k} \cdot \boldsymbol{r} - \omega t) \tag{12.42}$$

$$\boldsymbol{B} = \nabla \times \boldsymbol{A} = A_0(\boldsymbol{k} \times \boldsymbol{e}) \cos(\boldsymbol{k} \cdot \boldsymbol{r} - \omega t) \tag{12.43}$$

と求まる．つまり，$\boldsymbol{E}$ と $\boldsymbol{B}$ は互いに直交する方向へ振動しつつ横波として速度 c で $\boldsymbol{k}$ 方向へ進む．さらに振幅の比は

$$\left| \frac{\boldsymbol{B}}{\boldsymbol{E}} \right| = \frac{k}{\omega} = \frac{1}{c} \tag{12.44}$$

である．こうして真空電磁場の解が放射ゲージから導かれた．

問 12-4 遅延ポテンシャルとローレンツ条件

遅延ポテンシャル (12.8), (12.9) がローレンツ条件 (12.5) を満たすことを次の手順によって示せ．

(1) i_x は x', y', z' および遅延時間

$$\tau = t - |\boldsymbol{r} - \boldsymbol{r}'|/c \tag{12.45}$$

の関数であること，および $|\boldsymbol{r} - \boldsymbol{r}'| = \sqrt{(x - x')^2 + (y - y')^2 + (z - z')^2}$ の関係より，$|\boldsymbol{r} - \boldsymbol{r}'|$ の関数 $f(|\boldsymbol{r} - \boldsymbol{r}'|)$ の微分に関して

$$\frac{\partial f}{\partial x} = -\frac{\partial f}{\partial x'} \tag{12.46}$$

と表されることから，次の式を導け．

$$\frac{\partial A_x}{\partial x} = \frac{\mu_0}{4\pi} \int -\left(\frac{\partial}{\partial x'} \frac{i_x}{|\boldsymbol{r} - \boldsymbol{r}'|} - \frac{1}{|\boldsymbol{r} - \boldsymbol{r}'|} \frac{\partial i_x}{\partial x'} \right) \mathrm{d}V' \tag{12.47}$$

(2) $\partial A_y/\partial y$, $\partial A_z/\partial z$ に関しても同様な計算を行うことにより次式を導け．

$$\nabla \cdot \boldsymbol{A} = \frac{\mu_0}{4\pi} \int \frac{\nabla \cdot \boldsymbol{i}(\boldsymbol{r}', \tau)}{|\boldsymbol{r} - \boldsymbol{r}'|} \, \mathrm{d}V' \tag{12.48}$$

(3) (2) の結果を用いて，ローレンツ条件が満たされることを示せ．

[解]

(1) (12.47) は

$$\begin{aligned}\frac{\partial A_x}{\partial x} &= \frac{\mu_0}{4\pi} \int \frac{\partial}{\partial x} \frac{i_x}{|\boldsymbol{r} - \boldsymbol{r}'|} \, \mathrm{d}V' \\ &= \frac{\mu_0}{4\pi} \int \left(i_x \frac{\partial}{\partial x} \frac{1}{|\boldsymbol{r} - \boldsymbol{r}'|} + \frac{1}{|\boldsymbol{r} - \boldsymbol{r}'|} \frac{\partial i_x}{\partial \tau} \frac{\partial \tau}{\partial x} \right) \mathrm{d}V'\end{aligned}$$

と表される．さらに，(12.46) を用いて

$$\frac{\partial A_x}{\partial x} = \frac{\mu_0}{4\pi} \int - \left(i_x \frac{\partial}{\partial x'} \frac{1}{|\boldsymbol{r} - \boldsymbol{r}'|} + \frac{1}{|\boldsymbol{r} - \boldsymbol{r}'|} \frac{\partial i_x}{\partial \tau} \frac{\partial \tau}{\partial x'} \right) \mathrm{d}V' \tag{12.49}$$

を得る．ここで，微分の関係式

$$\frac{\partial}{\partial x'} \frac{i_x}{|\boldsymbol{r} - \boldsymbol{r}'|} = i_x \frac{\partial}{\partial x'} \frac{1}{|\boldsymbol{r} - \boldsymbol{r}'|} + \frac{1}{|\boldsymbol{r} - \boldsymbol{r}'|} \frac{\partial i_x}{\partial x'} + \frac{1}{|\boldsymbol{r} - \boldsymbol{r}'|} \frac{\partial i_x}{\partial \tau} \frac{\partial \tau}{\partial x'}$$

において，右辺の第 1,3 項の和は (12.49) の ( ) 内に一致するから

$$\frac{\partial A_x}{\partial x} = \frac{\mu_0}{4\pi} \int - \left(\frac{\partial}{\partial x'} \frac{i_x}{|\boldsymbol{r} - \boldsymbol{r}'|} - \frac{1}{|\boldsymbol{r} - \boldsymbol{r}'|} \frac{\partial i_x}{\partial x'} \right) \mathrm{d}V'$$

を得る．

(2) (12.47) の ( ) 内の第 1 項の積分は，電流が有限な空間内に分布することから

$$\int \frac{\partial}{\partial x'} \frac{i_x}{|\boldsymbol{r} - \boldsymbol{r}'|} \, \mathrm{d}V' = \int \mathrm{d}y' \mathrm{d}z' \left[\frac{i_x}{|\boldsymbol{r} - \boldsymbol{r}'|} \right]_{x'=-\infty}^{x'=\infty} = 0$$

になる．したがって，次の式を得る．

$$\frac{\partial A_x}{\partial x} = \frac{\mu_0}{4\pi} \int \frac{1}{|\boldsymbol{r} - \boldsymbol{r}'|} \frac{\partial i_x}{\partial x'} \, \mathrm{d}V'$$

A_y, A_z に関しても同様な結果が得られるから，まとめると

$$\nabla \cdot \boldsymbol{A} = \frac{\mu_0}{4\pi} \int \frac{\nabla \cdot \boldsymbol{i}(\boldsymbol{r}', \tau)}{|\boldsymbol{r} - \boldsymbol{r}'|} \, \mathrm{d}V'$$

になる．

(3) ϕ に関しては

$$\frac{\partial \phi}{\partial t} = \frac{1}{4\pi\varepsilon_0} \int \frac{1}{|\boldsymbol{r} - \boldsymbol{r}'|} \frac{\partial \rho(\boldsymbol{r}', \tau)}{\partial \tau} \frac{\partial \tau}{\partial t} \, \mathrm{d}V'$$

であるが，(12.45) より $\partial\tau/\partial t = 1$ であるから

$$\frac{1}{c^2} \frac{\partial \phi}{\partial t} = \frac{\mu_0}{4\pi} \int \frac{1}{|\boldsymbol{r} - \boldsymbol{r}'|} \frac{\partial \rho(\boldsymbol{r}', \tau)}{\partial \tau} \, \mathrm{d}V'$$

を得る．これを (2) の結果と合せれば

$$\nabla \cdot \boldsymbol{A} + \frac{1}{c^2} \frac{\partial \phi}{\partial t} = \frac{\mu_0}{4\pi} \int \frac{1}{|\boldsymbol{r} - \boldsymbol{r}'|} \left[\nabla \cdot \boldsymbol{i}(\boldsymbol{r}', \tau) + \frac{\partial \rho(\boldsymbol{r}', \tau)}{\partial \tau} \right] \mathrm{d}V' \quad (12.50)$$

になる．電荷の保存則 (4.3) によれば，(12.50) の [ ] 内は 0 になる．こうして (12.50) は常に 0 になって，ローレンツ条件が満たされる．

問 12-5 双極子近似とローレンツ条件

双極子近似による電磁ポテンシャル (12.10), (12.11) はローレンツ条件 (12.5) を満たすことを示せ．

[解] $\dot{\boldsymbol{p}}(t - r/c)$ の方向をデカルト座標の z 方向にとる．遅延時間 $\tau = t - r/c$ を用いれば，(12.10) より $A_x = A_y = 0$, $A_z = (\mu_0/4\pi)\, \dot{p}(\tau)/r$ であるから

$$\begin{aligned}
\nabla \cdot \boldsymbol{A} = \frac{\partial A_z}{\partial z} &= \frac{\mu_0}{4\pi} \left[-\frac{\dot{p}(\tau)}{r^2} + \frac{1}{r} \frac{\partial \dot{p}(\tau)}{\partial \tau} \frac{\partial \tau}{\partial r} \right] \frac{\partial r}{\partial z} \\
&= -\frac{\mu_0}{4\pi} \left[\frac{\dot{p}(\tau)}{r^2} + \frac{\ddot{p}(\tau)}{cr} \right] \cos\theta
\end{aligned}$$

になる．ただし，$\partial r/\partial z = z/r = \cos\theta$ の関係を用いた．一方，$\partial\tau/\partial t = 1$ より

$$\frac{\partial\phi}{\partial t} = \frac{\partial\phi}{\partial\tau} = \frac{1}{4\pi\varepsilon_0}\frac{\partial}{\partial\tau}\left[\frac{\boldsymbol{r}\cdot\boldsymbol{p}(\tau)}{r^3} + \frac{\boldsymbol{r}\cdot\dot{\boldsymbol{p}}(\tau)}{cr^2}\right]$$
$$= \frac{1}{4\pi\varepsilon_0}\left[\frac{\boldsymbol{r}\cdot\dot{\boldsymbol{p}}(\tau)}{r^3} + \frac{\partial}{\partial\tau}\frac{r\dot{p}(\tau)\cos\theta}{cr^2}\right]$$
$$= \frac{1}{4\pi\varepsilon_0}\left[\frac{\dot{p}(\tau)}{r^2} + \frac{\ddot{p}(\tau)}{cr}\right]\cos\theta$$

が成り立つ．以上から

$$\nabla\cdot\boldsymbol{A} + \frac{1}{c^2}\frac{\partial\phi}{\partial t} = 0$$

となって，ローレンツ条件が満たされる．

問 12-6 電気双極子による磁場と定電流による静磁場

長さが l の導体棒が時間 t に関して変動する電場の中に置かれ，棒の両端がそれぞれ $\pm q(t)$ に帯電しているとする．この電荷対から十分遠方の位置 $\boldsymbol{r}$ におけるベクトル・ポテンシャル (12.10) が，静磁場のベクトル・ポテンシャル (5.20) に遅延時間だけの伝播の遅れを与えた表式になることを示せ．

[解] 導体棒中には電流 $I(t) = \dot{q}(t)$ が生じる．l のベクトル表示 $\boldsymbol{l}$ を用いれば，この電荷対の双極子モーメントは $\boldsymbol{p} = q(t)\boldsymbol{l}$ であるから $\dot{\boldsymbol{p}} = \dot{q}(t)\boldsymbol{l} = I(t)\,\boldsymbol{l}$ と書ける．これより，(12.10) は遅延時刻における I の値を用いて

$$\boldsymbol{A}(\boldsymbol{r},t) = \frac{\mu_0}{4\pi}\frac{I(t-r/c)\,\boldsymbol{l}}{r} \tag{12.51}$$

と表される．一方，静磁場に対する (5.20) は $|\boldsymbol{r}| \gg |\boldsymbol{r}'|$ のとき

$$\boldsymbol{A}(\boldsymbol{r}) = \frac{\mu_0}{4\pi}\int\frac{I\,\mathrm{d}\boldsymbol{s}}{|\boldsymbol{r}-\boldsymbol{r}'|} \simeq \frac{\mu_0}{4\pi}\frac{I\,\boldsymbol{l}}{r} \tag{12.52}$$

で与えられる ($\boldsymbol{r}'$ に関する積分の範囲は導体棒上の位置である)．(12.52) で，定常電流 I を遅延時間における電流 $I(t-r/c)$ に置き換えた表式が (12.51) に一致することがわかる．

問 12-7 時間変化する電気双極子による電磁場

電気双極子の電磁ポテンシャル (§12.1.5) から，電場と磁束密度 を極座標表示で求め，双極子から遠方の位置におけるそれらの漸近形を導け．

[解] 付録 §B.2.3 を参考に，(12.2), (12.1) から $\boldsymbol{E}, \boldsymbol{B}$ をそれぞれ求めると

$$
\begin{aligned}
E_r &= -\frac{\partial \phi}{\partial r} - \frac{\partial A_r}{\partial t} = -\frac{p_0}{4\pi\varepsilon_0}\left(\frac{-2}{r^3} + \frac{2\mathrm{i}k}{r^2}\right)\mathrm{e}^{-\mathrm{i}(\omega t - kr)}\cos\theta \\
E_\theta &= -\frac{1}{r}\frac{\partial \phi}{\partial \theta} - \frac{\partial A_\theta}{\partial t} = \frac{p_0}{4\pi\varepsilon_0}\left(\frac{1}{r^3} - \frac{\mathrm{i}k}{r^2} - \frac{k^2}{r}\right)\mathrm{e}^{-\mathrm{i}(\omega t - kr)}\sin\theta \\
E_\varphi &= 0 \\
B_r &= 0 \\
B_\theta &= 0 \\
B_\varphi &= \frac{1}{r}\frac{\partial}{\partial r}(rA_\theta) = -\frac{\mu_0 c p_0}{4\pi}\frac{k^2}{r}\mathrm{e}^{-\mathrm{i}(\omega t - kr)}\sin\theta
\end{aligned}
$$

になる．これより，電磁場は r^{-1}, r^{-2}, r^{-3} に比例する項で表されることがわかる．遠方では r^{-1} に比例する項が支配的になるから，遠方での漸近形が次のように得られる．

$$
E_\theta = -\frac{p_0}{4\pi\varepsilon_0}\frac{k^2}{r}\mathrm{e}^{-\mathrm{i}(\omega t - kr)}\sin\theta\,, \quad E_r = E_\varphi = 0 \tag{12.53}
$$

$$
B_\varphi = -\frac{\mu_0 c p_0}{4\pi}\frac{k^2}{r}\mathrm{e}^{-\mathrm{i}(\omega t - kr)}\sin\theta\,, \quad B_r = E_\theta = 0 \tag{12.54}
$$

問 12-8 時間変化する電気双極子のエネルギー放出

(12.53), (12.54) を用いて，時間変化する電気双極子から放出されるエネルギーの時間平均を求め，放出エネルギーが最大あるいは最小になる方向を示せ．また，単位時間に全方向へ放出されるエネルギーを求めよ．

[解] 電気双極子からのエネルギーの流れを表すポインティング・ベクトルは図 12.3 に示すように r 方向を向く．その大きさ $S = |\boldsymbol{E} \times \boldsymbol{H}|$ は，(12.53) およ

び (12.54) の実数部の積から，以下のように求まる (問 11-6 の脚注を参照)．

$$S = E_\theta B_\varphi / \mu_0 = \frac{\mu_0 p_0^2 \omega^4}{16\pi^2 c r^2} \cos^2(\omega t - kr) \sin^2\theta$$

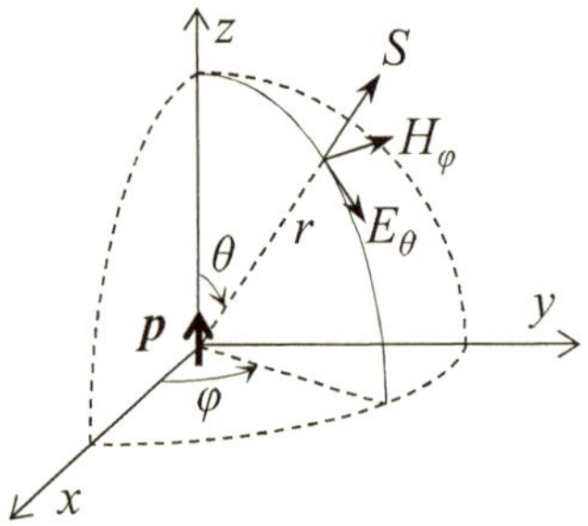

図 12.3: 電気双極子からのエネルギー放出

電磁波の 1 周期 $T = 2\pi/\omega$ に比べて長い時間スケールでのエネルギー移行を見るために，ポインティング・ベクトルの T に関する平均値 $\langle S \rangle$ を求めると

$$\langle S \rangle = \frac{\mu_0 p_0^2 \omega^4}{32\pi^2 c} \frac{\sin^2\theta}{r^2}$$

を得る ($\langle \cos^2(\omega t - kr) \rangle = 1/2$)．これより，放出エネルギーは $\theta = \pi/2$ の方向が最大で，$\theta = 0, \pi$ の方向へはエネルギーは放出されないことがわかる．

単位時間内に電気双極子から全方向へ放射されるエネルギー $\mathrm{d}W/\mathrm{d}t$ は，$\langle S \rangle$ を半径 r の球面に関して積分して次のように求まる．

$$\frac{\mathrm{d}W}{\mathrm{d}t} = \int_0^\pi \langle S \rangle \, 2\pi r^2 \sin\theta \, \mathrm{d}\theta = \frac{\mu_0 p_0^2 \omega^4}{12\pi c}$$

問 12-9 等速直線運動をする点電荷のつくる電磁場

図 12.4 のように，x 軸上を一定速度 $\boldsymbol{v}$ で走る点電荷 q が空間の任意の位置 P につくる電磁場を考える．q から P に向けたベクトルを $\boldsymbol{R}$ として，

(1) (12.23), (12.24) から，P における電磁場が次の関係を満たすことを示せ.

$$\boldsymbol{B}(\boldsymbol{r},t) = \frac{\boldsymbol{v} \times \boldsymbol{E}(\boldsymbol{r},t)}{c^2}$$

(2) $\boldsymbol{v}, \boldsymbol{R}$ に対する $\boldsymbol{E}(\boldsymbol{r},t), \boldsymbol{B}(\boldsymbol{r},t)$ の方向を図 12.4 を用いて示せ.

(3) $t=0$ における点電荷の位置を $x=0$ として

$$R_1 (= R - \boldsymbol{R}\cdot\boldsymbol{v}/c) = \sqrt{(x-vt)^2 + (1-v^2/c^2)(y^2+z^2)}$$

と表されることを示せ.

(4) $\boldsymbol{E}(x,y,z), \boldsymbol{B}(x,y,z)$ を求めよ.

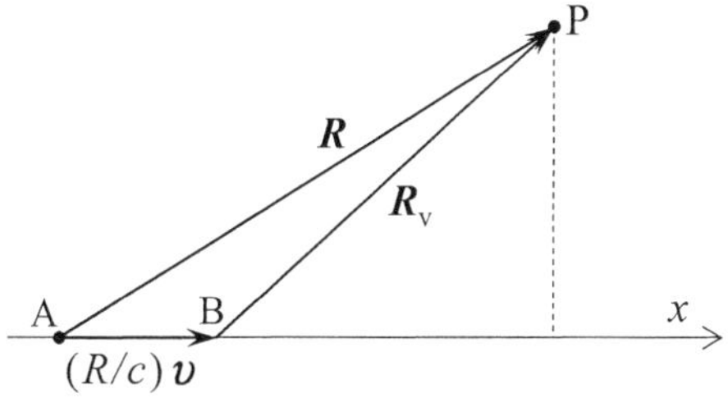

図 12.4: x 軸上を一定速度 $\boldsymbol{v}$ で走る点電荷が P につくる電磁場

[解]

(1) (12.23), (12.24) で $\dot{\boldsymbol{v}}=0$ とおき，整理すると以下を得る.

$$\boldsymbol{E}(\boldsymbol{r},t) = \frac{q}{4\pi\varepsilon_0 R_1^3}\left(\boldsymbol{R} - \frac{R}{c}\boldsymbol{v}\right)\left(1 - \frac{v^2}{c^2}\right) \qquad (12.55)$$

$$\boldsymbol{B}(\boldsymbol{r},t) = \frac{q}{4\pi\varepsilon_0 R_1^3 c^2}(\boldsymbol{v}\times\boldsymbol{R})\left(1 - \frac{v^2}{c^2}\right) \qquad (12.56)$$

ただし，これらの式の右辺は遅延時刻 τ における値である. (12.55), (12.56) から $\boldsymbol{B}(\boldsymbol{r},t) = \boldsymbol{v}\times\boldsymbol{E}(\boldsymbol{r},t)/c^2$ を得る.

(2) $\boldsymbol{E}$ の向きは (12.55) の因子 $\boldsymbol{R}_\mathrm{v} = \boldsymbol{R} - (R/c)\boldsymbol{v}$ の向きと同じである．この因子は図 12.4 により説明される．実際，R/c は点電荷が A 点で発した電場信号が $\boldsymbol{R}$ の方向へ進み，P に到達するまでの時間であるから，$(R/c)\boldsymbol{v}$ はこの間に点電荷の移動した距離 AB になる．つまり，ある時刻における P 地点の $\boldsymbol{E}$ の向きは，同時刻における点電荷の位置 B と P を結ぶ $\boldsymbol{R}_\mathrm{v}$ の方向である．一方，$\boldsymbol{B}$ は (12.56) より $\boldsymbol{v} \times \boldsymbol{E}$ の方向であるから紙面に垂直上向きであり，これは q の運動で生じる x 軸上の電流がつくる磁場の向き (右ネジ対応) に一致する．

(3) 図 12.4 において，B の x 座標は vt, A の x 座標は $v(t - R/c)$ である．したがって，$\boldsymbol{R}$ の x 成分は $x - v(t - R/c)$ になる．これより

$$R^2 = (x - vt + vR/c)^2 + y^2 + z^2$$

と書ける．$X = x - vt, \beta = v/c$ とおいて R の 2 次式を解けば

$$R = \frac{1}{1-\beta^2}\left[\beta X + \sqrt{\beta^2 X^2 + (1-\beta^2)[X^2 + y^2 + z^2]}\right] \qquad (12.57)$$

を得る ($R < 0$ の解は除く)．一方，$\boldsymbol{v} = (v, 0, 0)$ より $\boldsymbol{R} \cdot \boldsymbol{v} = v(X + \beta R)$ になるから，R_1 は次の式で表される．

$$R_1 = R - \frac{\boldsymbol{R} \cdot \boldsymbol{v}}{c} = (1-\beta^2)R - \beta X$$

これに (12.57) の R を代入し，整理すると以下の表式が求まる．

$$R_1 = \sqrt{X^2 + (1-\beta^2)(y^2 + z^2)}$$

(4) (3) の結果と $\boldsymbol{R} - (R/c)\boldsymbol{v} = (x - vt, y, z)$ の関係を用いると，(12.55), (12.56) から

$$E_x = \frac{q(x - vt)}{4\pi\varepsilon_0 \gamma^2 R_1^3}, \quad E_y = \frac{qy}{4\pi\varepsilon_0 \gamma^2 R_1^3}, \quad E_z = \frac{qz}{4\pi\varepsilon_0 \gamma^2 R_1^3} \qquad (12.58)$$

$$B_x = 0, \quad B_y = -\frac{qvz}{4\pi\varepsilon_0 c^2 \gamma^2 R_1^3}, \quad B_z = \frac{qvy}{4\pi\varepsilon_0 c^2 \gamma^2 R_1^3} \qquad (12.59)$$

と求まる．ただし，$R_1 = \sqrt{(x - vt)^2 + (1 - v^2/c^2)(y^2 + z^2)}$, $\gamma^2 = (1 - v^2/c^2)^{-1}$ である．

問 12-10 等速点電荷と静止電荷のつくる電場の比較

電荷が x 軸上を一定速度 v で走り，x 軸上の固定点 P に近づくとき，P における電場を求めて静止電荷による電場との違いを明らかにせよ．速度が逆向きになると電場はどうなるか.

[解] 図 12.5 で，P 点の電場 $E_x(t)$ は遅延時刻における電荷との距離 R で決まる．実際，(12.55) において，$\boldsymbol{R}-(R/c)\boldsymbol{v}$ は x 軸上で $R(1-v/c)$ と表されるが，これは今の場合 R_1 に等しい．したがって

$$E_x(t)=\frac{q}{4\pi\varepsilon_0 R_1^2}\left(1-\frac{v^2}{c^2}\right) \tag{12.60}$$

と求まる．R_1 は時刻 t における電荷と P 点との距離に等しいことに注意すると，(12.60) は静電荷のクーロン電場に因子 $1-v^2/c^2$ が付いた表式になっている．速度が逆向きで電荷が P から遠ざかる場合，$R_1=R(1+v/c)$ になるが (12.60) の表式は不変である.

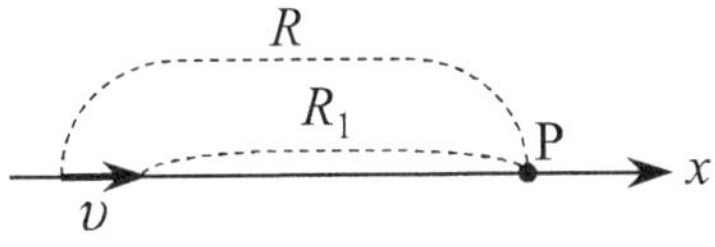

図 12.5: 等速点電荷による電場

問 12-11 エネルギーを放出しない等速点電荷

等速直線運動をする点電荷はエネルギーを放出しないことを**問 12-9** の結果を用いて示せ.

[解] 放出されるエネルギー量は，点電荷を中心とする球面におけるポインティング・ベクトル $S(t)$ の法線成分の面積分で与えられる．**問 12-9** (2) より，任意の位置 $\boldsymbol{r}$ における $\boldsymbol{E}(\boldsymbol{r},t)$ の方向は点電荷から放射状になるから，点電荷を中

心とする任意の半径の球面において，ポインティング・ベクトル $\boldsymbol{S} = \boldsymbol{E} \times \boldsymbol{H}$ は球面の接線方向を向いている．したがって，$\boldsymbol{S}$ の法線成分の面積分は 0 になり，等速直線運動をする点電荷はエネルギーを放出しない．

問 12-12 制動放射による電磁場

(12.26)，(12.27) から，自由空間の電磁波と同じ性質，すなわち $\boldsymbol{E}, \boldsymbol{B}, \boldsymbol{R}$ 相互の直交性と振幅の関係 $|\boldsymbol{B}| = |\boldsymbol{E}|/c$，および空間のエネルギー密度 $u = \varepsilon_0|\boldsymbol{E}|^2$ が導かれることを示せ．

[解]　$\boldsymbol{E}, \boldsymbol{B}, \boldsymbol{R}$ の相対的な方位の関係を調べるために，$\boldsymbol{R}, \boldsymbol{E}$ の内積をとると

$$\boldsymbol{R} \cdot \boldsymbol{E} = \frac{qR}{4\pi\varepsilon_0 R_1^3 c^2}\left[(\dot{\boldsymbol{v}} \cdot \boldsymbol{R})\left(R - \frac{\boldsymbol{R} \cdot \boldsymbol{v}}{c}\right) - R_1(\dot{\boldsymbol{v}} \cdot \boldsymbol{R})\right] \tag{12.61}$$

になるが，$R - \boldsymbol{R} \cdot \boldsymbol{v}/c = R_1$ であるから $\boldsymbol{R} \cdot \boldsymbol{E} = 0$ を得る．$\boldsymbol{B} = \boldsymbol{R} \times \boldsymbol{E}/(cR)$ (§12.1.7) と合わせると，点電荷から十分離れた位置では $\boldsymbol{E}, \boldsymbol{B}, \boldsymbol{R}$ は互いに直交し，この順に右手系をなすことがわかる．これより，自由空間の電磁波と同じ振幅の関係 $B = |\boldsymbol{R} \times \boldsymbol{E}/(cR)| = E/c$ が得られる．

再度 $\boldsymbol{B} = \boldsymbol{R} \times \boldsymbol{E}/(cR)$ の関係から，ポインティング・ベクトルは

$$\boldsymbol{S}(\boldsymbol{r}, t) = \boldsymbol{E} \times \frac{(\boldsymbol{R} \times \boldsymbol{E})}{\mu_0 cR} = \frac{|\boldsymbol{E}|^2 \boldsymbol{R}}{\mu_0 cR} \tag{12.62}$$

と表される．ただし，付録 (B.4) を用いた．微小時間 Δt の間に $\boldsymbol{R}$ に垂直な面素片 Δa を横切るエネルギーは $|\boldsymbol{S}|\Delta a \Delta t$ であり，これが $u \times \Delta a\,(c\Delta t)$ に等しいから，次の関係を得る．

$$u(\boldsymbol{r}, t) = \frac{|\boldsymbol{S}(\boldsymbol{r}, t)|}{c} = \varepsilon_0 |\boldsymbol{E}(\boldsymbol{r}, t)|^2$$

問 12-13 円運動する荷電粒子：放射強度の方向依存性

電荷 q の荷電粒子が円軌道上を速度 v で走るとする．このときに放射される電磁波のエネルギーの方向分布を求め，放射強度が最も強い方向を示せ．

[解]　円軌道では $(\dot{\boldsymbol{v}}\cdot\boldsymbol{v})=0$ であるから，図 12.6 のように座標をとれば (12.28) より

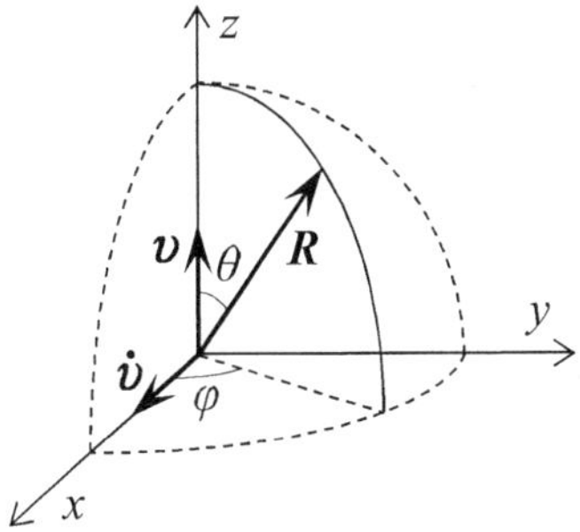

図 12.6: $\dot{\boldsymbol{v}}$ が $\boldsymbol{v}$ に垂直な場合の座標の設定

$$\begin{aligned}\frac{\partial^2 W}{\partial\Omega\,\partial t} &= \frac{q^2}{16\pi^2\varepsilon_0 c^3}\left(\frac{R}{R_1}\right)^3\left[\dot{v}^2-\frac{(\dot{\boldsymbol{v}}\cdot\boldsymbol{R})^2}{R_1^2}\left(1-\frac{v^2}{c^2}\right)\right]\\ &= \frac{q^2}{16\pi^2\varepsilon_0 c^3}\frac{\dot{v}^2}{[1-(v/c)\cos\theta]^3}\\ &\quad\times\left[1-\frac{\sin^2\theta\,\cos^2\varphi}{[1-(v/c)\cos\theta]^2}\left(1-\frac{v^2}{c^2}\right)\right] \qquad (12.63)\end{aligned}$$

を得る．(12.63) は $\theta=0$ で最大値をとるので，放射強度は円軌道の接線方向 (前方) で最も強くなる．

問 12-14 円運動する荷電粒子：エネルギー損失

電子が半径 a の円周上を速度 v で走るとき，制動放射によって単位時間当たり放出されるエネルギー $\mathrm{d}W/\mathrm{d}t$ を $\beta=v/c$ で表し，以下の 2 つの場合について $\mathrm{d}W/\mathrm{d}t$ の値を求めよ：(i)$\beta=0.548$ (エネルギー 100 keV)，$a=0.3\,\mathrm{m}$ (**問 7-6** を参照), および (ii)$1-\beta=2.06\times10^{-9}$(エネルギー 8 GeV)，$a=230\,\mathrm{m}$ (放射光実験施設における実際の値).

[解] (12.29) において，$\boldsymbol{v}\cdot\dot{\boldsymbol{v}}=0$，$\dot{v}=v^2/a$ であるから，単位時間当たりの損失エネルギーは

$$\frac{\mathrm{d}W}{\mathrm{d}t}=\frac{e^2}{6\pi\varepsilon_0 c^3}\cdot\frac{(v^2/a)^2}{(1-v^2/c^2)^2}=\frac{e^2c}{6\pi\varepsilon_0 a^2}\cdot\frac{\beta^4}{(1-\beta^2)^2}$$

と表される．a [m] に対して

$$\frac{e^2c}{6\pi\varepsilon_0 a^2}=\frac{0.288}{a^2}\ [\mathrm{eV/s}]$$

と表されるから，(i) では $\mathrm{d}W/\mathrm{d}t=0.589\,\mathrm{eV/s}$ と求まる．(ii) では $\delta=1-\beta=2.06\times10^{-9}$ として $\beta^4/(1-\beta^2)^2\simeq1/(2\delta)^2$ を用いて，$\mathrm{d}W/\mathrm{d}t=3.21\times10^{11}$ [eV/s] $=321$ [GeV/s] と求まる．

説明を付け加えると，(ii) では円周上の電子の回転数は1秒当たり $c/(2\pi a)\simeq2.08\times10^5$ 回であるから，1周当たりの損失エネルギーは $1.54\times10^6\,\mathrm{eV}=1.54\,\mathrm{MeV}$ になる (電子の運動エネルギーの 0.019%)．円軌道を保つには，1周当たり運動エネルギー 1.54 MeV を加速によって電子に補給する必要がある．

問 12-15 低速荷電粒子の制動放射

$v\ll c$ の荷電粒子に対し，制動放射の式 (12.28) からラーモアの公式 (12.30) を導け．

[解] $v\ll c$ のとき，(12.28) の [ ] 内で v^2/c^2 以外に v/c に比例する第3項が無視できる．$\dot{\boldsymbol{v}}$ と $\boldsymbol{R}$ のなす角度を θ' とおき，$R_1\simeq R$ であることに注意すれば

$$\frac{\partial^2W}{\partial\Omega\,\partial t}=\frac{q^2\dot{v}^2}{16\pi^2\varepsilon_0c^3}\sin^2\theta' \tag{12.64}$$

を得る．$\dot{\boldsymbol{v}}$ の方向を z 軸とする極座標をとり，(12.64) を Ω に関して積分すれば，次のようにラーモアの公式を得る．

$$\frac{\mathrm{d}W}{\mathrm{d}t}=\frac{q^2\dot{v}^2}{16\pi^2\varepsilon_0c^3}\int_0^\pi\sin^2\theta'\times2\pi\sin\theta'\,\mathrm{d}\theta'=\frac{q^2\dot{v}^2}{6\pi\varepsilon_0c^3}$$

問 12-16 水素原子の古典論

水素原子は正電荷の原子核に負電荷の電子がクーロン力で束縛されて長時間安定な状態を保っている．このことが古典力学と古典電磁気学では説明できないことを以下の手順で示せ．

(1) 電子は原子核の周りを円運動し，軌道半径はボーア半径 $a = 0.529$ Å に等しいとして，電子からの制動放射に関してラーモアの公式が適用できることを示せ．ただし，付録 A の電気素量 e, および電子の静止質量 m_{e} の値を用いよ (相対論の効果は考えない).

(2) ラーモアの公式から，軌道半径の時間依存性を与える方程式を導け.

(3) (2) で求めた方程式から，軌道半径が a から 0 になるまでの時間を求め，水素原子の安定性が説明できないことを確かめよ.

[解]

(1) 電子の円軌道の半径を r, 軌道速度を v とすれば，円運動の求心力がクーロン引力に等しいことから

$$m_{\mathrm{e}}\dot{v} = m_{\mathrm{e}}\frac{v^2}{r} = \frac{e^2}{4\pi\varepsilon_0 r^2}$$

を得る．$r = a$ のとき $v/c = \sqrt{e^2/(4\pi\varepsilon_0 m_{\mathrm{e}} c^2 a)} = 0.0073 \ll 1$ であるからラーモアの公式が適用できる.

(2) 単位時間に電子が失うエネルギーはラーモアの公式により

$$\frac{\mathrm{d}W}{\mathrm{d}t} = -\frac{e^2}{6\pi\varepsilon_0 c^3}\left(\frac{e^2}{4\pi\varepsilon_0 m_{\mathrm{e}} r^2}\right)^2 \tag{12.65}$$

で与えられる．一方，電子の全エネルギーは

$$W = \frac{m_{\mathrm{e}} v^2}{2} - \frac{e^2}{4\pi\varepsilon_0 r} = -\frac{e^2}{8\pi\varepsilon_0 r}$$

と表されるから, これを (12.65) に代入すると次の方程式を得る.

$$\frac{\mathrm{d}r}{\mathrm{d}t} = -\frac{4}{3c^3}\left(\frac{e^2}{4\pi\varepsilon_0 m_\mathrm{e}}\right)^2 \frac{1}{r^2} \tag{12.66}$$

ただし, $\mathrm{d}W/\mathrm{d}t = (\mathrm{d}W/\mathrm{d}r)(\mathrm{d}r/\mathrm{d}t)$ を用いた.

(3) $t = 0$ で $r = a$ の電子がエネルギーを失って $r = 0$ になるまでの時間 t_0 は, (12.66) の積分により

$$\int_0^{t_0} \mathrm{d}t = t_0 = \int_a^0 -\frac{3c^2}{4}\left(\frac{4\pi\varepsilon_0 m_\mathrm{e}}{e^2}\right)^2 r^2\,\mathrm{d}r = \frac{c^3 a^3}{4}\left(\frac{4\pi\varepsilon_0 m_\mathrm{e}}{e^2}\right)^2$$

で与えられる. 数値を求めると $t_0 = 1.6 \times 10^{-11}$ 秒になる. この時間は短すぎて水素原子は安定に存在できないことを意味している.

問 12-17 トムソン散乱

図 12.7 のように, y 方向へ進む電磁波の電場方向を z 方向にとり

$$E_z = E_0 \sin(ky - \omega t)$$

と表す. 物質中の自由電子の運動方程式から電子の加速度を求めて, 電磁波の散乱により単位時間当たり単位立体角方向へ伝播するエネルギーの式を表せ. さらに, 得られた結果を電磁波の偏りの方向で平均化してトムソン散乱の微分散乱断面積 (12.31) を導け.

[解] 電子の運動方程式は

$$m\dot{v} = -eE_z = -eE_0 \sin(ky - \omega t) \tag{12.67}$$

と書ける. これより, (12.64) を用いて

$$\begin{aligned}\frac{\partial^2 W}{\partial\Omega\,\partial t} &= \frac{e^2}{16\pi^2\varepsilon_0 c^3}\left(\frac{eE_0}{m}\right)^2 \sin^2(ky - \omega t)\,\sin^2\theta' \\ &= \frac{e^2}{32\pi^2\varepsilon_0 c^3}\left(\frac{eE_0}{m}\right)^2 \sin^2\theta' \end{aligned} \tag{12.68}$$

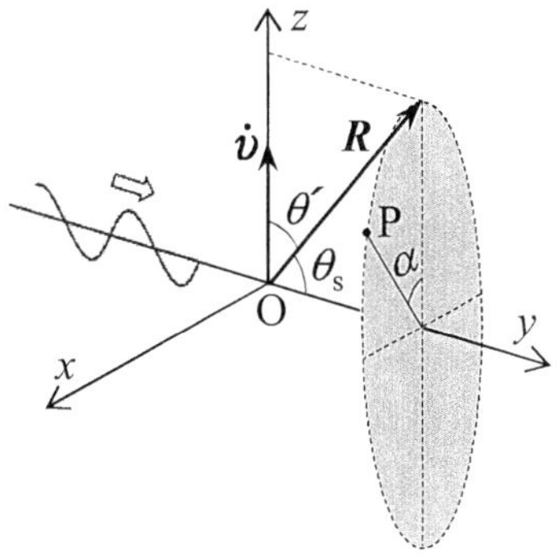

図 12.7: トムソン散乱の座標の設定

を得る．ただし，時間平均 $\langle\sin^2(ky-\omega t)\rangle = 1/2$ への置き換えを行った．一方，入射波が単位時間に運ぶエネルギーの時間平均は

$$\langle S\rangle = c\,\varepsilon_0\langle E^2\rangle = \frac{c\,\varepsilon_0 E_0^2}{2} \tag{12.69}$$

で与えられる．(12.68) を $\langle S\rangle$ で割れば散乱の微分断面積

$$\frac{\mathrm{d}\sigma}{\mathrm{d}\Omega} = \left(\frac{e^2}{4\pi\varepsilon_0 mc^2}\right)^2 \sin^2\theta' \tag{12.70}$$

が得られる．ここで，入射電磁波の偏りの方向 ($\boldsymbol{E}$ の方向) に関して $\mathrm{d}\sigma/\mathrm{d}\Omega$ を平均化するには，図 12.7 において $\boldsymbol{R}$ を固定して $\boldsymbol{E}$ の方向 ($\dot{\boldsymbol{v}}$ の方向) を y 軸のまわりに 1 回転させて $\mathrm{d}\sigma/\mathrm{d}\Omega$ を平均化すればよいが，代わりに $\boldsymbol{R}$ を y 軸のまわりに 1 回転させてもよい．そこで，$\boldsymbol{R}$ ベクトルの先端が y 軸のまわりに角度 α だけ回転して P 点に来たとする．このときの $\boldsymbol{R}$ ベクトルは $\overrightarrow{\mathrm{OP}}$ であり，これをデカルト座標成分で表せば

$$\overrightarrow{\mathrm{OP}} = (R\cos\theta'\sin\alpha,\ R\sin\theta',\ R\cos\theta'\cos\alpha)$$

である．$\overrightarrow{\mathrm{OP}}$ が z 軸となす角を Θ とすれば，$\overrightarrow{\mathrm{OP}}$ と $(0,0,1)$ との内積より

$$\cos\Theta = \cos\theta'\cos\alpha$$

で与えられる．このときの微分散乱断面積は (12.70) の θ' を Θ に置き換えればよい．その後に $0 \leq \alpha \leq 2\pi$ で平均をとれば，トムソン散乱の微分断面積が求まる．実際

$$\begin{aligned}\left(\frac{\mathrm{d}\sigma}{\mathrm{d}\Omega}\right)_{\mathrm{T}} &= \left(\frac{e^2}{4\pi\varepsilon_0 mc^2}\right)^2 \frac{1}{2\pi}\int_0^{2\pi}(1-\cos^2\theta'\cos^2\alpha)\,\mathrm{d}\alpha \\ &= \left(\frac{e^2}{4\pi\varepsilon_0 mc^2}\right)^2 \left(1-\frac{\cos^2\theta'}{2}\right) \\ &= \left(\frac{e^2}{4\pi\varepsilon_0 mc^2}\right)^2 \left(1+\frac{\cos^2\theta_{\mathrm{s}}}{2}\right)\end{aligned}$$

を得る．ただし，$\theta' = \pi/2 - \theta_{\mathrm{s}}$ の関係を用いた (図 12.7).

問 12-18 レイリー散乱

物質中の束縛電子が電磁波を散乱する場合の微分散乱断面積 (12.32) を導け．

[解] 束縛電子の運動方程式は (11.1) で $\gamma = 0$ の場合に相当し

$$m\ddot{x} + m\omega_0^2 x = -eE_z$$

と書ける．したがって，$m\dot{v}(=m\ddot{x})$ は (11.2) で $\gamma = 0$ として両辺を t で 2 回微分した式に相当し，次のように表される．

$$m\dot{v} = \frac{e\omega^2 E_z}{(\omega_0^2 - \omega^2)} \tag{12.71}$$

(12.71) は (12.67) の右辺に因子 $-\omega^2/(\omega_0^2-\omega^2)$ が付いた形である．微分散乱断面積は $\dot{v}^2$ に比例するから，次の結果を得る．

$$\left(\frac{\mathrm{d}\sigma}{\mathrm{d}\Omega}\right)_{\mathrm{R}} = \left(\frac{\mathrm{d}\sigma}{\mathrm{d}\Omega}\right)_{\mathrm{T}} \frac{\omega^4}{(\omega_0^2-\omega^2)^2}$$

第13章　電磁場のローレンツ変換

13.1　基礎事項

13.1.1　特殊相対論のローレンツ変換

静止した電荷は電場を生じ，走る電荷は電流となって磁場を生じる．電荷の「止まる」,「走る」はどんな速さで動く座標系で電荷を観測するかで決まる．つまり，電場と磁場は座標系のとりかたに依存する．この依存性を与えるのは特殊相対論である．

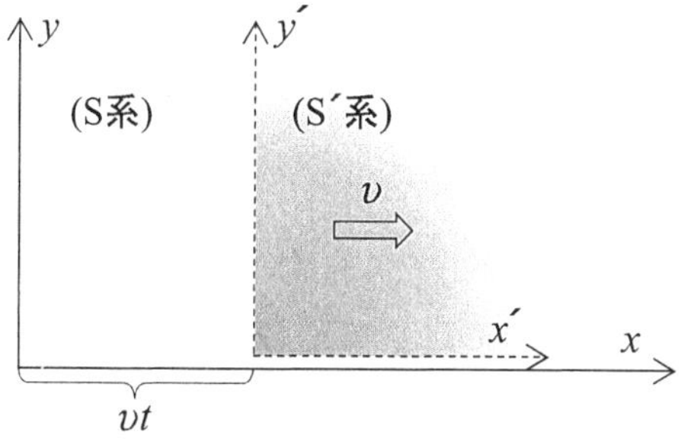

図 13.1: 静止座標系 S と走る座標系 S′

特殊相対論では光速度不変の原理が成り立つ座標系，すなわち**慣性系**を考える．慣性系に対して一定速度で走る座標系も慣性系である．ある静止座標系がこのような慣性系のひとつであるとし，電磁場が位置座標 $\boldsymbol{r} = (x, y, z)$ と時間 t の関数として書かれたとする．図 13.1 のように，この静止座標系 (S 系) に対して一定速度 $\boldsymbol{v} = (v, 0, 0)$ で走る座標系 (S′ 系) $\boldsymbol{r}' = (x', y', z')$ を考える．これ

は観測者が $-\boldsymbol{v}$ で走りながら見る空間でもある．特殊相対論において，この座標系における時間 t' は t と異なる点が重要である．実際，特殊相対論から導かれる空間・時間の変換は

$$x' = \frac{x - vt}{\sqrt{1 - v^2/c^2}}, \quad y' = y, \quad z' = z, \quad t' = \frac{t - (v/c^2)x}{\sqrt{1 - v^2/c^2}} \tag{13.1}$$

であり，**ローレンツ変換**と呼ばれる．

13.1.2　電磁場の変換式

ローレンツ変換にともなう空間・時間の相対論効果を考慮した電磁場 $\boldsymbol{E}, \boldsymbol{B}$ の変換式は

$$E'_x(\boldsymbol{r}', t') = E_x(\boldsymbol{r}, t) \tag{13.2}$$
$$E'_y(\boldsymbol{r}', t') = \gamma[E_y(\boldsymbol{r}, t) - c\beta B_z(\boldsymbol{r}, t)] \tag{13.3}$$
$$E'_z(\boldsymbol{r}', t') = \gamma[E_z(\boldsymbol{r}, t) + c\beta B_y(\boldsymbol{r}, t)] \tag{13.4}$$
$$B'_x(\boldsymbol{r}', t') = B_x(\boldsymbol{r}, t) \tag{13.5}$$
$$B'_y(\boldsymbol{r}', t') = \gamma\left[B_y(\boldsymbol{r}, t) + \frac{\beta}{c}E_z(\boldsymbol{r}, t)\right] \tag{13.6}$$
$$B'_z(\boldsymbol{r}', t') = \gamma\left[B_z(\boldsymbol{r}, t) - \frac{\beta}{c}E_y(\boldsymbol{r}, t)\right] \tag{13.7}$$

で与えられる．ただし，$\beta = v/c, \gamma = 1/\sqrt{1 - \beta^2}$ である．真空中での関係式 $\boldsymbol{E} = \boldsymbol{D}/\varepsilon_0$, $\boldsymbol{B} = \mu_0 \boldsymbol{H}$ より，$\boldsymbol{D}, \boldsymbol{H}$ の変換は以下のようになる．

$$D'_x(\boldsymbol{r}', t') = D_x(\boldsymbol{r}, t) \tag{13.8}$$
$$D'_y(\boldsymbol{r}', t') = \gamma\left[D_y(\boldsymbol{r}, t) - \frac{\beta}{c}H_z(\boldsymbol{r}, t)\right] \tag{13.9}$$
$$D'_z(\boldsymbol{r}', t') = \gamma\left[D_z(\boldsymbol{r}, t) + \frac{\beta}{c}H_y(\boldsymbol{r}, t)\right] \tag{13.10}$$
$$H'_x(\boldsymbol{r}', t') = H_x(\boldsymbol{r}, t) \tag{13.11}$$
$$H'_y(\boldsymbol{r}', t') = \gamma[H_y(\boldsymbol{r}, t) + c\beta D_z(\boldsymbol{r}, t)] \tag{13.12}$$
$$H'_z(\boldsymbol{r}', t') = \gamma[H_z(\boldsymbol{r}, t) - c\beta D_y(\boldsymbol{r}, t)] \tag{13.13}$$

電磁場に関連して，電荷密度と電流密度の変換は下記のように与えられる．なお，ローレンツ変換では電荷は不変量である．

$$\begin{aligned} i'_x(\boldsymbol{r}',t') &= \gamma\left[i_x(\boldsymbol{r},t) - c\beta\rho(\boldsymbol{r},t)\right] && (13.14)\\ i'_y(\boldsymbol{r}',t') &= i_y(\boldsymbol{r},t) && (13.15)\\ i'_z(\boldsymbol{r}',t') &= i_z(\boldsymbol{r},t) && (13.16)\\ \rho'(\boldsymbol{r}',t') &= \gamma\left[\rho(\boldsymbol{r},t) - \frac{\beta}{c}\,i_x(\boldsymbol{r},t)\right] && (13.17) \end{aligned}$$

13.1.3 マクスウェルの方程式のローレンツ変換不変性

マクスウェルの方程式はローレンツ変換に関して不変な表式である．つまり，マクスウェルの方程式の成り立つ S 系があり，ローレンツ変換によって S′ 系に移れば，変数 $\boldsymbol{r}', t'$ に関してマクスウェルの方程式が成り立つ．このことは，(13.1) により実際に示すことができる (**問 13-8**).

13.2 問題と解答

問 13-1 電磁場のローレンツ逆変換

$\boldsymbol{E}, \boldsymbol{B}$ のローレンツ変換 (13.2)~(13.7) の逆変換を求め，この変換は双方向に同等であることを確認せよ．(13.8)~(13.13) についても確認せよ．

[解] E_x, B_x は変換で変わらないから，E_y, E_z, B_y, B_z の変換のみに注目すればよい．この変換の表現行列を $\mathcal{A}$ とすれば，行列表示で

$$\begin{bmatrix} E'_y \\ E'_z \\ B'_y \\ B'_z \end{bmatrix} = \mathcal{A} \begin{bmatrix} E_y \\ E_z \\ B_y \\ B_z \end{bmatrix}, \quad \mathcal{A} = \begin{bmatrix} \gamma & 0 & 0 & -c\beta\gamma \\ 0 & \gamma & c\beta\gamma & 0 \\ 0 & \beta\gamma/c & \gamma & 0 \\ -\beta\gamma/c & 0 & 0 & \gamma \end{bmatrix}$$

と書ける．$\mathcal{A}$ の逆行列を求めると

$$\mathcal{A}^{-1} = \begin{bmatrix} \gamma & 0 & 0 & c\beta\gamma \\ 0 & \gamma & -c\beta\gamma & 0 \\ 0 & -\beta\gamma/c & \gamma & 0 \\ \beta\gamma/c & 0 & 0 & \gamma \end{bmatrix}$$

になる ($\mathcal{A}\mathcal{A}^{-1}$ が単位行列になることで確認できる)．$\mathcal{A}^{-1}$ は $\mathcal{A}$ で $\beta \to -\beta$ $(v \to -v)$ の置き換えを行ったものに等しいから，この変換は双方向に同等であることがわかる．$\boldsymbol{D}, \boldsymbol{H}$ の場合は，上記の $\mathcal{A}, \mathcal{A}^{-1}$ において $c \to 1/c$ に置き換えたものになる．したがって，双方向に同等である．

問 13-2 電荷密度と電流密度のローレンツ逆変換

電荷密度と電流密度のローレンツ変換 (13.14)~(13.17) の逆変換を求め，この変換は双方向に同等であることを確認せよ．

[解]　i_y, i_z は変換で変わらないから，i_x, ρ の変換のみに注目すればよい．変換の表現行列を $\mathcal{A}$ とすれば

$$\begin{bmatrix} i'_x \\ \rho' \end{bmatrix} = \mathcal{A} \begin{bmatrix} i_x \\ \rho \end{bmatrix}, \quad \mathcal{A} = \begin{bmatrix} \gamma & -\gamma c\beta \\ -\gamma\beta/c & \gamma \end{bmatrix}$$

と書ける．$\mathcal{A}$ の逆行列を求めると

$$\mathcal{A}^{-1} = \begin{bmatrix} \gamma & \gamma c\beta \\ \gamma\beta/c & \gamma \end{bmatrix}$$

になる．これは, $\mathcal{A}$ で $\beta \to -\beta$ $(v \to -v)$ の置き換えを行ったものに等しいから，この変換は双方向に同等であることがわかる．

問 13-3 ローレンツ変換で結べない慣性系 (I)

$\boldsymbol{E}(\boldsymbol{r}, t) \neq 0, \boldsymbol{B}(\boldsymbol{r}, t) = 0$ の慣性系から $\boldsymbol{E}'(\boldsymbol{r}', t') = 0, \boldsymbol{B}'(\boldsymbol{r}', t') \neq 0$ の慣性系へのローレンツ変換，および逆変換は存在しないことを示せ．

[解] S 系において $\boldsymbol{E} \neq 0, \boldsymbol{B} = 0$ とし，S$'$ 系へのローレンツ変換を考える．(13.2)〜(13.7) で $B_x = B_y = B_z = 0$ とおいて

$$B'_x = B_x = 0$$
$$B'_y = \frac{\gamma\beta}{c}E_z = \frac{\beta}{c}E'_z$$
$$B'_z = -\frac{\gamma\beta}{c}E_y = -\frac{\beta}{c}E'_y$$

を得る．ここで，$E'_x = E'_y = E'_z = 0$ であれば $B'_x = B'_y = B'_z = 0$ になるから，$\boldsymbol{E}' = 0, \boldsymbol{B}' \neq 0$ になるようなローレンツ変換は存在しない．同様に逆変換も存在しない．

問 13-4 ローレンツ変換で結べない慣性系 (II)

問 13-3 の別表現は「$\rho(\boldsymbol{r}, t) \neq 0, \boldsymbol{i}(\boldsymbol{r}, t) = 0$ の慣性系から $\rho'(\boldsymbol{r}', t') = 0$, $\boldsymbol{i}'(\boldsymbol{r}', t') \neq 0$ の慣性系へのローレンツ変換，および逆変換は存在しない」である．これを示せ．

[解] S 系において $\rho \neq 0, \boldsymbol{i} = 0$ とし，S$'$ 系へのローレンツ変換を考える．(13.14)〜(13.17) で $i_x = i_y = i_z = 0$ とおいて

$$i'_x = -\gamma c\beta\rho$$
$$i'_y = i'_z = 0$$
$$\rho' = -\gamma\rho$$

を得る．ここで，$\rho' = 0$ であれば $\rho = 0$, したがって $i'_x = 0$ になるから，$\rho' = 0, \boldsymbol{i}' \neq 0$ になるようなローレンツ変換は存在しない．同様に逆変換も存在しない．

問 13-5 ウィーン・フィルタの電磁場のローレンツ変換

荷電粒子の速度 v の選別に用いられるウィーン・フィルタ (§7.1.4) を相対論で扱い，同速度 v で走る系 S$'$ 系において荷電粒子に作用するローレンツ力を示

せ．なお，図 7.1 の座標を用いよ．

[解] ウィーン・フィルタに固定された S 系では電荷 q の荷電粒子はウィーン・フィルタ内を x 方向に一定速度 v で走っている．y 方向の電場と z 方向の磁場は荷電粒子の直進条件

$$E_y = vB_z$$

を満たしている．荷電粒子とともに走る座標系を S′ 系とし，そこでの電磁場 $\boldsymbol{E}', \boldsymbol{B}'$ を求める．上記の直進条件に加えて $E_x = E_z = 0$, $B_x = B_y = 0$ であることに注意すると，(13.2)∼(13.7) は

$$E'_x = E_x = 0 \tag{13.18}$$

$$E'_y = \gamma(E_y - vB_z) = 0 \tag{13.19}$$

$$E'_z = \gamma(E_z + vB_y) = 0 \tag{13.20}$$

$$B'_x = B_x = 0 \tag{13.21}$$

$$B'_y = \gamma\left(B_y + \frac{v}{c^2}E_z\right) = 0 \tag{13.22}$$

$$B'_z = \gamma\left(B_z - \frac{v}{c^2}E_y\right) = \frac{B_z}{\gamma} \tag{13.23}$$

になる．S′ 系では $\boldsymbol{E}' = 0$ であるから電気力は働かない．磁場は $\boldsymbol{B}' = (0, 0, B_z/\gamma)$ であるが，荷電粒子は静止しているから磁気力も働かない．こうして，荷電粒子は S′ 系では静止し続けるという明らかな結果になる．

問 13-6 電場のない慣性系からのローレンツ変換

S′ 系で $\boldsymbol{E}' = 0$ のとき，S 系はどんな電磁場になるか．次に，この電磁場はウィーン・フィルターの電磁場 (§7.1.4) と等価であることを示せ．

[解] (13.2)~(13.7) の逆変換の式に $E'_x = E'_y = E'_z = 0$ を代入すると次の関係を得る.

$$\begin{aligned} E_x &= 0 && (13.24) \\ E_y &= \gamma c\beta B'_z && (13.25) \\ E_z &= -\gamma c\beta B'_y && (13.26) \\ B_x &= B'_x && (13.27) \\ B_y &= \gamma B'_y && (13.28) \\ B_z &= \gamma B'_z && (13.29) \end{aligned}$$

(13.25) と (13.29), および (13.26) と (13.28) から

$$E_y = vB_z\ , \quad E_z = -vB_y \tag{13.30}$$

という 2 つの条件が導かれる. $E_y = vB_z$ は $\boldsymbol{B} = (0, 0, B_z)$ のウィーン・フィルター中で荷電粒子が直進する条件であるが, (13.30) の 2 組の式は一般形 $\boldsymbol{B} = (B_x, B_y, B_z)$ に対する荷電粒子の直進条件である. したがって, (13.30) はウィーン・フィルター中の電磁場と等価である. 本問は (13.18)~(13.23) の逆変換の一般化といえる.

問 13-7 一定速度の座標系における点電荷の電磁場

一定速度で直進する点電荷による電磁場を, **問 12-9** ではリエナール – ウィーヘルト・ポテンシャルから求めたが, 同じ結果を電磁場のローレンツ変換から導け.

[解] S 系で点電荷 q は速度 v で x 方向に直進しているとし, 同じ速度で x 方向に走る座標系を S′ とする. 点電荷を S′ 系の原点にとれば, 点電荷による電

磁場はクーロン静電場であり

$$E'_x = \frac{q}{4\pi\varepsilon_0}\frac{x'}{r'^3} \tag{13.31}$$

$$E'_y = \frac{q}{4\pi\varepsilon_0}\frac{y'}{r'^3} \tag{13.32}$$

$$E'_z = \frac{q}{4\pi\varepsilon_0}\frac{z'}{r'^3} \tag{13.33}$$

$$B'_x = 0 \tag{13.34}$$

$$B'_y = 0 \tag{13.35}$$

$$B'_z = 0 \tag{13.36}$$

と表される．ただし，$r' = \sqrt{x'^2 + y'^2 + z'^2}$ である．ローレンツ逆変換により，S 系の電磁場は

$$E_x = E'_x = \frac{q}{4\pi\varepsilon_0}\frac{x'}{r'^3} \tag{13.37}$$

$$E_y = \gamma(E'_y + vB'_z) = \frac{q}{4\pi\varepsilon_0}\frac{\gamma y'}{r'^3} \tag{13.38}$$

$$E_z = \gamma(E'_z - vB'_y) = \frac{q}{4\pi\varepsilon_0}\frac{\gamma z'}{r'^3} \tag{13.39}$$

$$B_x = B'_x = 0 \tag{13.40}$$

$$B_y = \gamma\left(B'_y - \frac{vE'_z}{c^2}\right) = -\frac{\gamma v}{c^2}\frac{q}{4\pi\varepsilon_0}\frac{z'}{r'^3} \tag{13.41}$$

$$B_z = \gamma\left(B'_z + \frac{vE'_y}{c^2}\right) = \frac{\gamma v}{c^2}\frac{q}{4\pi\varepsilon_0}\frac{y'}{r'^3} \tag{13.42}$$

で与えられる．これらの右辺を (13.1) を用いて S 系の変数で表せばよい．その際，r' に関しては (13.1)，および**問 12-9** (3) により

$$r'^2 = \gamma^2(x - vt)^2 + y^2 + z^2 = \gamma^2 R_1^2 \tag{13.43}$$

と書けることに注意する．結果は

$$E_x = \frac{q(x - vt)}{4\pi\varepsilon_0\gamma^2 R_1^3}, \quad E_y = \frac{qy}{4\pi\varepsilon_0\gamma^2 R_1^3}, \quad E_z = \frac{qz}{4\pi\varepsilon_0\gamma^2 R_1^3}$$

$$B_x = 0, \quad B_y = -\frac{qvz}{4\pi\varepsilon_0 c^2\gamma^2 R_1^3}, \quad B_z = \frac{qvy}{4\pi\varepsilon_0 c^2\gamma^2 R_1^3}$$

になる．これらはリエナール－ウィーヘルト・ポテンシャルから求めた結果 (12.58), (12.59) に一致している．このことから，例えば，**問 12-10** の答は電磁場のローレンツ変換の結果でもあることがわかる．

問 13-8 マクスウェルの方程式のローレンツ変換不変性

マクスウェルの方程式の一つであるファラデーの電磁誘導則 $\nabla\times\boldsymbol{E} = -\partial\boldsymbol{B}/\partial t$ に関してローレンツ変換不変性を示せ．

[解] まず，S′ 系の x 成分 $(= x'$ 成分$)$ について

$$\begin{aligned}\left(\nabla\times\boldsymbol{E}'+\frac{\partial\boldsymbol{B}'}{\partial t}\right)_x &= \frac{\partial E'_z}{\partial y'}-\frac{\partial E'_y}{\partial z'}+\frac{\partial B'_x}{\partial t'}\\ &= \left(\gamma\frac{\partial E_z}{\partial y}+\gamma c\beta\frac{\partial B_y}{\partial y}\right)-\left(\gamma\frac{\partial E_y}{\partial z}-\gamma c\beta\frac{\partial B_z}{\partial z}\right)\\ &\quad+\left(\gamma c\beta\frac{\partial B_x}{\partial x}+\gamma\frac{\partial B_x}{\partial t}\right)\\ &= \gamma\left(\nabla\times\boldsymbol{E}+\frac{\partial\boldsymbol{B}}{\partial t}\right)_x+\gamma c\beta\,\nabla\cdot\boldsymbol{B}=0\end{aligned}$$

を得る．y 成分 $(= y'$ 成分$)$ は

$$\begin{aligned}\left(\nabla\times\boldsymbol{E}'+\frac{\partial\boldsymbol{B}'}{\partial t}\right)_y &= \frac{\partial E'_x}{\partial z'}-\frac{\partial E'_z}{\partial x'}+\frac{\partial B'_y}{\partial t'}\\ &= \frac{\partial E_x}{\partial z}\\ &= \left(\gamma\frac{\partial}{\partial x}+\frac{\gamma\beta}{c}\frac{\partial}{\partial t}\right)(\gamma E_z+\gamma c\beta B_y)\\ &\quad+\left(\gamma c\beta\frac{\partial}{\partial x}+\gamma\frac{\partial}{\partial t}\right)(\gamma B_y+\frac{\gamma\beta}{c}E_z)\\ &= \left(\frac{\partial E_x}{\partial z}-\frac{\partial E_z}{\partial x}\right)+\frac{\partial B_y}{\partial t}\\ &= \left(\nabla\times\boldsymbol{E}+\frac{\partial\boldsymbol{B}}{\partial t}\right)_y=0\end{aligned}$$

になる．z 成分 ($= z'$ 成分) も同様である．以上から，$\nabla \times \boldsymbol{E} = -\partial \boldsymbol{B}/\partial t$ はローレンツ変換に関して不変である．

問 13-9 直線電流のローレンツ変換

x 軸に沿って伝導電流 I が流れている．この系をS系とし，S系に対して x 方向へ一定速度 v で走る S$'$ 系を考える．S系で静止している点電荷 q にはローレンツ力は働かないが，S$'$ 系においても q にはローレンツ力が働かないことを以下の手順で示せ．

(1) S$'$ 系の x' 軸上に生じる電流と電荷を求めよ．

(2) (1) の結果を用いて，S$'$ 系において q に働くローレンツ力は 0 であることを示せ．

[解]

(1) (13.14), (13.17) を $yz\,(y'z')$ 面で積分することにより，以下の変換式を得る．

$$I' = \gamma\,(I - c\beta\lambda) \tag{13.44}$$

$$\lambda' = \gamma\left(\lambda - \frac{\beta}{c}\,I\right) \tag{13.45}$$

I は伝導電流であるから (13.44), (13.45) で $\lambda = 0$ とおくと

$$I' = \gamma I \tag{13.46}$$

$$\lambda' = -\frac{\gamma v}{c^2} I \tag{13.47}$$

を得る．(13.46), (13.47) が x' 軸上に生じる電流と電荷をそれぞれ表す．

(2) q が $x'y'$ 面上にあるとし，x' 軸から q までの距離が $y'(= y) = R$ であるとき，q の位置における電場は $E'_y = \lambda'/(2\pi\varepsilon_0 R)$, 磁束密度は $B'_z =$

$\mu_0 I'/(2\pi R)$ である．ローレンツ力は y' 方向であり，その大きさは

$$F = q(E'_y + vB'_z) = \frac{q}{2\pi R}\left(\frac{\lambda'}{\varepsilon_0} + \mu_0 v I'\right)$$

で与えられる．(13.46), (13.47) の I', λ'，および $\varepsilon_0\mu_0 = 1/c^2$ の関係を用いると $F = 0$ となって，S$'$ 系においてもローレンツ力は働かないことがわかる．

付 録 A　電磁気学に関連する物理定数，物理量と単位

以下の表 A1～A3 は，SI 単位系 (国際単位系)，およびそれに用いられる MKSA (メートル M，キログラム K，秒 S，アンペア A) 表記でまとめてある．

A1: 電磁気学に関連する物理定数

物理量	記号，数値と SI 単位
電気素量	$e = 1.60217 \times 10^{-19}\,\mathrm{C}$
真空の誘電率	$\varepsilon_0 = 8.85418 \times 10^{-12}\,\mathrm{F{\cdot}m^{-1}}$
真空の透磁率	$\mu_0 = 4\pi \times 10^{-7}\,\mathrm{N{\cdot}\ A^{-2}} = 4\pi \times 10^{-7}\,\mathrm{H{\cdot}\ m^{-1}}$
真空中の光速	$c = 1/\sqrt{\varepsilon_0\mu_0} = 2.99792 \times 10^{8}\,\mathrm{m{\cdot}s^{-1}}$
電子の静止質量	$m_\mathrm{e} = 9.10938 \times 10^{-31}\,\mathrm{kg}$
陽子の静止質量	$m_\mathrm{p} = 1.67262 \times 10^{-27}\,\mathrm{kg}$
プランク定数	$h = 6.62607 \times 10^{-34}\,\mathrm{J{\cdot}s}$
	$\hbar = h/2\pi = 1.05457 \times 10^{-34}\,\mathrm{J{\cdot}s}$

A2: 電磁気学に関連する SI 単位への換算

単位	SI 単位
1Å (オングストローム)	$= 10^{-10}\,\mathrm{m}$
1eV (エレクトロンボルト)	$= 1.60217 \times 10^{-19}\,\mathrm{J}$
1gauss (ガウス)	$= 10^{-4}\ \mathrm{T}$

A3: 電磁気学に関連する物理量

物理量と慣例表記 (太字はベクトル)	単位 (読み)	単位の MKSA 表示
電荷	C (クーロン)	s·A
電場 $E, \boldsymbol{E}$	V/m	$\mathrm{m \cdot kg \cdot s^{-3} \cdot A^{-1}}$
電束密度 $D, \boldsymbol{D}$	—	$\mathrm{m^{-2} \cdot s \cdot A}$
磁束	Wb (ウェーバー)	$\mathrm{m^2 \cdot kg \cdot s^{-2} \cdot A^{-1}}$
磁束密度 $B, \boldsymbol{B}$	T (テスラ)	$\mathrm{kg \cdot s^{-2} \cdot A^{-1}}$
ベクトル・ポテンシャル $\boldsymbol{A}$	—	$\mathrm{m \cdot kg \cdot s^{-2} \cdot A^{-1}}$
磁場の強さ $H, \boldsymbol{H}$	A/m	—
分極 $P, \boldsymbol{P}$	—	(D と同じ)
磁化 $M, \boldsymbol{M}$	—	(B または H と同じ)[a]
電圧 V	V (ボルト)	$\mathrm{m^2 \cdot kg \cdot s^{-3} \cdot A^{-1}}$
電流 I	A (アンペア)	—
電気抵抗 R	Ω (オーム)	$\mathrm{m^2 \cdot kg \cdot s^{-3} \cdot A^{-2}}$
電気容量 C	F (ファラド)	$\mathrm{m^{-2} \cdot kg^{-1} \cdot s^4 \cdot A^2}$
インダクタンス L	H (ヘンリー)	$\mathrm{m^2 \cdot kg \cdot s^{-2} \cdot A^{-2}}$
振動数, 周波数	Hz (ヘルツ)	$\mathrm{s^{-1}}$
力	N (ニュートン)	$\mathrm{m \cdot kg \cdot s^{-2}}$
圧力	Pa (パスカル)	$\mathrm{m^{-1} \cdot kg \cdot s^{-2}}$ [$=\mathrm{N/m^2}$]
エネルギー, 仕事	J(ジュール)	$\mathrm{m^2 \cdot kg \cdot s^{-2}}$ [$= \mathrm{N \cdot m}$]
仕事率	W (ワット)	$\mathrm{m^2 \cdot kg \cdot s^{-3}}$ [$=\mathrm{J/s}$]

[a] 磁気双極子モーメントの定義のしかた (μ_0 の有無) による.

付 録B　本書で利用する数学

B.1　ベクトルの規則と性質

B.1.1　内積・外積と右ネジ対応

ベクトルを $\boldsymbol{A}, \boldsymbol{B}$ のように太字で表し，その大きさを A, B のように通常の字体で表すことにする．デカルト座標でのベクトル成分 A_x, A_y, A_z を用いれば

$$\boldsymbol{A} = (A_x, A_y, A_z) \tag{B.1}$$

$$A = |\boldsymbol{A}| = \sqrt{A_x^2 + A_y^2 + A_z^2} \tag{B.2}$$

のように表される．

$\boldsymbol{A}, \boldsymbol{B}$ の内積および外積を，それぞれ $\boldsymbol{A} \cdot \boldsymbol{B}$, $\boldsymbol{A} \times \boldsymbol{B}$ で表す．すなわち，$\boldsymbol{A}, \boldsymbol{B}$ のなす角を $\theta\,(0 \leq \theta \leq \pi)$ とするとき

$$\boldsymbol{A} \cdot \boldsymbol{B} = AB\cos\theta$$

$$|\boldsymbol{A} \times \boldsymbol{B}| = AB\sin\theta$$

である．$\boldsymbol{A} \times \boldsymbol{B}$ の向きは，$\boldsymbol{A}$ が θ を減少させる向きへ回転したときに，回転軸に沿って右ネジが進む方向にとる．

回転系に対して回転方向と回転軸の向き，あるいは回転方向と回転面の法線の向きを 1:1 に対応させる場合，図 B.1 のように右ネジが回転するときに前進する方向を回転軸の向きにとるのが慣例である．回転系に関するこの対応のさせかたを，本書では**右ネジ対応**と呼んでいる．

ベクトルに関する 3 重積として**スカラー 3 重積**

$$\boldsymbol{A} \cdot (\boldsymbol{B} \times \boldsymbol{C}) = \boldsymbol{B} \cdot (\boldsymbol{C} \times \boldsymbol{A}) = \boldsymbol{C} \cdot (\boldsymbol{A} \times \boldsymbol{B}) \tag{B.3}$$

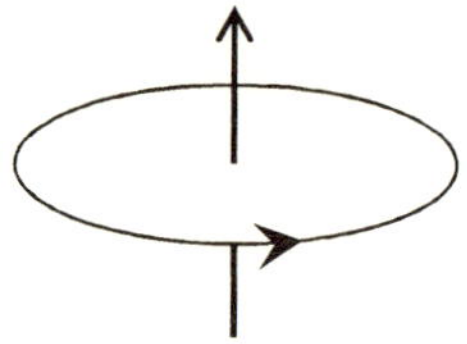

図 B.1: 右ネジ対応による回転方向と回転軸 (あるいは回転面の法線) の向き

および，**ベクトル 3 重積**

$$\boldsymbol{A} \times (\boldsymbol{B} \times \boldsymbol{C}) = \boldsymbol{B}(\boldsymbol{A} \cdot \boldsymbol{C}) - \boldsymbol{C}(\boldsymbol{A} \cdot \boldsymbol{B}) \tag{B.4}$$

がある．

B.1.2　微分と積分

ベクトルの微分，積分は基本的にベクトル成分の微分，積分である．例えば，$\boldsymbol{A}$ が空間座標 x, y, z に依存するとき，それらの方向の単位ベクトル $\boldsymbol{e}_x, \boldsymbol{e}_y, \boldsymbol{e}_z$ を用いて

$$\frac{\partial \boldsymbol{A}}{\partial x} = \frac{\partial A_x}{\partial x}\boldsymbol{e}_x + \frac{\partial A_y}{\partial x}\boldsymbol{e}_y + \frac{\partial A_z}{\partial x}\boldsymbol{e}_z$$

で与えられる．$\boldsymbol{B}$ が座標原点からの距離 r のみに依存し，$\boldsymbol{r}$ の方向を向いているときは，$\boldsymbol{r}$ 方向の単位ベクトル $\boldsymbol{e}_r = \boldsymbol{r}/r$ により

$$\frac{\mathrm{d}\boldsymbol{B}}{\mathrm{d}r} = \frac{\mathrm{d}B}{\mathrm{d}r}\boldsymbol{e}_r$$

のように表される．ここで，微分を表す “d”は変数としての d と区別するために立体で表示している．積分に関してもベクトルの各成分が演算の対象であり，例えば

$$\begin{aligned}\int \boldsymbol{A}\,\mathrm{d}x &= \boldsymbol{e}_x \int A_x\,\mathrm{d}x + \boldsymbol{e}_y \int A_y\,\mathrm{d}x + \boldsymbol{e}_z \int A_z\,\mathrm{d}x \\ \int \boldsymbol{B}\,\mathrm{d}r &= \boldsymbol{e}_r \int B\,\mathrm{d}r\end{aligned}$$

のようになる．

B.2　ベクトル演算

B.2.1　勾配，発散，回転

(1) 勾配

スカラー関数 $f(x, y, z)$ に対して，偏微分した 3 成分から成るベクトルを

$$\left(\frac{\partial f}{\partial x}, \frac{\partial f}{\partial y}, \frac{\partial f}{\partial z}\right) = \nabla f \tag{B.5}$$

と表し，この演算を**勾配 (gradient, grad)** という．ここで，**ナブラ**と呼ばれる演算子

$$\nabla = \left(\frac{\partial}{\partial x}, \frac{\partial}{\partial y}, \frac{\partial}{\partial z}\right) \tag{B.6}$$

はスカラー量あるいはベクトル量に対して，ベクトルとしての演算規則にしたがう．

(2) 発散

ベクトル場 $\boldsymbol{F}(x, y, z)$ に対して，(x, y, z) の位置における単位体積あたりの発散量は，**発散 (divergence, div)**

$$\nabla \cdot \boldsymbol{F} = \frac{\partial F_x}{\partial x} + \frac{\partial F_y}{\partial y} + \frac{\partial F_z}{\partial z} \tag{B.7}$$

で表される．

(3) 回転

ベクトル場 $\boldsymbol{F}(x, y, z)$ に対して，渦の強さの指標としての**回転 (rotation, rot, curl)** は

$$\nabla \times \boldsymbol{F} = \left(\frac{\partial F_z}{\partial y} - \frac{\partial F_y}{\partial z}, \frac{\partial F_x}{\partial z} - \frac{\partial F_z}{\partial x}, \frac{\partial F_y}{\partial x} - \frac{\partial F_x}{\partial y}\right) \tag{B.8}$$

で表される．

B.2.2　2 重のベクトル演算

勾配，発散，回転の可能な 5 通りの組み合わせを以下に示す．特に，(B.9) の演算は**ラプラシャン**である．

$$\nabla \cdot (\nabla f) = \nabla^2 f = \frac{\partial^2 f}{\partial x^2} + \frac{\partial^2 f}{\partial y^2} + \frac{\partial^2 f}{\partial z^2} \tag{B.9}$$

$$\nabla \cdot (\nabla \times \boldsymbol{F}) = 0 \tag{B.10}$$

$$\nabla \times (\nabla f) = 0 \tag{B.11}$$

$$\nabla \times (\nabla \times \boldsymbol{F}) = -\nabla^2 \boldsymbol{F} + \nabla(\nabla \cdot \boldsymbol{F}) \tag{B.12}$$

$$\nabla(\nabla \cdot \boldsymbol{F}) = \left(\frac{\partial}{\partial x}, \frac{\partial}{\partial y}, \frac{\partial}{\partial z}\right)\left(\frac{\partial F_x}{\partial x} + \frac{\partial F_y}{\partial y} + \frac{\partial F_z}{\partial z}\right) \tag{B.13}$$

B.2.3　曲線座標による表現

デカルト座標 (x, y, z) を含めて代表的な座標である円筒座標 (s, φ, z) と極座標 (r, θ, φ) を図 B.2 に示す．これらの座標における勾配，発散，回転，およびラプラシャンの表式をまとめておく．

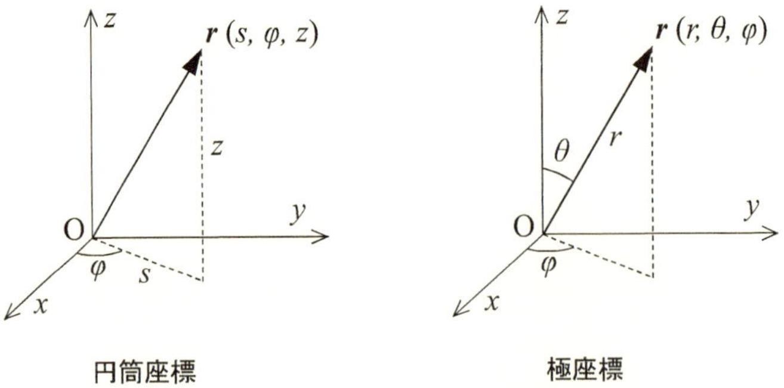

図 B.2: 円筒座標と極座標

(1) 勾配

$$\text{円筒座標：}\quad \nabla f = \left(\frac{\partial f}{\partial s},\ \frac{1}{s}\frac{\partial f}{\partial \varphi},\ \frac{\partial f}{\partial z}\right) \tag{B.14}$$

$$\text{極座標：}\quad \nabla f = \left(\frac{\partial f}{\partial r},\ \frac{1}{r}\frac{\partial f}{\partial \theta},\ \frac{1}{r\sin\theta}\frac{\partial f}{\partial \varphi}\right) \tag{B.15}$$

(2) 発散

$$\text{円筒座標：}\nabla\cdot\boldsymbol{F} = \frac{1}{s}\frac{\partial(sF_s)}{\partial s} + \frac{1}{s}\frac{\partial F_\varphi}{\partial \varphi} + \frac{\partial F_z}{\partial z} \tag{B.16}$$

$$\text{極座標：}\nabla\cdot\boldsymbol{F} = \frac{1}{r^2}\frac{\partial(r^2F_r)}{\partial r} + \frac{1}{r\sin\theta}\frac{\partial(\sin\theta F_\theta)}{\partial \theta} + \frac{1}{r\sin\theta}\frac{\partial F_\varphi}{\partial \varphi} \tag{B.17}$$

(3) 回転

$$\text{円筒座標}\quad \begin{cases} (\nabla\times\boldsymbol{F})_s = \dfrac{1}{s}\dfrac{\partial F_z}{\partial \varphi} - \dfrac{\partial F_\varphi}{\partial z} \\ (\nabla\times\boldsymbol{F})_\varphi = \dfrac{\partial F_s}{\partial z} - \dfrac{\partial F_z}{\partial s} \\ (\nabla\times\boldsymbol{F})_z = \dfrac{1}{s}\dfrac{\partial}{\partial s}(sF_\varphi) - \dfrac{1}{s}\dfrac{\partial F_s}{\partial \varphi} \end{cases} \tag{B.18}$$

$$\text{極座標}\quad \begin{cases} (\nabla\times\boldsymbol{F})_r = \dfrac{1}{r\sin\theta}\dfrac{\partial}{\partial \theta}(F_\varphi\sin\theta) - \dfrac{1}{r\sin\theta}\dfrac{\partial F_\theta}{\partial \varphi} \\ (\nabla\times\boldsymbol{F})_\theta = \dfrac{1}{r\sin\theta}\dfrac{\partial F_r}{\partial \varphi} - \dfrac{1}{r}\dfrac{\partial}{\partial r}(rF_\varphi) \\ (\nabla\times\boldsymbol{F})_\varphi = \dfrac{1}{r}\dfrac{\partial}{\partial r}(rF_\theta) - \dfrac{1}{r}\dfrac{\partial F_r}{\partial \theta} \end{cases} \tag{B.19}$$

(4) ラプラシャン

$$\text{円筒座標：}\nabla^2 f = \frac{1}{s}\frac{\partial}{\partial s}\left(s\frac{\partial f}{\partial s}\right) + \frac{1}{s^2}\frac{\partial^2 f}{\partial \varphi^2} + \frac{\partial^2 f}{\partial z^2} \tag{B.20}$$

極座標:

$$\nabla^2 f = \frac{1}{r^2}\frac{\partial}{\partial r}\left(r^2\frac{\partial f}{\partial r}\right) + \frac{1}{r^2\sin\theta}\frac{\partial}{\partial \theta}\left(\sin\theta\frac{\partial f}{\partial \theta}\right) + \frac{1}{r^2\sin^2\theta}\frac{\partial^2 f}{\partial \varphi^2} \tag{B.21}$$

$$= \frac{1}{r}\frac{\partial^2(rf)}{\partial r^2} + \frac{1}{r^2\sin\theta}\frac{\partial}{\partial \theta}\left(\sin\theta\frac{\partial f}{\partial \theta}\right) + \frac{1}{r^2\sin^2\theta}\frac{\partial^2 f}{\partial \varphi^2} \tag{B.22}$$

B.2.4　ベクトル演算の例

位置ベクトル $\boldsymbol{r}=(x,y,z), r=\sqrt{x^2+y^2+z^2}$ に対するベクトル演算例を以下にまとめる．$\boldsymbol{a}$ は任意の定ベクトルとする．証明するには，デカルト座標で微分演算を行えばよい．なお，(B.28) では，∇' は $\boldsymbol{r}'=(x',y',z')$ に対する演算を表す．

$$\nabla\frac{1}{r} = -\frac{\boldsymbol{r}}{r^3} \tag{B.23}$$

$$\nabla\frac{1}{|\boldsymbol{r}-\boldsymbol{a}|} = -\frac{\boldsymbol{r}-\boldsymbol{a}}{|\boldsymbol{r}-\boldsymbol{a}|^3} \tag{B.24}$$

$$\nabla\cdot\boldsymbol{r} = 3 \tag{B.25}$$

$$\nabla^2\frac{1}{r} = 0 \quad (r\neq 0) \tag{B.26}$$

$$\nabla^2\frac{1}{|\boldsymbol{r}-\boldsymbol{a}|} = 0 \quad (\boldsymbol{r}\neq\boldsymbol{a}) \tag{B.27}$$

$$\nabla'\frac{1}{|\boldsymbol{r}-\boldsymbol{r}'|} = -\nabla\frac{1}{|\boldsymbol{r}-\boldsymbol{r}'|} \tag{B.28}$$

B.3　積分定理

B.3.1　ガウスの定理

ベクトル場 $\boldsymbol{F}(x,y,z)$ において，任意の形の閉じた空間領域 V に関する体積分とその表面 S に関する面積分に関して

$$\int_{\mathrm{V}}\nabla\cdot\boldsymbol{F}\,\mathrm{d}V=\int_{\mathrm{S}}\boldsymbol{F}\cdot\boldsymbol{n}\,\mathrm{d}S=\int_{\mathrm{S}}\boldsymbol{F}\cdot\mathrm{d}\boldsymbol{S} \tag{B.29}$$

が成り立つ．ここで $\boldsymbol{n}$ は S の外向きの法線方向の単位ベクトルであり，$\mathrm{d}\boldsymbol{S}=\boldsymbol{n}\,\mathrm{d}S$ は面素ベクトルである．(B.29) を**ガウスの定理**という．

B.3.2　ストークスの定理

ベクトル場 $\boldsymbol{F}(x,y,z)$ において，図 B.3 のような任意の形の閉じた曲線 C(平面上になくてもよい)，および C を縁とする任意の開曲面 S_0 を考える．C の接

線方向の単位ベクトル $\boldsymbol{t}$ を右ネジ対応でとれば

$$\int_{\mathrm{S_0}} (\nabla \times \boldsymbol{F}) \cdot \boldsymbol{n}\, \mathrm{d}S = \oint_{\mathrm{C}} \boldsymbol{F} \cdot \boldsymbol{t}\, \mathrm{d}l = \oint_{\mathrm{C}} \boldsymbol{F} \cdot \mathrm{d}\boldsymbol{l} \tag{B.30}$$

が成り立つ．ここで，線積分では $\mathrm{d}\boldsymbol{l} = \boldsymbol{t}\,\mathrm{d}l$ という表記も併用する．(B.30) を**ストークスの定理**という．

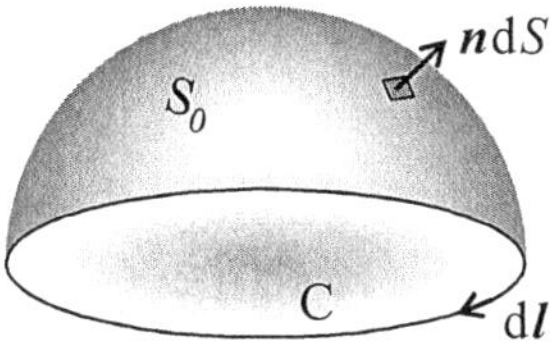

図 B.3: ストークスの定理における線積分と面積分の関係 (ドームを下から見上げた図)．$\mathrm{S_0}$ は閉曲線 C を縁とする任意の曲面で，$\mathrm{d}\boldsymbol{l}$ に対する $\boldsymbol{n}$ の向きは右ネジ対応で定まる．

B.4　立体角

半径 r の球上にとった面積 S に対して，**立体角** $\Omega = S/r^2$ は球の中心から見たときに S の占める方位であり，全方位は 4π になる．次に，空間の任意の曲面上に微小な面積 ΔS の面素片をとる．図 B.4 に示すように，座標原点 O から ΔS までの距離を r とするとき，O から見た ΔS の立体角 $\Delta\Omega$ は

$$\Delta\Omega = \frac{\Delta S'}{r^2} = \frac{\Delta S \cos\theta}{r^2} \tag{B.31}$$

で与えられる．ここで，θ は ΔS の法線 $\boldsymbol{n}$ と O から見た ΔS の方向とのなす角度であり，$\Delta S' = \Delta S \cos\theta$ は O から ΔS を見たときの射影面積である．

任意の閉曲面の立体角 Ω は (B.31) の積分から求められる．その際，$\boldsymbol{n}$ は O から面素片に向かう方向を正にとる．したがって，O が閉曲面の外にあれば O を通る直線上に位置する 2 つの面素片による $\Delta\Omega$ は互いに打ち消しあって，積分は 0 になる．O が閉曲面の内側にあれば，積分は球の全立体角の計算と等価

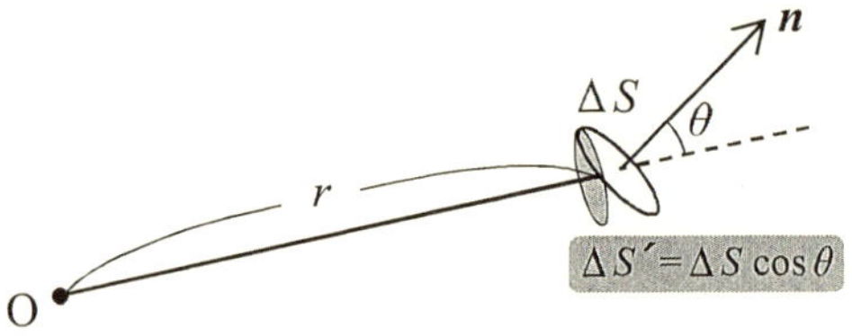

図 B.4: 曲面上の面素片の立体角

になる．まとめれば，以下のようになる．

$$\Omega = \int \mathrm{d}\Omega = \begin{cases} 4\pi & (\text{O が閉曲面の内側にあるとき}) \\ 0 & (\text{O が閉曲面の外側にあるとき}) \end{cases} \tag{B.32}$$

B.5　デルタ関数

1 次元のデルタ関数は

$$\int_{-\infty}^{\infty} \delta(x)\,\mathrm{d}x = 1, \quad \text{かつ} \quad x \neq 0 \text{ のとき } \delta(x) = 0 \tag{B.33}$$

で定義され，積分の中でのみ意味を持つ．$\delta(x)$ を含む積分を置換積分あるいは部分積分で変形することによってデルタ関数の一連の関係式が得られる．すなわち，a を 0 でない実数，$f(x)$ を連続関数とするとき

$$\delta(-x) = \delta(x) \tag{B.34}$$

$$\delta(ax) = \frac{1}{|a|}\delta(x) \tag{B.35}$$

$$x\delta(x) = 0 \tag{B.36}$$

$$f(x)\delta(x-a) = f(a)\,\delta(x-a) \tag{B.37}$$

などが成り立つ．また，デルタ関数の微分 $\mathrm{d}\delta(x)/\mathrm{d}x = \delta'(x)$ に関して

$$\delta'(x) = -\delta'(-x) \tag{B.38}$$

$$x\delta'(x) = -\delta(x) \tag{B.39}$$

が成り立つ.

2, 3 次元のデルタ関数は，1 次元の場合の単なる拡張として，変数 $\boldsymbol{r} = (x, y)$ あるいは $\boldsymbol{r} = (x, y, z)$ に関してそれぞれ

$$\delta^2(\boldsymbol{r}) = \delta(x)\,\delta(y) \tag{B.40}$$

$$\delta^3(\boldsymbol{r}) = \delta(x)\,\delta(y)\,\delta(z) \tag{B.41}$$

のように表される.

デルタ関数としてよく利用される表式のひとつは

$$\delta(x) = \lim_{a\to\infty} \frac{\sin ax}{\pi x} = \frac{1}{2\pi} \lim_{a\to\infty} \int_{-a}^{a} \mathrm{e}^{\mathrm{i}x\xi}\, \mathrm{d}\xi \tag{B.42}$$

である.

索 引

◆ ま〜も ◆

◆ や〜よ ◆

◆ ら～ろ ◆

著　者　略　歴

筑波大学名誉教授．理学博士．1947 年東京生まれ．

専門は応用原子物理学，イオンビーム実験物理学．
大学院時代から 2010 年に筑波大学を定年退職するまでの間，京都大学，筑波大学，米国アルゴンヌ国立研究所，日本原子力研究所の静電加速器施設でイオンビーム・物質相互作用の実験研究を行った．

主な著書：
○Ion-Induced Electron Emission from Crystalline Solids, Springer (2002)
○イオンビーム工学入門，筑波大学図書館つくばリポジトリ (2009)
https://www.tulips.tsukuba.ac.jp/dspace/handle/2241/102317
○電磁気学，理工図書 (2013)

物理学基礎シリーズ・電磁気学演習

2015年 2月12日　初版第 1 刷発行

著　者　工　藤　　博

検印省略

発行者　柴山　斐呂子

発　行　所

理工図書株式会社

〒 102-0082　東京都千代田区一番町 27-2
電話 03(3230)0221(代表)
FAX 03(3262)8247
振替口座 00180-3-36087 番
http://www.rikohtosho.co.jp

Printed in Japan　ISBN978-4-8446-0830-1
印刷・製本：㈱丸井工文社

物理学基礎シリーズ全６巻　“順次刊行”

本シリーズは物理学を学ぶ理工系学部・大学院生、あるいは教える立場にある方々を読者として想定し、基礎物理学の骨組み＝理論構造を明確に記述することに重点を置く。力学、電磁気学等の大学カリキュラム上での分類にはなるべくとらわれずに、それらの境界事項をも詳述することによって、基礎物理学の全体像を把握できるように配慮し、例題、演習問題を適宜含めることにより読者の理解を深める教科書として企画・発行するもので、弊社が自信をもってお奨めする。

シリーズ監修
筑波大学　名誉教授　工藤　博
筑波大学　教授　佐野伸行
筑波大学　教授　鈴木博章
筑波大学　名誉教授　戸嶋信幸

物理学基礎シリーズ　各巻Ａ５判

①	力学（解析力学・特殊相対論一部含む）	鈴木博章著	近刊
②	力学問題集	鈴木博章著	近刊
③	電磁気学	工藤　博著	既刊
④	電磁気学演習	工藤　博著	既刊
⑤	量子力学	戸嶋信幸著	既刊
⑥	統計力学	佐野伸行著	近刊